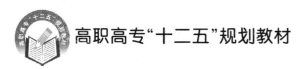

高职高专"十二五"规划教材

MCS – 51 单片机
应用技术项目教程(第 2 版)

主　编　任　玲　张　晶
副主编　吴传全　霍英杰
主　审　李增国

北京航空航天大学出版社

内容简介

  本书融进了作者多年教学、科研实践所获得的经验及实例,在编排方法上,采用了"项目引领,任务驱动"的模式,视每个项目为一个章节,每个项目又由多个学习情景组成。本书适用于项目化教学,学生通过7个实训项目,即20个学习情景的练习,能够逐步掌握51单片机的内部结构、引脚的使用、汇编语言指令、中断、定时/计数器、串口通信、I/O扩展、A/D转换、D/A转换等知识和相关操作技能。项目设置遵循知识积累的客观规律,并且平行排列,但知识点逐步累加,技能逐步扩展。每个项目都含有必要的理论知识,重点在于对学生技能操作进行指导。书中附有大量的应用实例及程序,非常适合读者轻松学习。

  本书可作为高等职业技术学院、中等职业技术学校、广播电视大学等学校的教学用书,也可供电子爱好者自学参考。

  为方便教学,本书配有电子课件,凡选用本书作为授课教材的学校均可索取(goodtextbook@126.com,010-82317037)。

图书在版编目(CIP)数据

MCS-51单片机应用技术项目教程 / 任玲,张晶主编
. --2版. -- 北京 : 北京航空航天大学出版社,2014.4
 ISBN 978-7-5124-1496-9

Ⅰ. ①M… Ⅱ. ①任… ②张… Ⅲ. ①单片微型计算机
—教材 Ⅳ. ①TP368.1

中国版本图书馆 CIP 数据核字(2014)第 035135 号

MCS-51单片机应用技术项目教程(第2版)
主 编 任 玲 张 晶
副主编 吴传全 霍英杰
主 审 李增国
责任编辑 董 瑞
*
北京航空航天大学出版社出版发行
北京市海淀区学院路 37 号(邮编 100191)   http://www.buaapress.com.cn
发行部电话:(010)82317024   传真:(010)82328026
读者信箱:goodtextbook@126.com   邮购电话:(010)82316936
北京时代华都印刷有限公司印装   各地书店经销
*
开本:787×1 092   1/16   印张:15   字数:384 千字
2014 年 4 月第 2 版   2014 年 4 月第 1 次印刷   印数:3 000 册
ISBN 978-7-5124-1496-9   定价:29.00 元

前　言

有关 51 系列单片机的教材数不胜数,而本书是一本更适用于高等职业技术学院和中等职业技术学校使用的项目化教材。

本书内容采用"以任务为中心"的教学模式来编排。以学习情景为核心,配置为完成该情景而必须掌握的硬件结构知识、指令、软件操作知识等,学生在学完这些知识点后就可以完成这一情景所设置的任务。通过这种方式的学习,将学生普遍感觉难学的单片机硬件结构、指令系统等知识分解到各项目的情景中,把一个高的台阶变成了若干个低的台阶,使学生从一开始就能体会到成功的喜悦,这样更有利于学生接受,对学生的实际操作能力也有很大帮助。在内容的编排上,完全打破了传统学科体系的束缚,而以实际需求为目标。

书中的项目均来源于我们的生活实际,结合教学的需求精心组织,每个项目又由若干情景组成,每个情景都包括"情景任务"、"相关知识"、"情景设计"、"仿真与调试过程"、"情景讨论与扩展"5 个模块,情景设置由简单到复杂,既保证了理论知识的层次性,又具有较强的实践特点,重点培养学生的学习能力、操作能力,对学生走上工作岗位有一定的帮助。

全书通过 7 个项目、20 个教学情景讲述了 MCS - 51 的内部结构及引脚的使用、汇编指令、中断、定时/计数器、串口通信、I/O 接口的扩展、A/D 转换、D/A 转换等知识点。

本教材由江苏农牧科技职业学院任玲和大连海洋大学职业技术学院张晶任主编,负责全书的统稿工作。无锡交通高等职业技术学校吴传全和漳州理工职业学院霍英杰任副主编,江苏农牧科技职业技术学院戚玉强和王国强参编。全书由江苏农牧科技职业学院李增国审稿,他对本书内容提出了宝贵的意见和建议。

由于编者水平有限,书中难免存在错误和疏漏,恳请广大读者批评指正。

编　者

2013 年 10 月

目　　录

项目 4　交通灯 ··· 130

　　本项目涉及的知识点有单片机 I/O 扩展技术、8255A 并行接口芯片的结构及其编程方法。

项目 5　数字时钟 ·· 148

　　本项目涉及的知识点有八段 LED 数码管的结构及显示控制方法。

项目 6　温度采集显示系统 ··· 174

　　本项目涉及的知识点有 51 单片机与 8 位 A/D 转换的接口电路及其程序编写。

项目 1　单片机控制 LED 灯

节日的夜晚,置身都市街头,各式彩灯把我们带入美轮美奂的世界,究竟是什么"魔力"使彩灯变换出如此多样的显示效果?为了激发学生的兴趣,给学生演示几组用单片机控制彩灯的变换效果。此环节的设计意图是通过学生喜闻乐见的实例引出本次教学项目。

由于本项目是为初次学习单片机的学生而设计的,所以项目中安排了点亮单盏 LED 灯、点亮多盏 LED 灯、单灯闪烁、流水灯、按键控制 LED 灯等 7 个不同的学习情景。情景设置由简单到复杂,有利于学生理解和接受,并为每个情景配置了相应的知识点,通过这种方式将较难学的单片机硬件结构和指令分解到各情景中。

【知识目标】

1. 掌握什么是单片机及其软硬件开发工具。
2. 掌握单片机中的数据表示。
3. 理解 AT89C51 单片机的内部结构及外部引脚的使用方法。
4. 学习汇编语言指令。
5. 掌握 51 汇编程序的设计。
6. 掌握单片机工作最小系统的构成。

【能力目标】

通过单片机的 P0、P1、P2 和 P3 口作为输入或输出接口使用,实现控制 LED 灯项目的设计,帮助学生掌握单片机控制系统的设计思路,掌握 Keil 软件操作,学生边学边做,在教、学、做一体中实现该项目,锻炼实际动手操作能力。

1.1　点亮单盏 LED 灯

1.1.1　情景任务

本情景是针对第一次接触单片机的同学设计的,目的是让大家对单片机有一个感性认识,初步认识单片机产品开发的软硬件环境,学会 Keil C51 软件实验环境的使用及单片机的简单仿真应用过程。情景由老师讲解,学生动手操作实现。

1.1.2　相关知识

知识链接 1　单片机概述

1. 单片机名称的由来

单片机从字面意思理解,"单"就是"一"的意思,"片"就是集成芯片(块),"机"即计算机。单片机就是一块集成芯片的计算机,即一台微型计算机。它把组成微型计算机的各功能部件,如中央处理器 CPU、随机存取存储器 RAM、只读存储器 ROM、I/O 接口电路以及定时/计数器等单元制作在一块集成芯片中,构成一个完整的微型计算机。由于单片机原来就是为了实时控制应用而设计的,所以它又叫单片微控制器。

2. 单片机的发展

1971 年,美国 Intel 公司首次生产出 4004 单片机(4 位),意味着单片机的诞生。经过 30 年的发展,单片机根据数据总线宽度的不同,分为 4 位机、8 位机、16 位机、32 位机。单片机自问世以来,性能得到不断提高和完善,能满足很多应用场合的需要,再加上单片机具有集成度高、功能强、速度快、体积小、功耗低、使用方便、性能可靠、价格低廉等优点,因此,它已成为科技领域的有力工具,人类生活中的得力助手,其应用遍布各个领域。在智能仪表、家用电器、机电一体化产品中都有单片机的应用。

MCS-51 系列单片机是 Intel 公司在总结 MCS-48 系列单片机的基础上于 20 世纪80 年代初推出的高档 8 位单片机。在 MCS-51 系列单片机中,8051 是最早且最典型的产品,该系列其他单片机都是在 8051 的基础上进行功能的增、减改变而来的,凡是以 Intel 公司生产的 8051 为核心单元的其他派生单片机都可称为 MCS-51 系列单片机。如 Philips、Atmel、NEC 等公司都有 51 系列的单片机。其中 AT89C51 是中国近几年非常流行的单片机,它是由美国 Atmel 公司生产的 MCS-51 单片机,其内核和指令系统与 8051 完全一样,因其内部有 4 KB 的 Flash Memory,可随时改写程序,所以很适合初学者练习编程。本教材使用的单片机就是 AT89C51。

知识链接 2　学习单片机的准备

任何一套单片机应用系统的实现,都必须经过反复"设计—制作—调试—修改设计—制作—调试…"的过程。对单片机开发系统的基本要求是:首先把编译好的目标代码存入单片机,然后控制并追踪系统的执行,在设置的断点处可以更改一些寄存器中的内容,分析一些基本数据。总的来说,对单片机开发系统的一个总的要求就是,对于系统组合和综合调试应具备控制和分析的能力。那么,开发单片机系统需要哪些工具呢? 单片机开发工具分为硬件和软件。

1. 硬件准备

单片机开发系统中的硬件有仿真器、烧写器、逻辑分析仪和实验板等。下面简要介绍具体开发工具的功能与作用。

(1) 仿真器

仿真器是开发系统的关键设备,它能以与用户处理器相同的时序执行用户程序,并按用户的需要产生各种断点响应,同时也可以接受主机系统的命令,对用户系统进行全面测试和数据传送。仿真器通常由控制电路、存储器、仿真电线和接口电路等组成。

(2) 烧写器

烧写器是将机器码烧录进单片机的一种设备,一般由烧写器主板和各种烧写适配器组成。它通常具有以下特点:

① 以串行接口和 PC 相连;

② 读、写、校验等功能齐全;

③ Windows 平台,界面友好。

(3) 逻辑分析仪

在调试用户系统时,常常需要观察系统总线的一些硬件断点的实时波形,以便根据它们的时序关系来综合判断系统软件、硬件是否正常。逻辑分析仪就是具有这种功能的设备。

(4) 实验板

集成了一些常用的芯片及电路,可以完成多个项目的仿真调试。一般实验板都具有仿真功能,不需要昂贵的仿真器,所以学习成本大为降低,而且大多数实验板还具有其他一些特点,例如,既可以学习 51 系列单片机,又可以学习 96 系列单片机;板上自带电源电路,使用方便。

2. 软件准备

单片机的开发系统都需要软件,常用的软件有汇编语言和 C 语言。C 语言编程具有工作效率高、可移植性好、维护方便、便于团队协作共同完成单片机应用系统的开发等特点,所以是工程上主要的应用语言。汇编语言在运行速度和存储空间利用率方面具有明显的优势。在工程上,当一些关键的程序和系统比较简单的时候,经常采用或必须采用汇编语言。由于汇编语言具有直观、与硬件结合密切和有助于理解单片机工作原理等高级语言难以替代的特点,所以本教程仍然以汇编语言为主。目前最为流行的单片机集成开发环境是 Keil 软件。

知识链接 3　Keil C51 μVision4 集成开发环境

Keil C51 μVision4 集成开发环境是德国 Keil 公司针对 51 系列单片机推出的基于 32 位 Windows 环境,以 51 系列单片机为开发目标,以高效率的 C 语言为基础的集成开发平台。Keil C51 从最初的 V5.20 版本一直发展到最新的 V7.20 版本,主要包括 C51 交叉汇编器、A51 宏汇编器、BL51 连接定位器等工具、Windows 集成编译环境 μVision 以及单片机软件仿真器 Dscope51。Keil C51 V6.0 版本以后,编译和仿真软件统一为 μVision2,即通常所说的 μV2。这是一个非常优秀的 51 单片机开发平台,对 C 高级语言的编译支持几乎达到了完美的程度,当然它也同样支持汇编语言。同时它内嵌的仿真调试软件可以让用户采用模拟仿真和实时在线仿真两种方式对目标系统进行开发。软件仿真时,除了可以模拟单片机的 I/O 口、定时器、中断外,甚至可以仿真单片机的串行通信。

考虑到涉足单片机领域的初学者,为加强读者的感性认识,在调试程序时仍然采用“实时在线”仿真的方式。具体编写程序时,不使用 C 语言,仍使用汇编语言。

Keil C51 μVision4 主要由菜单栏、工具栏、源文件编辑窗口、工程窗口和输出窗口五部分组成。工具栏为一组快捷工具图标,主要包括基本文件工具按钮、建造工具按钮和调试工具按钮。基本文件工具按钮位于第 1、第 2 栏,包括新建、打开、复制、粘贴等基本操作;建造工具按钮在第 3 栏,主要包括文件编译、目标文件编译链接、所有目标文件编译链接、目标选项和一个目标选择窗口;调试(DEBUG)工具按钮位于最后,主要包括一些仿真调试源程序的基本操作,如单步、复位、全速运行等,将在以后详细介绍其用法。在工具栏下面,默认有三个窗口。工程窗口包含一个工程的目标、组和项目文件。一个组里可以包含多个项目文件,项目文件是汇编或 C 语言编写的源文件。编辑窗口里可以对源文件进行编辑,如移动、修改、复制、粘贴等操作。文件编辑完成后,可以对源文件进行编译链接,编译之后的结果显示在输出窗口里。如果文件在编译链接中出现错误,将出现错误提示,包括错误类型及行号。如果没有错误将生成“.HEX”后缀的目标文件,用于仿真或烧录芯片。

1. Keil C51 μVision4 的使用

双击桌面 Keil μVision4 快捷方式,正常进入 Keil 软件的集成开发环境。Keil μVision4 启动后,如图 1.1 所示,程序窗口的左边有一个工程窗口(Project),右边是编辑窗口,下面是输出窗口。第一次启动 Keil,这 3 个窗口全是空白的。

(1)源文件的建立

在图 1.1 中选择 File→New 项,在弹出的编辑窗口中输入源程序。程序输入完成后,选择 File→Save as 项,从弹出的窗口中,选择要保存程序文件的路径,并输入程序文件名,取名时必

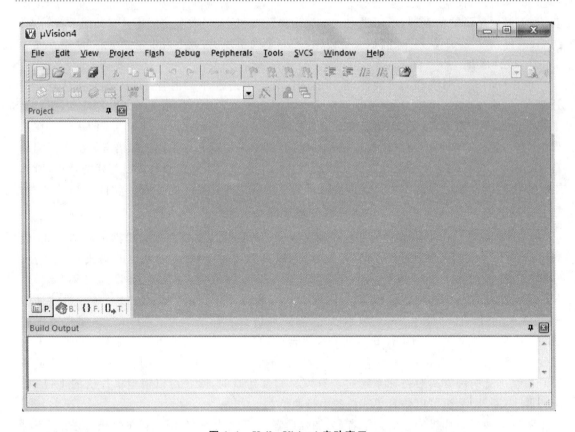

图 1.1　Keil μVision4 启动窗口

须加上扩展名,然后单击"保存"按钮。如果输入的是汇编程序,则文件名后缀为".asm"或
".A51"。保存后文件中的某些指令会有颜色的变化,以此可以发现书写指令时的错误。如
图 1.2所示为文件编辑界面。

　　注意：程序每次编写完成或修改后,都应保存。

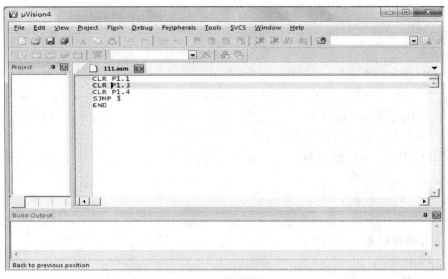

图 1.2　文件编辑界面

（2）新建工程

在项目开发中，并不是仅有一个源程序就行了，还要选择 CPU，确定编译/汇编、链接的参数，指定调试方式等。为了管理和使用方便，Keil 使用工程（Project）将所需设置的参数和所有文件都加在一个工程中，只能对工程而不能对单一的源程序进行编译、汇编和链接等操作。下面介绍工程的建立。

首先，选择 Project→New μVision Project 项，如图 1.3 所示。

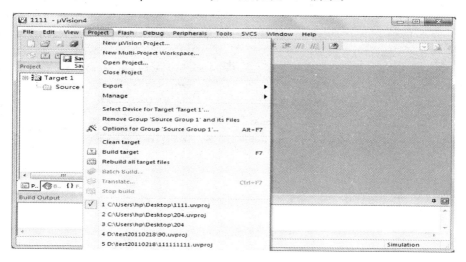

图 1.3　创建新工程

之后，弹出对话框，从弹出的对话框中选择要保存项目的路径，并输入项目文件名，如图 1.4 所示，单击"保存"按钮。

图 1.4　输入工程文件名保存

注意: 一般应把工程建立与源文件放在同一个文件夹中,输入工程文件名时不用加扩展名。

随后会弹出一个选择单片机型号的对话框(如图1.5所示),这里选择Ateml公司的AT89C51。选定单片机型号之后,在对话框右边栏中可以看到所选择的单片机的基本说明,然后单击OK按钮。

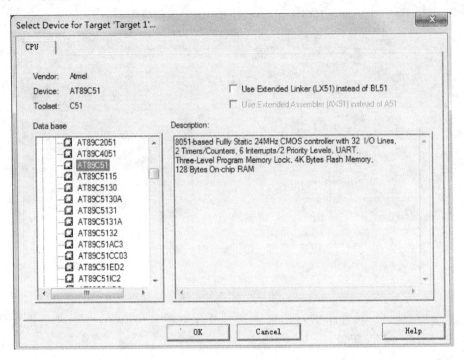

图1.5 选择单片机型号

工程建立好之后,返回到主界面,此时会弹出如图1.6所示的对话框,询问是否要将8051标准启动代码的源程序复制到工程所在文件夹并将这一文件加入到工程中。这是新版本Keil软件增加的功能,如果使用C语言编程且要修改启动代码则选择"是",如果使用汇编语言编程且不需要修改启动代码则选择"否"。

图1.6 询问是否需要将8051的标准启动代码源程序复制到文件夹

选择好之后返回到主界面,此时工程已建立。若选择将启动代码的源程序文件加入到工程中,那么此时工程中就会存在启动代码源文件,双击就可以打开;若没有选择将启动代码的源程序文件加入到工程中,那么此时工程中就没有源文件。

(3) 加载文件到工程

如图 1.7 所示,先用鼠标单击 Target1 前面的"+"号,展开出现 Source Group 1。在 Source Group 1 上右击,弹出快捷菜单,选择 Add Files to Group 'Source Group 1' 项出现如图 1.8 所示的对话框。

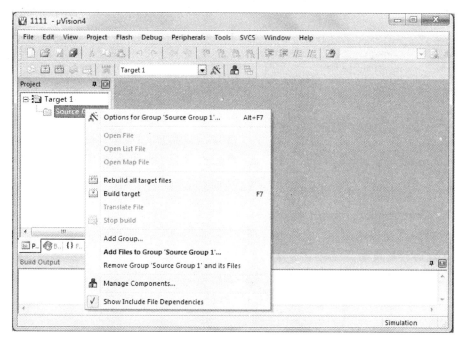

图 1.7　程序文件加入到项目

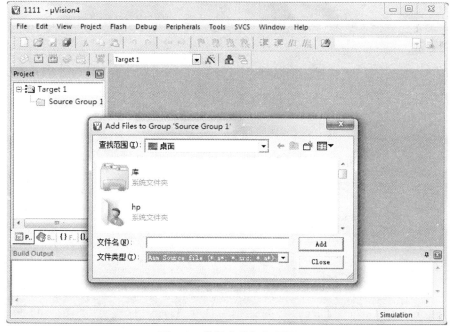

图 1.8　选择文件加入项目

注意：图 1.8 中的"文件类型"默认为 C Source file(∗.c,C 语言程序),也就是以 c 为扩展名的文件,而我们的文件是以 asm(∗.asm,汇编语言程序)为扩展名的,所以在列表框中找不到∗.asm,而是需要将文件类型改为 Asm Source file(∗.a51,∗.asm),这样,在列表框中就可以找到.asm 文件了。

从弹出的对话框中分别选择刚才保存的文件,并单击 Add 按钮,将它们分别添加到项目中去。

注意：在文件加入项目后,该对话框并不消失,等待继续加入其他文件,但初学者常会误认为操作没有成功而再次双击同一文件,这时会出现如图 1.9 所示的对话框,提示所选文件已在列表中。此时应单击"确定"按钮,返回前一对话框,然后单击 Close 按钮即可返回主界面。

图 1.9　重复加入文件的错误提示

返回后,单击 Source Group 1 前的加号,这时".asm"文件已在其中。双击文件名,即可在源程序编辑窗口打开该源文件。

(4) 工程的详细设置

程序文件添加完毕后,在 Target 1 上右击,从弹出的快捷菜单中选择 Options for Target 'Target 1' 项,如图 1.10 所示。对工程进行详细设置,以满足要求。

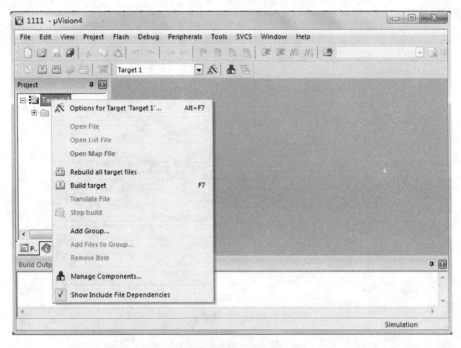

图 1.10　属性窗口

在 Options for Target 'Target 1' 对话框中选择 Target 标签页,如图 1.11 所示设置其中各项。

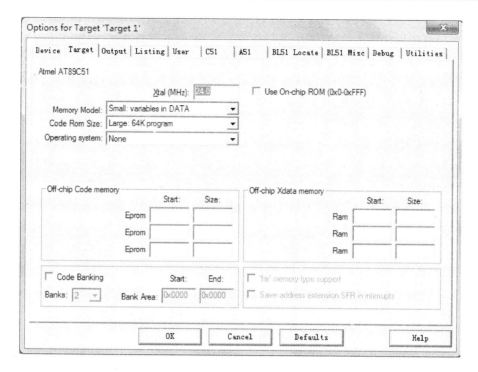

图 1.11　目标 Target 1 属性窗口

在 Options for Target 'Target 1' 对话框中依次选择 Output、Listing、C51、A51、BL51 Locate 等标签页,并设置其中各项。这个对话框非常复杂,共有 10 个标签页,但大部分设置项取默认值,不需要改动。

设置 Target(目标)选项卡时,具体内容介绍如下:

Xtal(MHz)　晶振频率值,默认值是所选目标 CPU 的最高可用频率值,对于所选的 AT89C51 而言是 24 MHz。该数值与最终产生的目标代码无关,仅用于软件模拟调试时显示程序执行时间。正确设置该数值可使显示时间与实际所用时间一致,一般将其设置成与你的硬件所用晶振频率相同,如果没必要了解程序执行的时间,也可以不设,这里设置为 12.0。

Memory Model(内存模式)　用于设置 RAM 使用情况,有 3 个选择项:

➤ Small 是所有变量都在单片机的内部 RAM;

➤ Compact 是可以使用一页外部扩展 RAM;

➤ Large 是可以使用全部外部扩展 RAM。

Code ROM Size　用于设置 ROM 空间的使用,同样也有 3 个选择项:

➤ Small 模式,只用低于 2 KB 的程序空间;

➤ Compact 模式,单个函数的代码量不能超过 2 KB,整个程序可以使用 64 KB 程序空间;

➤ Large 模式,可以全部 64 KB 空间。

Operating system　操作系统选择,Keil 提供了两种操作系统,Rtx-51 Tiny 和 Rtx-51 Full,通常不使用任何操作系统,使用该项的默认值:None(不使用任何操作系统)。

Off-chip Code memory(片外代码内存)　选择项,确认是否仅使用片内 ROM,用于确定系统扩展的地址范围。

Off-chip Xdata memory(片外 Xdata 内存)　用于确定系统扩展 RAM 的地址范围,这些选择项必须根据所用硬件来决定,若未进行任何扩展,则均不重新选择,按默认值设置。

Code Banking　复选框用于设置代码分组的情况。

设置 Target 完毕后,选择 Output 标签页进入输出设置选项卡,该选项卡内容如下:

Create HEX File　复选框用于生成可执行代码文件。可以用烧写器写入单片机芯片的 HEX 格式文件,文件的扩展名为". HEX",默认情况下该项未被选中,如果要写片做硬件实验,就必须选中该项。

Debug Information　用于产生调试信息,这些信息用于调试。如果需要对程序进行调试,则是应选中该项。

Browse Information　用于产生浏览信息,该信息可以通过菜单命令 View→Browser 来查看,这里取默认值。

Select Folder for Objects　用于选择最终目标文件所在的文件夹,默认与工程文件在同一个文件夹中,一般不需要改动。

Name of Executable　用于指定最终生成目标文件的名字,默认与工程文件的名字相同,一般不需要改动。

Create Library　单选按钮,用于确定是否将目标文件生成库文件。

工程设置对话框中的其他选项卡与 C51、A51、BL51 的链接选项等用法有关,均取默认值,不做任何修改。

Debug 选项卡左侧为软件仿真选项,右侧为硬件仿真选项,根据不同的仿真方式对其进行设置。所有设置完成后单击"确定"按钮返回主界面,工程文件建立、设置完毕。

(5) 编译、链接

在设置好工程后,即可进行编译、链接。图 1.12 是有关编译、链接、工程设置的工具栏按钮。各按钮的具体含义如下:

➢ 编译或汇编当前文件:根据当前文件(汇编语言程序文件或 C 语言程序文件)使用 A51 汇编器或 C51 编译器对源程序进行汇编或编译处理,得到可浮动地址的目标代码。

图 1.12　有关编译、链接的工具栏按钮

➢ 建立目标文件:根据汇编或编译得到的目标文件,并调用有关库模块,链接产生绝对地址的目标文件。

➢ 重建全部:对工程中的所有文件进行重新编译、汇编处理,然后再进行链接以产生目标代码,使用该按钮可以防止由于一些意外情况(如系统日期不正确)造成的源文件与目标代码不一致。

➢ 停止建立:在建立目标文件的过程中,可以单击该按钮停止当前工作。

➢ 工程设置:该按钮用于对工程进行设置,其效果与菜单命令 Project→Option for target 'Target 1' 相同。

以上建立目标文件的操作也可以通过选择 Project→Translate、Project→Build Target、Project→Rebuild all target files 和 Project→Stop build 菜单项来完成。

　　编译过程中的信息将出现在输出窗口中的 Build 页,如果源程序中有语法错误,则会出现错误报告。双击错误报告行,可以定位到出错源程序的相应行。对源程序反复修改之后,最终得到如图 1.13 所示的结果,给出了目标代码量的大小(22 字节)、内部 RAM 使用量(8 字节)、外部 RAM 使用量(0 字节),并提示生成了 HEX 格式的文件。在这一过程中,还会生成一些其他文件,产生的目标文件被用于 Keil 的仿真与调试,此时可进入下一步调试工作。

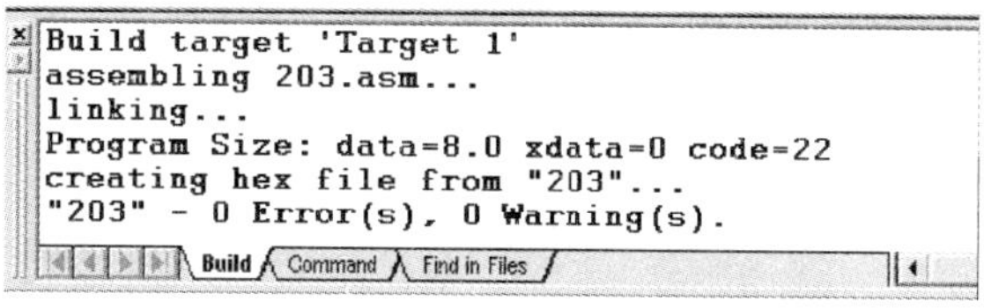

```
Build target 'Target 1'
assembling 203.asm...
linking...
Program Size: data=8.0 xdata=0 code=22
creating hex file from "203"...
"203" - 0 Error(s), 0 Warning(s).
◄ ► ► ◄\ Build ∧ Command ∧ Find in Files /
```

图 1.13　编译、链接后得到正确的结果

2. Keil 的调试

　　前面学习了如何建立、汇编、链接工程,并获得目标代码,但是做到这一步仅仅代表源程序没有语法错误,至于源程序中是否存在着其他错误,则必须通过调试才能发现并解决。事实上,除了极简单的程序以外,绝大部分的程序都要通过反复调试才能得到正确的结果,因此,调试是软件开发中重要的一个环节。

(1)常用调试命令

　　对工程成功地进行汇编、链接以后,按 Ctrl+F5 组合键或者使用菜单命令 Debug→Start/Stop Debug Session 即可进入调试状态。Keil 内设置了一个仿真 CPU 用来模拟执行程序,该仿真 CPU 功能强大,可以在没有硬件和仿真机的情况下进行程序的调试。不过这里必须明确,模拟毕竟只是模拟,与真实的硬件执行程序肯定还是有区别的,其中最明显的就是时序,软件模拟不可能和真实的硬件具有相同的时序,具体表现就是程序执行的速度和计算机本身有关,计算机性能越好,运行速度就越快。

　　进入调试状态后,界面与编辑状态相比有明显的变化,调试菜单项中原来不能用的命令现在已经可以使用了,工具栏会多出一组用于运行和调试的工具栏,如图 1.14 所示。调试菜单上的大部分命令可以在此找到对应的快捷按钮,从左到右依次是复位、运行、暂停、单步、过程单步、执行完当前子程序、运行到当前行、下一状态、打开跟踪、观察跟踪、反汇编窗口、观察窗口、代码作用范围分析、1♯串行窗口、内存窗口、性能分析、逻辑分析窗口、符号标志窗口等工具按钮。

图 1.14　调试工具栏

　　学习程序调试,必须明确两个重要的概念,即单步执行与全速运行。全速运行是指一条指令执行完以后紧接着执行下一条指令,中间不停止。这样程序执行的速度很快,并可以看到该段程序执行的总体效果,即最终结果是正确还是错误,但如果程序有错,则难以确定错误出现在哪些程序行。单步执行是指每次执行一条指令,执行完该条指令后即停止,等待命令执行下一条指令,此时可以观察该条指令执行完以后得到的结果,是否与所想要得到的结果相同,借此可以找到程序中问题所在。在程序调试中,这两种运行方式都会用到。

使用菜单"P 单步"或相应的命令按钮，或使用 F10 键可以单步执行程序，使用菜单"T 跟踪"或 F11 键可以过程单步形式执行程序。所谓过程单步，是指将汇编语言中的子程序或高级语言中的函数作为一个语句来全速执行。

按下 F11 键，可以看到源程序窗口的左边出现了一个调试箭头（黄色），指向源程序的第一行，每按一次 F11 键，即执行该箭头所指程序行，然后箭头指向下一行，如图 1.15 所示。当箭头指向 lcall delay 行时，再次按下 F11 键会发现，箭头指向了延时子程序 delay 的第一行。不断按 F11 键，即可逐条执行延时子程序。

通过单步执行程序，可以找出一些问题所在，但是仅依靠单步执行来查错有时是很困难的，或虽能查出错误但效率很低，为此必须辅之以其他的方法。例如，本例中的延时程序是通过将"d2:djnz r6,d2"这条指令执行六万多次来达到延时的目的，如果用按 F11 键六万多次的方法来执行，显然不合适，为此，可以采取以下方法。

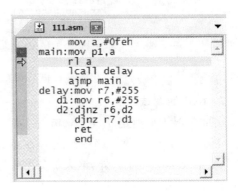

图 1.15　单步调试窗口

方法 1：单击子程序的最后一行（ret），将光标定位于该行，然后选择 Debug→C 菜单项运行到光标行，即可全速运行完箭头（黄色）与光标之间的程序行。

方法 2：在进入该子程序后，选择菜单项 Debug→C 运行到功能结束，使用该命令后，即全速执行完调试光标所在的子程序或子函数，并指向主程序中的下一行程序（这里是"ajmp main"行）。

方法 3：在开始调试时，按 F10 键而不是 F11 键，程序也将单步执行，不同的是，执行到"lcall delay"行时，按下 F10 键，调试光标不进入子程序的内部，而是全速执行完该子程序，然后直接指向下一行"ajmp loop"。

灵活运用这几种方法，可以大大提高查错的效率。

（2）断点设置

程序调试时，一些指令必须满足一定的条件才能被执行到（如程序中某变量达到一定的值、按键被按下、串口接收到数据、有中断产生等），这些条件往往是异步发生或难以预先设定的，这类问题使用单步执行的方法是很难调试的，这时就要用到程序调试中的另一种非常重要的方法——断点设置。

断点设置的方法有多种，常用的是在某一指令行设置断点，设置好断点后可以全速运行程序，一旦执行到该条指令即停止，可在此时观察有关变量值，以确定问题所在。在指令行设置/移除断点的方法有以下几种：将光标定位于需要设置断点的指令行，使用菜单命令 Debug→Enable/Disable Breakpoint，用鼠标在该行双击也可以实现同样的功能；Debug→Enable/Disable Breakpoint，具有开启或暂停光标所在行的断点功能；Debug→Disable all Breakpoints，可关闭所有断点；Debug→Kill all Breakpoints，可以删除所有断点。这些功能也可以用工具栏上的工具按钮进行设置。

除了在某程序行设置断点这一基本方法以外，Keil 软件还提供了多种设置断点的方法，选择 Debug→Breakpoints(断点)项,即出现一个对话框,如图 1.16 所示,该对话框用于对断点进行详细的设置。

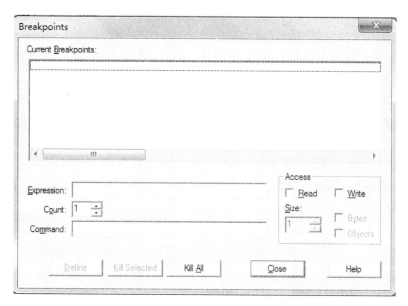

图 1.16　断点的设置

(3) 实例调试

下面通过程序举例说明调试过程。这个程序书写时很容易出现的一个错误是将 D1 和 D2 混淆,即将"D2:DJNZ R6,D2"后面的 D2 误写成 D1,而将"DJNZ R7,D1"后的 D1 误写成 D2。

下面就做一个一样错误的书写,然后重新编译。由于没有语法错误,所以编译时不会报错。

例 1-1　试说明程序调试过程。

程序如下:

```
            MOV     A,#0FEH
MAIN:       MOV     P1,A
            RL      A
            LCALL   DELAY
            AJMP    MAIN
DELAY:      MOV     R7,#255
D1:         MOV     R6,#255
D2:         DJNZ    R6,D1
            DJNZ    R7,D2
            RET
            END
```

解　进入调试状态后,按 F10 键,以过程单步的形式执行程序。当执行到"LCALL DE-LAY"行时,程序不能继续往下执行,并且发现调试工具按钮 Halt 变成了红色。这说明程序在此不断地执行,而预计的是这一段程序是在执行完后才停止。这个结果与预期是不同的,可以看出调用的子程序出了差错。为了查明出错原因,单击 Halt 按钮使程序停止执行,然后单击 RST 按钮使程序复位。再次按下 F10 键单步执行,但在执行到"LCALL DELAY"行时,改按 F11 键跟踪到子程序内部(如果按下 F11 键没有反应,请在源程序窗口中用鼠标单击一下),单步执行程序,可以发现当执行到"D2:DJNZ R6,D1"行时,程序不断地从这一行转移到上一行。同时观察左侧的寄存器的值,会发现 R6 的值始终在 FFH 和 FEH 之间变化,不会减小,而预期的是 R6 的值不断减小,减小到 0 后往下执行,因此这个结果与预期不符。通过观察,不难发现问题是因为标号写错而产生的。发现问题即可以修改,为了验证即将进行的修改是否正确,可以先使用"在线汇编功能"测试一下:把光标定位于程序行"D2:DJNZ R6,D1",将程序中 D1 改为 D2,再进行调试,这时发现程序能够正确执行了,说明修改正确。

注意:这时候的源程序并没有修改,此时应该退出调试程序,将源程序更改过来,并重新编译链接,以获得正确的目标代码。

知识链接 4　单片机的仿真过程

用户编写的程序编译通过后,只能说明源程序没有语法错误。要使用户的应用系统达到设计目的,还要对电路板进行调试和检查。这就是通常所说的仿真。仿真通常有两种方式:一种是通过硬件仿真器与试验样机联机进行的"实时"在线仿真;另外一种是在微机上通过软件进行的模拟仿真。"实时"在线仿真的优点是可以利用仿真器的软、硬件完全模拟样机的工作状态,使试验样机在真实的工作环境中运行,可以随时观察运行结果和解决问题,而缺点是价格较高。模拟仿真的方式简单易行,它是在 PC 机上通过运行仿真软件来创造一个模拟目标单片机的模拟环境,不需要单独购买仿真器,可以进行大多数的软件开发,如数值计算、I/O 口状态的变化等;缺点是对一些"实时"性很强的应用系统的开发显得无能为力,如一些接口芯片的软硬件调试。Keil 51 不但内含功能强大的软件仿真器,而且还可以通过计算机串口方便地和硬件仿真器相连。这种硬件仿真器依托 Keil 51 强大的集成仿真功能,可以实现单片机应用系统的在线仿真调试。

巩固与提高

一、填空题

单片机的全称是 _____,它是把组成微型计算机的各部件,如 _____、_____、_____和_____等单元集成在一块电路芯片上。

二、问答题

1. 开发单片机有哪些工具? 各起什么作用?

2. Keil C51 μVision4 是什么? 如何安装、设置 Keil C51 μVision2?

1.1.3　情景设计

1. 硬件设计

本情景只需要控制一盏灯亮或灭,因此所使用的单片机资源是端口 P1.0,按照图 1.17 进行正确的导线连接或者焊接,其中单片机是一块 40 个引脚的集成电路芯片,LED 是发光二极管,R 是限流电阻器,供电电压为＋5 V。单片机工作于最小系统的设计思路,对此目前不必关心,以后会讲到。

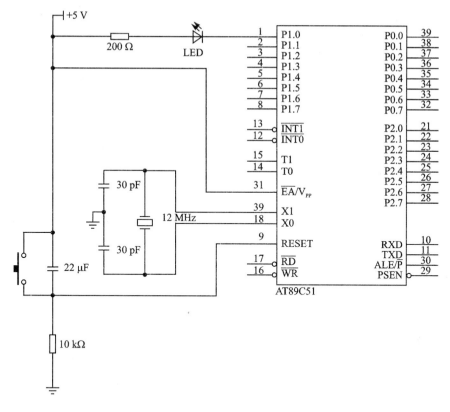

图 1.17　用 51 单片机控制单盏 LED 灯的硬件电路原理图

从图 1.17 可以得到实现本项目所需的元器件。元器件的选择应该合理,以满足功能要求为原则,否则会造成资源的浪费。元器件清单如表 1.1 所列。

表 1.1　元器件清单

序　号	元件名称	元件型号及取值	元件数量	备　注
1	单片机芯片	AT89C51	1 片	DIP 封装
2	晶振	12 MHz	1 只	
3	电容	30 pF	2 只	瓷片电容,接晶振端
		22 μF	1 只	电解电容,接复位端
4	电阻	200 Ω	1 只	碳膜电阻,LED 的限流电阻
		10 kΩ	1 只	碳膜电阻,接复位端
5	40 脚 IC 座		1 片	安装 AT89C51 芯片
6	按键		1 只	无自锁
			1 只	带自锁
7	导线		若干	
8	LED 灯		1 只	普通型
9	电路板		1 块	普通型,带孔
10	稳压电源	+5 V	1 块	直流

2. 软件流程

框图是表达软件思想的重要工具,它可以简洁、清晰和全面地表达软件的流程思想,特别是框图可以独立于任何软件之外,而且图标种类不多,这样对于算法的流程分析是非常方便的。本情景的软件流程如图1.18所示。

3. 软件实现

图1.18 单片机控制单盏LED亮的软件流程图

这一过程是用汇编语言实现的,请注意汇编语言的书写格式,它由四部分组成,从左到右依次是:标号、操作码、操作数和注释,其中操作码是必须要有的,其他三个部分根据需要可有可无。前三部分应该在西文状态下输入,不区分大小写,注释部分以分号开始,可以写中文,也可以写英文。建议写注释,以便今后维护时容易理解。

参考程序:

```
            ORG    0000H                ;程序入口地址
            LJMP   LOOP1
            ORG    0050H
LOOP1:      MOV    P1,#0FEH             ;把值0FEH送到P1口上,点亮P1.0口上的LED灯
            END
```

在本程序中,"MOV P1,#0FEH"指令可以用"CLR P1.0"指令代替,效果是一样的。

1.1.4 仿真与调试过程

在C盘建立文件夹PRJ1,表示第一个项目,第一个项目下有7个情景,每个情景分别建立为PRJ1-1.ASM、PRJ1-2.ASM、PRJ1-3.ASM等文件,以此类推。新建文件,并根据要求输入参考程序源文件,第一个情景保存文件名为PRJ1-1.ASM。新建工程PRJ1.uvproj,对已编写好并保存的程序文件PRJ1-1.ASM,需加载或调用到工程项目PRJ1中。加载后,选择Project→Build target项或按下F7功能键编译文件,如果程序没有语法错误,则输出窗口显示文件编译成功;否则返回编辑状态继续查找错误。程序编译通过后,把51系列单片机仿真实验板,内含Keil仿真器和实验硬件电路,用通信线与PC机正确连接。

正常安装完成后,右击Project窗口的Target 1,然后选择Option for target 'target 1'项,打开工程设置对话框。如图1.19所示,打开Debug选项卡,该选项卡用来设置调试器。左侧的Use Simulator用于选择Keil内置的模拟调试器,右侧则是使用硬件仿真功能。由于这里要使用硬件仿真功能,所以需要选中右侧的Use单选按钮以及Load Application at Start up和Run to main复选框。在Use右边的下拉列表中选择Keil Monitor-51 Drive。选择完成后,单击Setting按钮,选择所用PC机上的串口和波特率,通常可以使用38 400。其他设置一般不需要更改,设置好后如图1.20所示。

注意:Keil实验仿真板与PC机的连接对于在工程设置方法中的每个项目都是一样的,因此,在以后的项目中不再赘述。

设置好以后,如果Keil C51软件仿真环境不能进入,那么检查通信电缆是否连接好,电源开关是否打开以及实验板上的功能开关是否在正确位置,直到软件仿真环境和Keil实验箱通信成功。用导线将LED灯与P1.0口连接,再次选择Project→Build Target项,链接装载目标

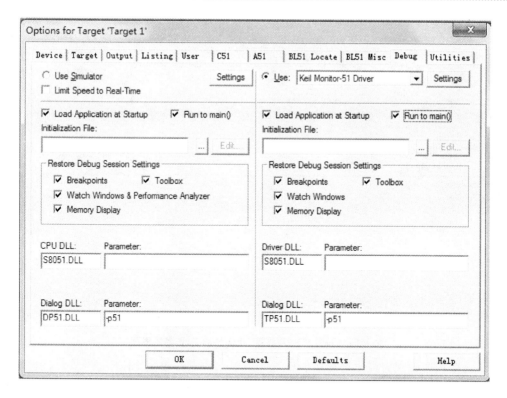

图 1.19　设置 Debug 选项

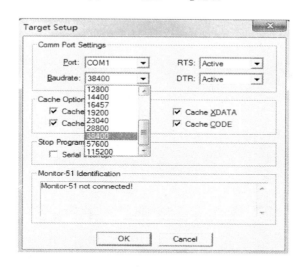

图 1.20　选择串口、波特率及其他选项

文件到 Keil 仿真器中，然后选择 Debug→Start/Stop Debug Session 项或按 Ctrl＋F5 组合键即可进入调试界面，如图 1.21 所示。

　　单击 Debug-Run(连续运行)命令，观察 LED 灯是否点亮。通过发光二极管点亮能直观地了解单片机的工作过程。一旦程序编译完毕，不仅可以调试，还可以全速运行看到真实效果，并进行操作以检查设计方案是否合理。此外，由于使用实验仿真板可以大大提高效率，因此，对初学者而言，实验仿真板也可以作为有益的补充。

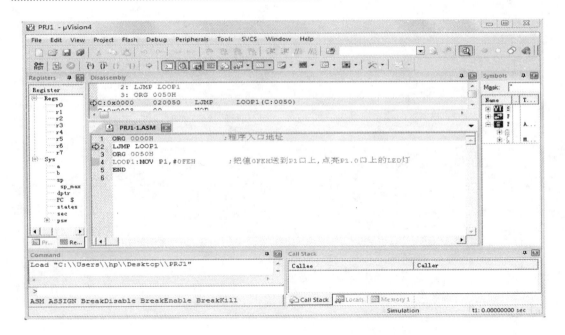

图 1.21　单片机控制单盏 LED 亮的 Keil 调试界面

经仿真后程序无误就可以把程序下载到自己制作的点亮单盏 LED 灯的单片机控制芯片中,让其正常工作。正确连接编程器并把 AT89C51 芯片插好,如图 1.22 所示。根据选择的编程器型号,运行相应的软件并将编译生成的 *.HEX 文件下载到芯片。将写完程序的单片机芯片正确地安装到焊好的硬件电路中,给电路板通电,控制单片机工作,观察 LED 灯是否亮。

图 1.22　利用编程器进行程序下载

1.1.5　情景讨论与扩展

1. 点亮一盏 LED 灯的最基本语句是什么?

2. 要使 P1.0 端口上的 LED 灯亮,其单片机应该输出逻辑 0 还是逻辑 1?

3. 将程序中的"ORG 0000H"和"LJMP LOOP1"这两行去掉后会有什么现象? 实际做一做,想一想。

1.2　单片机控制 8 盏 LED 灯发光

1.2.1　情景任务

在 1.1 节中控制的是一盏灯,但是在引入项目时给大家演示的是闪烁霓虹灯,大家发现每次不止有一盏灯亮,那么这又如何实现呢? 单片机能识别什么样的数? 单片机的 I/O 接口遇到什么数时对应的 LED 灯才发光?

1.2.2　相关知识

知识链接 1　单片机中的数制

单片机处理的一切信号都是由二进制数表示的。为什么要采用二进制形式呢? 这是因为二进制最简单,它仅有两个数字符号,这就特别适合用电子元器件来实现。制造有两个稳定状态的元器件一般比制造具有多个稳定状态的元器件要容易得多。但是,人们日常用的是十进制数,八进制和十六进制则用来表示和缩写二进制数。为了区别不同的数制,通常需要在数的后面加一个字母。B 表示二进制数,D 或不带字母表示十进制数,Q 表示八进制数,H 表示十六进制数。

1. 数制间的转换

将一个数由一种数制转换成另一种数制称为数制间的转换。常用进制数对应如表 1.2 所列。

表 1.2　常用进制数对应表

十进制数	二进制数	十六进制数	十进制数	二进制数	十六进制数
0	0000B	0H	9	1001B	9H
1	0001B	1H	10	1010B	AH
2	0010B	2H	11	1011B	BH
3	0011B	3H	12	1100B	CH
4	0100B	4H	13	1101B	DH
5	0101B	5H	14	1110B	EH
6	0110B	6H	15	1111B	FH
7	0111B	7H	16	00010000B	10H
8	1000B	8H	17	00010001B	11H

(1) 十进制数转换为非十进制数

整数部分采用"除基取余"法,即用十进制数逐次去除所求数的基数,并依次记下余数,直到商为 0 时为止。首次得到余数为所求数的最低位,末次所得余数为所求数的最高位。小数部分采用"乘基取整"法,即用十进制的小数去乘所求数的基数,并将结果的整数记下,再将乘积小数部分乘以基数,直到小数部分为 0 时为止,或者满足精度时为止。

例 1－2 将 35 转换为二进制数。

解 所求数是二进制数,故基数为 2,则

即 35＝100011B。

例 1－3 将 0.25 转换为十六进制数。

解 所求数是十六进制数,故基数为 16,则

$$
\begin{array}{r}
0.25 \\
\times \quad\quad 16 \\
\hline
4.00
\end{array}
$$ ……… 整数部分为 4,小数部分为 0

即 0.25＝0.4H。

(2) 非十进制数转换为十进制数

将非十进制数按权展开求和即得十进制数。二进制的权是 2,十六进制的权是 16。

例 1－4 将 1001.1B 和 2A3H 转换为十进制数。

解 $1001.1B = 1 \times 2^3 + 0 \times 2^2 + 0 \times 2^1 + 1 \times 2^0 + 1 \times 2^{-1} = 9.5$

$2A3H = 2 \times 16^2 + 10 \times 16^1 + 3 \times 16^0 = 675$

(3) 二进制数转换为十六进制数

采用"合四为一"法,即将二进制数按从低位到高位的顺序每 4 位一组分组,不足 4 位的,对于整数部分在高位补 0,补足 4 位,对于小数部分在低位补 0,补足 4 位,然后将每组二进制数用相应的十六进制数代替。

例 1－5 101101101.1100101B 转换为十六进制数。

解 101101101.1100101B＝000101101101.11001010B＝16D.CAH

(4) 十六进制数转换为二进制数

采用"一分为四"法,将每位十六进制数用 4 位二进制数代替即可得到对应的二进制数。

例 1－6 将 4AC7.5BH 转换为二进制数。

解 4AC7.5BH＝0100101011000111.01011011B

2. 有符号数的表示

前面提到的二进制数没有涉及符号问题,是一种无符号数。那么对于有符号数在单片机中是怎么表示的呢?由于数的符号只有正、负两种情况,所以在单片机中把一个数的最高位作为符号位,用于表示数的正、负:"0"表示正,"1"表示负。这就是有符号数在单片机中的表示形式,称之为机器数。机器数在单片机中的表示方式有三种:原码、反码和补码。在单片机中又常以补码形式表示机器数。对于正数,有公式:原码＝反码＝补码;对于负数,则反码等于原码的符号位不变,其余位按位取反,补码等于反码加 1。下面通过例子来简单说明原码、反

码和补码的关系。

例 1 - 7　已知下列数是有符号数的原码,请写出它的补码。

① 01010011B　　② 10010011B　　③ 01111111B　　④ 11111111B

解　对于有符号数来说,最高位是符号位,符号位为 0 表示正数,为 1 表示负数。

① 01010011B 的最高位是 0,因此这是一个正数。正数遵循:补码＝原码＝反码,所以 01010011B$_{补码}$＝01010011B。

② 10010011B 的最高位是 1,因此这是一个负数。求负数的补码分为两步:

第一步是保持符号位不变,数值位取反,所以 10010011B$_{反码}$＝11101100B;

第二步是反码加 1。将取反得到的数码末位加 1(即得到所求数的补码),10010011B$_{补码}$＝11101101B。

③ 01111111B 是正数,所以 01111111B$_{补码}$＝01111111B。

④ 11111111B 是负数,符号位保持不变,数值位取反为 10000000B,再加 1 得补码,所以 11111111B$_{补码}$＝10000001B。

例 1 - 8　已知下列数是二进制数的补码,请写出它们的原码并将其转换为十进制数。

① 01001001B　　② 11010010B　　③ 01111111B　　④ 11111111B

解　① 由 01001001B 的符号位判断这是一个正数,因为正数的原码和补码相同,所以 01001001B$_{原码}$＝01001001B。

将正数原码的数值位按权展开即得十进制数,所以

01001001B＝＋$(1 \times 2^6 + 0 \times 2^5 + 0 \times 2^4 + 1 \times 2^3 + 0 \times 2^2 + 0 \times 2^1 + 1 \times 2^0)$＝＋73

② 由 11010010B 符号位判断它是负数,求负数的原码也分为两步:

第一步是先将数值位减 1,得反码 11010001B;

第二步是保持符号位不变,数值位取反,所以 11010010B$_{原码}$＝10101110B。

将负数原码的数值位按权展开,得十进制数的绝对值,有

0101110B＝$0 \times 2^6 + 1 \times 2^5 + 0 \times 2^4 + 1 \times 2^3 + 1 \times 2^2 + 1 \times 2^1 + 0 \times 2^0$＝46

若考虑符号位,则有 10101110B＝－46,因此 11010010B$_{原码}$＝10101110B,所对应的十进制数是－46。

③ 01111111B 是正数,所以其原码是 01111111B,所对应的十进制数是

01111111B＝＋$(1 \times 2^6 + 1 \times 2^5 + 1 \times 2^4 + 1 \times 2^3 + 1 \times 2^2 + 1 \times 2^1 + 1 \times 2^0)$＝＋127

④ 11111111B 是负数,数值位减 1 其反码为 11111110B,符号位不变、数值位取反得原码 10000001B,所对应的十进制数为－1。

3. BCD 码和 ASCII 码

(1) BCD 码

人们习惯用十进制数,而单片机只能识别二进制数,为了将十进制数转换为二进制数,产生了 BCD(Binary Coded Deimal)码。这种编码的特点是保留了十进制的权,数字则用二进制表示,即仍然采用逢十进一,但又是一组二进制代码。

BCD 编码用 4 位二进制码表示 0～9 的十进制数,这 4 位中各位的权依次是 8、4、2、1,因此称为 8421BCD 码。8421BCD 码与十进制数的对应关系如表 1.3 所列。

表 1.3　8421BCD 码与十进制数的对应关系

十进制数	0	1	2	3	4	5	6	7	8	9
8421BCD 码	0000	0001	0010	0011	0100	0101	0110	0111	1000	1001

例 1-9　将 649 转换为 BCD 码。

解　十进制数 649＝011001001001BCD

（2）ASCII 码

由于单片机只能处理二进制数,因此除了数值本身需要用二进制形式表示外,另一些信息,如字母、标点符号、文字符号等也必须用二进制表示,即在计算机中需将这些信息代码化,以便于单片机识别、存储及处理。

目前,在微机系统中,世界各国普遍采用美国信息交换标准码——ASCII 码(American Standed Code for Information Interchange),见表1.4,用 7 位二进制数表示一个字符的 ASCII 码值。

表 1.4　ASCII 编码表

低4位 ＼ 高3位		0H 000	1H 001	2H 010	3H 011	4H 100	5H 101	6H 110	7H 111
0H	0000	NULL	DLE	空格	0	@	P	'	P
1H	0001	SOH	DC1	!	1	A	Q	A	Q
2H	0010	STX	DC2	"	2	B	R	B	R
3H	0011	ETX	DC3	♯	3	C	S	C	S
4H	0100	EOT	DC4	$	4	D	T	D	T
5H	0101	ENQ	NAK	%	5	E	U	E	U
6H	0110	ACK	SYN	&	6	F	V	F	V
7H	0111	BELL	ETB	'	7	G	W	G	W
8H	1000	BS	CAN	(	8	H	X	H	X
9H	1001	HT	EM	)	9	I	Y	I	Y
AH	1010	LF	SUB	*	:	J	Z	J	Z
BH	1011	VT	ESC	+	;	K	[	K	{
CH	1100	FF	FS	,	<	L	\	L	|
DH	1101	CR	GS	_	=	M	]	M	}
EH	1110	SO	RS	.	>	N	'	N	~
FH	1111	SI	US	/	?	O	-	O	DEL

由表 1.4 可知,7 位二进制数能表达 2^7(＝128)个字符,其中包括数码(0～9)、英文大写字母(A～Z)、英文小写字母(a～z)、特殊符号(!,?,@,♯ 等)和控制字(NULL,BS,CR 等)。

在计算机系统中,存储单元的长度通常为 8 位二进制,为了方便存取,规定一个存储单元存放一个 ASCII 码,其中低 7 位是编码本身,第 8 位往往用作奇偶校验位或规定为零。

知识链接 2　计算机中常用术语

在介绍概念之前,先看一个例子。用于照明的灯有两种状态,即"亮"和"不亮"。如果规定灯亮为"1",不亮为"0",那么两盏灯一共能够呈现 4 种状态,即 00、01、10、11。而二进制数 00、01、10、11 相当于十进制数的 0、1、2、3,因此,灯的状态可以用数学方法来描述;反之,数值也可以用电子元件的不同状态组合来表示。

1. 位

一盏灯的亮和灭,可以分别代表两种状态:0 和 1。实际上这就是一个二进制位,一盏灯就是一"位"。当然这只是一种帮助记忆的说法,位(bit)是计算机中所能表示的最小数据单位。

2. 字　节

一盏灯可以表示 0 和 1 两种状态,两盏灯可以表示 00、01、10、11 四种状态,也就是可以表示 0、1、2、3。计算机中通常以 8 位为一组,同时计数,可以表示的数的范围是 0～255,共 256 种状态。相邻 8 位二进制码称为一个字节(Byte),用 B 表示。

字节(B)是一个比较小的单位,常用的还有 KB 和 MB 等,它们的关系如下:

$1\ \mathrm{KB}=2^{10}\ \mathrm{B}=1\ 024\ \mathrm{B}$　　　　　$1\ \mathrm{MB}=1\ 024\ \mathrm{KB}=1\ 024\times1\ 024\mathrm{B}=2^{20}\ \mathrm{B}$

3. 字和字长

字是计算机内部进行数据处理的基本单位。一个字由 16 位二进制码组成,相当于 2 个字节。字长通常与计算机内部的寄存器、运算器、数据总线的宽度一致,不同类型的微型计算机有不同的字长,如 80C51 系列单片机是 8 位机,就是指它的字长是 8 位,其内部的运算器等都是 8 位的,每次参加运算的二进制只有 8 位。而以 8086 为主芯片的 PC 机是 16 位的,即指每次参加运算的二进制位有 16 位。

字长是计算机的一个重要性能指标,一般而言,字长越长,计算机的性能越好。下面通过例子来说明。

8 位字长,其表达的数的范围是 0～255,这意味着参加运算的各个数据不能超过 255,并且运算的结果和中间结果也不能超过 255,否则就会出错。但是在解决实际问题时,往往有超过 255 的要求。比如,单片机用于测量温度,假设测温范围是 0～1 000 ℃,这就超过了 255 所能表达的范围了。为了表示这样的数,需要用两个字节组合起来表示温度。这样,在进行运算时就需要花更长的时间。比如,做一次乘法,如果乘数和被乘数都用一个字节表示,那么只要一步(一行程序)就可以完成;而用两个数组合起来,做一次乘法可能需要 5 步(5 行程序)或更多才能完成。同样的问题,如果采用 16 位的计算机来解决,它的数的表达范围可以是 0～65 536,所以只要一次运算就可以解决问题,所需要的时间就少了。

巩固与提高

一、选择题

1. 在 8 位机中,下列十进制数中不发生溢出的是(　　　)。

　　(A)＋128　　　　(B)＋257　　　　(C)－128　　　　(D)－258

2. 下列数中最小的数为(　　　)。

　　(A) 11011001B　　(B) 50Q　　　　(C) 42D　　　　(D) 2BH

3. 一个字节是几个二进制位?(　　　)

(A) 2   (B) 4   (C) 8   (D) 16

4. 在 8 位机中,—50 的补码是( )。

(A) 00110010B   (B) CFH   (C) 10110010B   (D) CEH

5. 在 8 位机中,下列十进制数中不发生溢出的是( )。

(A) 254   (B) 500   (C) 256   (D) 258

二、问答与计算题

1. 单片机能识别什么样的数?为什么?

2. 将下列十进制数转换为二进制数。

(1) 24   (2) 127.25   (3) 255

3. 将下列十六进制数转换为二进制数和十进制数。

(1) EFH   (2) 10A.5H   (3) 40D3H

1.2.3 情景设计

1. 硬件设计

本情景需要接 8 盏灯,因此所使用的单片机资源是端口 P1.0～P1.7,按照图 1.23 进行正确的导线连接或者焊接。具体单片机工作于最小系统电路的设计思路,对此目前还不必关心,以后会讲到。

从图 1.23 可以得到实现本项目所需的元器件,如表 1.5 所列。元器件的选择应该合理,以满足功能要求为原则,否则会造成资源的浪费。对比 1.1 节所使用的元器件会发现,表 1.5 中的元器件只比 1.1 节多了 7 个 220 Ω 电阻和 7 个 LED 灯,其余相同。即在图 1.17 电路上再在 P1.1～P1.7 端口各接一只 LED 灯,共 7 个。

表 1.5 元器件清单

序 号	元件名称	元件型号及取值	元件数量	备 注
1	单片机芯片	AT89C51	1 片	DIP 封装
2	晶振	12 MHz	1 只	
3	按键		1 只	无自锁
			1 只	带自锁
4	电容	30 pF	2 只	瓷片电容,接晶振端
		22 μF	1 只	电解电容,接复位端
5	电阻	220 Ω	8 只	碳膜电阻,可用排阻代替,LED 的限流电阻
		10 kΩ	1 只	碳膜电阻,接复位端
6	40 脚 IC 座		1 片	安装 AT89C51 芯片
7	导线		若干	
8	LED 灯		8 只	普通型
9	电路板		1 块	普通型,带孔
10	电源	+5 V	1 块	直流

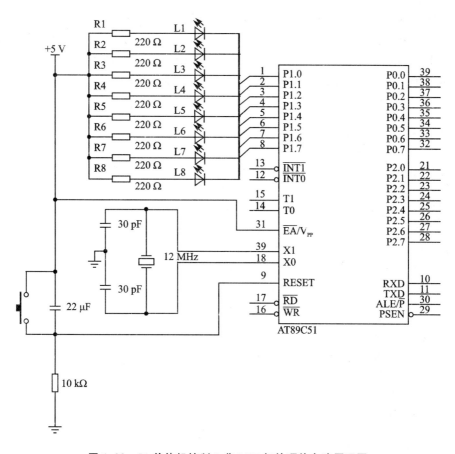

图 1.23　51 单片机控制 8 盏 LED 灯的硬件电路原理图

2. 软件流程

本控制使用简单程序设计中的顺序结构形式实现,软件流程如图 1.24 所示。

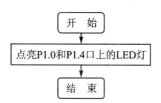

图 1.24　单片机控制 8 盏 LED 灯中的 L1 和 L5 两盏灯亮的软件流程

3. 软件实现

满足题目要求的参考程序清单:

```
        ORG    0000H        ;程序入口地址
        LJMP   LOOP1        ;跳转到 LOOP1 处
        ORG    0500H
LOOP1:  MOV    P1,#0EEH      ;把值 0EEH 送到 P1 口上,点亮 P1.0 和 P1.4 口上的 LED 灯
HERE:   SJMP   HERE
        END
```

在本程序中,指令"MOV P1,♯0EEH"可以用"CLR P1.0"和"CLR P1.4"两条指令代替,效果是一样的。程序执行完"MOV P1,♯0EEH"指令后,即将十六进制立即数 0EEH 通过 P1 口输出,而 0EEH 的二进制数形式为 11101110B,此时 P1 口输出控制的 8 个发光二极管仅 P1.0 和 P1.4 对应得数据为 0,其余各位为 1。由于 8 个发光二极管采用共阳极连接,即只有 L1 和 L5 亮,其余灭。

1.2.4 仿真与调试过程

新建文件,并根据要求输入参考程序源文件,保存文件名为 PRJ1-2. ASM,对已编写好并保存的程序文件加载到工程项目 PRJ1 中。加载后,选择 Project→Build Target 项进行编译文件,直到显示文件编译成功,否则返回编辑状态继续查找程序中的语法错误。程序编译通过后,把 51 系列单片机仿真实验板和 PC 机连接,并且要确保连接无误。打开工程设置对话框,打开 Debug 选项卡,对右侧的硬件仿真功能进行设置,用导线连接端口 P1.0~P1.7 与 LED 灯。再次选择 Project→Build Target,链接装载目标文件,然后选择 Debug→Start/Stop Debug Session 项或按 Ctrl+F5 组合键即可进入调试界面,如图 1.25 所示。

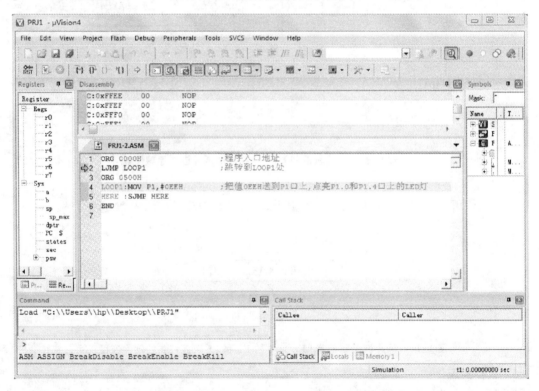

图 1.25 单片机控制 L1 和 L5 灯亮的 Keil 调试界面

进入调试界面后,选择 Debug-Run(连续运行),观察 L1 和 L5 是否被点亮。经仿真后若程序无误,就可以把程序下载到单片机芯片中。正确连接编程器并把 AT89C51 芯片插好,根据选用的编程器型号运行相应的软件,并将编译生成的 *. HEX 文件下载到芯片。将写完程序的单片机芯片正确地安装到焊好的硬件电路中,给电路板通电,观察 L1~L8 亮的情况是否符合要求。

1.2.5　情景讨论与扩展

1. 将参考程序中的"HERE:SJMP HERE"程序行去掉后会出现什么现象？实际做一做，想一想。

2. 点亮一盏灯和多盏灯的指令区别在哪里？

3. 若想一次点亮 P1.3、P1.5、P1.6 三个接口上的灯，应该如何改动程序？

1.3　单灯闪烁

1.3.1　情景任务

LED 闪烁，即 LED 交替亮与灭，这个情景有一定的"实用价值"，例如，汽车或摩托车上的信号灯。在前面两个情景中，单片机已能正常工作。通过单片机控制单盏 LED 闪烁这一情景的实现，学习单片机的内部结构组成，学会单片机工作最小系统电路的设计思路，学会运用ORG、MOV、LJMP、SETB、CPL、DJNZ、END 等基本指令，学会用软件编写延时程序。

1.3.2　相关知识

知识链接 1　AT89C51 单片机的内部结构及引脚

1. AT89C51 单片机内部结构

AT89C51 单片机内部结构如图 1.26 所示。

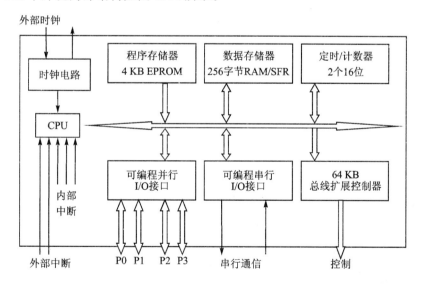

图 1.26　AT89C51 系列单片机内部结构框图

AT89C51 单片机基本特性如下：

① 1 个 8 位的 CPU。CPU 是单片机的核心部件，包含了运算器、存储器以及若干寄存器等部件。

② 1 个片内振荡器和时钟电路。为单片机提供时钟脉冲。

③ 程序存储器。4 KB 的 Flash ROM,用于存放程序、原始数据或表格。因此称之为程序存储器,简称内部 ROM。地址范围为 0000H～0FFFH(4 KB)。

④ 数据存储器。分为高 128 B 和低 128 B,其中高 128 B 被特殊功能寄存器(SFR)占用,能作为寄存器供用户使用的只是低 128 B,用于存放可读写的数据。通常所说的内部 RAM 就是指低 128 B,简称内 RAM,其地址范围为 00H～7FH(128 B)。数据存储器有数据存储、通用工作寄存器、堆栈、位地址等空间。

⑤ 64 KB 总线扩展控制器。可寻址 64 KB 外 ROM 和 64 KB 外 RAM 控制电路。

⑥ 4 个 8 位并行 I/O 口(P0、P1、P2、P3)。有 4×8 共 32 根 I/O 端口线,以实现数据的输入、输出。

⑦ 1 个全双工串行接口。实现单片机和其他设备之间的串行数据传送。

⑧ 2 个 16 位的定时/计数器。实现定时或计数功能,并以其定时或计数结果对计算机进行控制。

⑨ 5 个中断源。其中外部中断 2 个,内部中断 3 个,分为高级和低级两种级别,以满足不同控制应用的需要。

以上部件通过内部总线连接在一起。内部总线用于传送信息,可以分为数据总线(DB)、地址总线(AB)和控制总线(CB)。

2. 外部引脚功能与使用

AT89C51 芯片共有 40 个引脚,采用双列直插式封装形式。其引脚及封装图如图 1.27 所示。

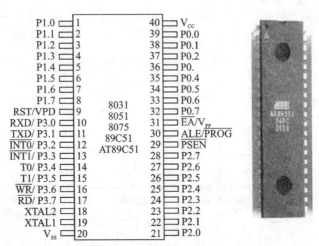

图 1.27 AT89C51 芯片引脚及封装图

40 个外部引脚分为 4 大类,下面介绍引脚功能及使用方法。

(1) 电源引脚(2个)

① Vcc(40 脚):+5 V 电源;

② Vss(20 脚):接地。

(2) 时钟引脚(2个)

MCS-51 系列单片机时钟信号的提供有两种方式:内部方式和外部方式。

内部方式是指使用内部振荡器,这时只要在 XTAL1(19 脚)和 XTAL2(18 脚)之间外接石英晶体和微调电容器 C1、C2，它们和 MCS‐51 单片机的内部电路构成一个完整的振荡器，振荡频率和石英晶体的振荡频率相同，如图 1.28(a)所示。石英晶体的振荡频率选择范围为 1.2～12 MHz，电容器选用陶瓷电容，容量取 18～47 pF，典型值取 30 pF。当使用外部信号源为 MCS‐51 提供时钟信号时，按不同工艺制造的单片机芯片其接法也不同。具体接法如表 1.6 和图 1.28(b)、(c)所示。

表 1.6　按不同工艺制造的单片机芯片外接振荡器时的接法

芯片类型	XTAL1 (19 脚)	XTAL2(18 脚)
CHMOS	外部振荡器脉冲输入端(带上拉电阻)	悬浮
HMOS	接地	外部振荡器脉冲输入端(带上拉电阻)

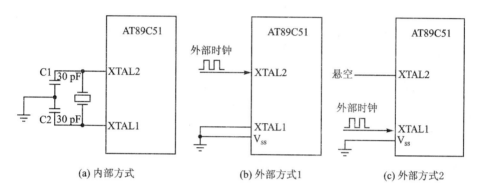

图 1.28　MCS‐51 单片机时钟电路

注意：本书中采用的是 AT89C51 单片机芯片，所有的项目均使用芯片内部振荡器，因此在 XTAL2 和 XTAL1 之间外接 6 MHz(或 12 MHz)石英晶振和 30 pF 微调电容器 C1、C2 即可。

(3) 控制引脚(4 个)

① ALE/$\overline{\text{PROG}}$(30 脚)：第一功能 ALE 为地址锁存允许，在访问片外程序存储器期间，每个机器周期该信号出现两次，其下降沿用于锁存 P0 口输出的低 8 位地址；第二功能 $\overline{\text{PROG}}$ 为编程脉冲输入端。

② $\overline{\text{PSEN}}$(29 脚)：读外部程序存储器的选通信号。当从片外程序存储器读取数据时，每个机器周期内 $\overline{\text{PSEN}}$ 激发两次(低电平有效)。在访问片内程序存储器或数据存储器时，不激发 $\overline{\text{PSEN}}$。

③ $\overline{\text{EA}}$/V_{PP}(31 脚)：第一功能 $\overline{\text{EA}}$ 为内外程序存储器选择控制，第二功能 V_{PP} 用于施加编程电压。

$\overline{\text{EA}}$=1，访问片内程序存储器。由于 AT89C51 单片机内部含有 4 KB Flash 程序存储器，可随时改写程序，因此，在使用 AT89C51 单片机时，程序可以放在单片机内部，不需要扩展外部程序存储器，这种使用方法是今后单片机应用的方向。

注意：本书中的所有项目都是使用 AT89C51 单片机，内部含有 ROM，因此，$\overline{\text{EA}}$引脚接高电平。

$\overline{\text{EA}}$=0，单片机只访问外部程序存储器。例如，51 系列中的 8031 单片机无片内 ROM，因此 $\overline{\text{EA}}$引脚接地。

④ RST(9 脚):复位端。当振荡器工作时,在该引脚上给出连续两个机器周期的高电平就可实现复位。复位电路有上电自动复位和按键手动复位两种,如图 1.29 所示。上电自动复位是利用复位电路电容充放电来实现的;而按键手动复位是通过使 RST 端经电阻器 R 与电源+5 V接通而实现的,它兼具自动复位功能。

注意:本书中的项目都采用按键手动复位,如图 1.29(b)所示。

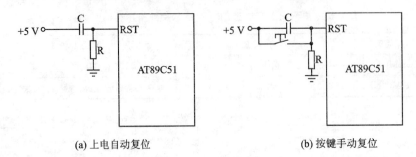

(a) 上电自动复位　　　　　　　　　　　　(b) 按键手动复位

图 1.29　复位电路

复位是单片机的初始化操作,使 CPU 以及其他功能部件都处于一个确定的初始状态,并从这个状态开始工作。执行一次复位后,内部各寄存器的状态如表 1.7 所列,内部数据存储器(RAM)中的数据保持不变。

表 1.7　复位后各寄存器状态

寄存器名	内　容	寄存器名	内　容
PC	0000H	TH0	00H
ACC	00H	TL0	00H
B	00H	TH1	00H
PSW	00H	TL1	00H
SP	07H	TMOD	00H
DPTR	0000H	SCON	00H
P0~P3	FFH	SBUF	不定
IP	×××00000B	PCON(HMOS)	0×××××××B
IE	0××00000B	PCON(CHMOS)	0×××0000B
TCON	00H		

注:×表示取值不定。

(4) 并行 I/O 口引脚(32 个)

MCS-51 单片机有 4 个 8 位并行 I/O 端口(P0、P1、P2 和 P3 口)。每一条 I/O 线都能独立地用作输入和输出。每个端口都包括一个锁存器(即特殊功能寄存器 P0~P3)、一个输出驱动器和输入缓冲器。I/O 端口做输出时数据可以锁存,做输入时数据可以缓冲,但这 4 个端口的功能并不完全相同。各端口的功能介绍如下:

① P0 口作为通用 I/O 口使用,在片外扩展存储器时,作为双向总线,分时送出低 8 位地址并完成数据的输入/输出。

② P1 口作为通用 I/O 口使用。

③ P2 口、P0 口作为通用 I/O 口,在片外扩展存储器时,P2 口送出高 8 位地址。

④ P3 口是一个双功能口,第一功能作为通用 I/O 口使用,第二功能 8 个引脚都有其定义,如表 1.8 所列。

表 1.8　P3 口的第二功能

P3 口引脚线号	第二功能标记	第二功能注释
P3.0	RXD	串行口数据接收输入端
P3.1	TXD	串行口数据发送输出端
P3.2	$\overline{INT0}$	外部中断 0 请求输入端
P3.3	$\overline{INT1}$	外部中断 1 请求输入端
P3.4	T0	定时/计数器 0 外部输入端
P3.5	T1	定时/计数器 1 外部输入端
P3.6	$\overline{WR}$	片外数据存储器写选通端
P3.7	$\overline{RD}$	片外数据存储器读选通端

知识链接 2　AT89C51 单片机的 P1 口结构与 LED 的连接

51 系列单片机有 4 个 8 位的 I/O 接口,在本情景中使用的是 P1 口,所以,在此只介绍 P1 口的结构,P0、P2 和 P3 口的结构在后面使用时再作介绍。P1 口为 8 位通用 I/O 端口,每一位均可独立定义为输入或输出口,图 1.30 是 P1 口中某一位的位结构电路图。每一位均由锁存器、缓冲器和驱动器构成。当作为输出口时,"1"写入锁存器,T2 截止,内部上拉电阻将电位拉至"1",此时该口输出为 1;若"0"写入锁存器,T2 导通,输出则为 0。作为输入口时,锁存器置 1,T2 截止,此时该位既可以把外部电路拉成低电平,也可由内部上拉电阻拉成高电平,所以 P1 口称为准双向口。

LED 具有二极管的特性,但在导通之后能发光,所以称之为发光二极管。LED 的外形如图 1.31 所示。

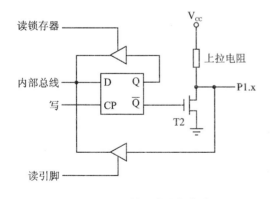

图 1.30　P1 口某位的结构电路图

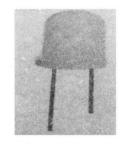

图 1.31　LED 外形图

图 1.31 中,长脚代表阳极,短脚代表阴极。P1 口控制发光二极管(LED)电路,发光二极管与 P1 口的连接方法有两种。一种是共阴极接法,若将它们的阴极连接在一起,阳极信号受控制,即构成共阴极接法,此时,P1 引脚高电平 LED 亮,接法如图 1.32(a)所示。另一种是共

阳极接法,若将它们的阳极连接在一起,阴极信号受控制,则构成共阳极接法,此时,P1引脚低电平 LED 亮,接法如图 1.32(b)所示。由于 P1 口引脚输出高电位时电压大约是 5 V,为保证发光二极管的可靠工作,必须在发光二极管和单片机输出引脚间连接一只限流电阻,否则一旦通电,LED 会被烧坏。本项目选用硅型普通发光二极管,限流电阻取 200 Ω 左右。

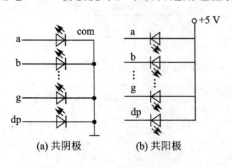

图 1.32　发光二极管的接法

注意:本书的项目中发光二极管的接法采用共阳极,即图 1.32(b),这时单片机的 I/O 引脚为低电平,LED 灯亮。由于单片机复位时,其 I/O 引脚为高电平,因此单片机刚上电时 LED 灯不亮。

至此,根据上面叙述把单片机引脚按功能要求接好,实际上就完成了单片机工作电路的基本设计,接上 +5 V 电源,虽然没什么现象出现,但是单片机确实可以工作了。此时,大家可以把 1.1 节和 1.2 节中的电路原理图打开看一看,就会发现单片机工作的基本电路是一样的。

知识链接3　51 单片机的存储器结构

存储器是任何计算机系统中都要用的,通过对存储器的理解,对学习单片机的工作过程及其应用都有很大的帮助。在计算机中,存储器用来存放数据。存储器中有大量的存储单元,每个存储单元中都可以有“0”和“1”组合起来的数据,而不是放入如同十进制 1、2、3、4 这种形式的数据。

图 1.33 是一个有 4 个单元的存储器示意图,每个存储单元内有 8 个小单元格(对应一个字节即 8 位)。有 D0~D7 共 8 根引线进入存储器的内部,经过一组开关,这组开关由一个称之为“控制器”的部件控制。而控制器则有一些引脚被送到存储器芯片的外部,可以由 CPU 对它进行控制。示意图的右侧还有一个称之为“译码器”的部分,它有两根输入线 A0 和 A1 由外部引入,译码器的另一侧有 4 根输出线,分别连接到每一个存储单元。4 个存储单元,每个存储单元的 8 根线是并联的,在对存储单元进行写操作时,会将待写入的 0、1 送入并联的所有

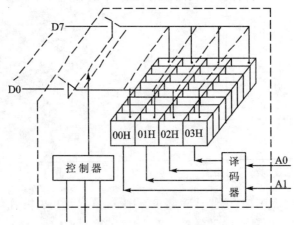

图 1.33　存储器单元示意图

4 个存储单元中。换言之,一个存储器不管有多少个单元,都放同一个数,这不是我们所希望的,因此要在结构上有所变化。图 1.34 是带有控制线的存储单元示意图。如果准备把数据放到哪个单元,那么其控制线上的开关就闭合。

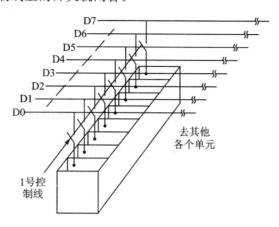

图 1.34　带有控制线的存储器单元示意图

1. MCS-51 单片机存储器结构

MCS-51 的存储器在物理结构上分为程序存储器(ROM)空间和数据存储器(RAM)空间,根据位置不同共有 4 个存储空间:片内程序存储器空间、片外程序存储器空间、片内数据存储器空间和片外数据存储器空间。这种程序存储器和数据存储器分开的结构形式,称为哈佛结构,如图 1.35 所示。如果从逻辑结构的角度分,MCS-51 存储器地址空间又可分为两类,即片内存储器和片外扩展存储器。

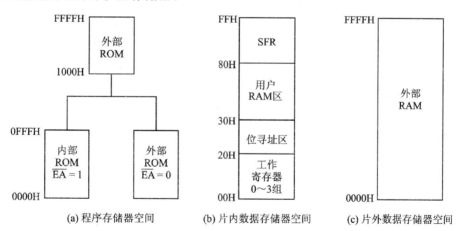

图 1.35　AT89C51 存储器空间分布图

只读存储器又称为 ROM,其中的内容在操作运行过程中只能被 CPU 读出,而不能写入或更新。它类似于印好的书,只能读书里面的内容,不可以随意更改书里面的内容。只读存储器的特点是断电后存储器中的数据不会丢失,这类存储器适用于存放各种固定的系统程序、应用程序或表格等,所以人们又常称 ROM 为程序存储器。

随机存储器又称为 RAM,其中的内容可以在工作时随机读出和存入,即允许 CPU 对其进行读、写操作,但是 RAM 中的内容在断电后消失,所以它适用于存放一些变量、运算的中间结果、现场采集的数据等。因此,人们又常称 RAM 为数据存储器。

2. 51 单片机片内数据存储器结构

单片机的内部数据存储器具有十分重要的作用,几乎任何一个实用程序都要用到这部分资源来编程。MCS-51 单片机片内数据存储器的配置如图 1.35(b)所示。片内数据存储器为 256 字节,地址范围为 00H~FFH,分为两个部分。低 128 字节(00H~7FH)为真正的 RAM 区,高 128 字节(80H~FFH)为特殊功能寄存器区 SFR;低 128 字节又分成 3 个区。

(1) 00H~1FH(工作寄存器区)

32 个单元,是 4 组通用工作寄存器区,每组 8 个单元,即 8 个工作寄存器 R0~R7。表 1.9 是工作寄存器与 RAM 地址的对应关系。

表 1.9　工作寄存器与 RAM 地址对照表

寄存器	地　址			
	0 区	1 区	2 区	3 区
R0	00H	08H	10H	18H
R1	01H	09H	11H	19H
R2	02H	0AH	12H	1AH
R3	03H	0BH	13H	1BH
R4	04H	0CH	14H	1CH
R5	05H	0DH	15H	1DH
R6	06H	0EH	16H	1EH
R7	07H	0FH	17H	1FH

这 32 个单元地址称为工作寄存器区,可以按地址使用它们,也可以通过名字 R0~R7 使用它们。例如,班级里每个学生都有座位号,假如要找第五排第三列的同学,这采用的是地址定位的方法。另外,还有些学生是老师特别关注的,除了知道他们的座位号外,还知道他们的名字,那么就多了一种找到他们的方法。显然知道名字找起来更方便,所以 51 单片机的设计者给这些单元起了名字 R0~R7。

观察表 1.9 可以发现,第 00H 单元名字叫 R0,第 08H 单元名字也叫 R0……其他名字也有这个问题。如果要取 R0 中的数,究竟是取哪个单元中的数呢? 是 00H 单元、08H 单元、10H 单元,还是 18H 单元? 这是重名的问题,芯片设计者提供了解决这个问题的方法。

用两个位来决定选择哪一组,这两个位的名字分别加 RS1 和 RS0,表 1.10 是工作寄存器组选择表。

表 1.10　RS1、RS0 与片内工作寄存器组的对应关系

RS1	RS0	寄存器组	片内 RAM 地址	通用寄存器名称
0	0	0 组	00H~07H	R0~R7
0	1	1 组	08H~0FH	R0~R7
1	0	2 组	10H~17H	R0~R7
1	1	3 组	18H~1FH	R0~R7

两位正好可以有 4 种状态,即每个时刻只能选择 4 组中的某一组。例如,当前 R0 是指 00H,那么 R7 就一定是 07H 单元,不可能出现 R0 指 00H 单元,而 R7 指 17H 单元。为什么要把这个功能设计得这样复杂呢? 编程者又怎么知道什么时候要让 RS1、RS0 等于什么? 如果不知道怎么设置,那么最简单的办法,就是不要设置。RS1 和 RS0 的初始值是 00,也就是默认选择第 0 组工作寄存器。

(2) 20H～2FH(位寻址区)

16 个单元,可进行 128 位的位寻址,如表 1.11 所列。

表 1.11 RAM 中的位寻址区地址表

RAM 地址	D7	D6	D5	D4	D3	D2	D1	D0
20H	07	06	05	04	03	02	01	00
21H	0F	0E	0D	0C	0B	0A	09	08
22H	17	16	15	14	13	12	11	10
23H	1F	1E	1D	1C	1B	1A	19	18
24H	27	26	25	24	23	22	21	20
25H	2F	2E	2D	2C	2B	2A	29	28
26H	37	36	35	34	33	32	31	30
27H	3F	3E	3D	3C	3B	3A	39	38
28H	47	46	45	44	43	42	41	40
29H	4F	4E	4D	4C	4B	4A	49	48
2AH	57	56	55	54	53	52	51	50
2BH	5F	5E	5D	5C	5B	5A	59	58
2CH	67	66	65	64	63	62	61	60
2DH	6F	6E	6D	6C	6B	6A	69	68
2EH	77	76	75	74	73	72	71	70
2FH	7F	7E	7D	7C	7B	7A	79	78

举例来说,要让 21H 这个字节的第 0 位变为 1,查表 1.11 发现,21H 字节第 0 位的位地址就是 08H,所以,只要直接用指令"SETB 08H"或"SETB 20H.7",就可以达到这个目的了。又如,要让 2CH 这个字节的第 3 位变为 0,查表 1.11 可知,2CH 的第 3 位的位地址是 63H,所以只要用指令"CLR 63H"或"CLR 2CH.3"即可。

注意:作为对比,如果要求把字节地址 00H 的第 0 位置为 1,就不能用位操作指令 SETB 来实现,因为字节 00H 不可以进行位寻址,这就是位寻址区中的 RAM 单元与其他不可位寻址区的区别。当然,可以用其他指令实现这个要求。

(3) 30H～7FH(用户 RAM 区)

用户 RAM 区,只能进行字节寻址,用作数据缓冲区或堆栈区。在这一区域的操作指令非常灵活,数据处理方便。

高 128 字节为特殊功能寄存器 SFR 的地址空间,地址范围是 80H～FFH。MCS - 51 单片机有 18 个 SFR 块,其中 3 个是双字节寄存器,它们共占用了 21 字节。具体见附录 A。特殊功能寄存器反映了单片机的状态。8051的状态字以及控制字寄存器,大体可分两类:一类与芯片的引脚有关,这些特殊功能寄存器是R0~R3;另一类作芯片内部功能的控制用。

知识链接4　51单片机常用的汇编语言指令和伪指令

1. 数据传送指令(MOV)

数据传送指令是数据传送类指令的一部分,指令中的源操作数和目的操作数的地址都在单片机内部数据存储器(RAM)中。

MOV指令比较简单,共有16条,图1.36给出MOV指令传送示意图。

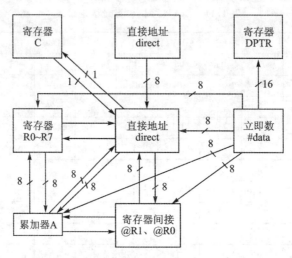

图1.36　MOV传送示意图

下面学习以寄存器Rn和直接地址direct为目的地址的指令,其余类似,在此不作详细叙述。

(1) 以寄存器Rn为目的地址的指令

以寄存器Rn为目的地址的指令共3条。

MOV　Rn,♯data　　　;将8位立即数送入当前寄存器组的Rn寄存器
MOV　Rn,A　　　　　;将累加器A中的内容送入当前寄存器组的Rn寄存器中
MOV　Rn,direct　　　;将直接地址单元中的内容送入当前寄存器组的Rn寄存器中

这一组指令中的Rn是当前工作寄存器组R0~R7中的某一个寄存器。

注意:寄存器Rn之间不能进行直接的数据传送。要实现相关操作,必须找一个中间单元进行。

例1-10　寄存器R1中的内容传入R7中。

解　直接用"MOV R7,R1"是错误的,可以采用"MOV A,R1"和"MOV R7,A"两条指令来实现此操作。

(2) 以直接地址direct为目的操作数的指令

以直接地址direct为目的操作数的指令共5条。

MOV　　direct,A　　　　　　　　;(A)→direct
MOV　　direct,Rn　　　　　　　　;(Rn)→direct,n=0~7
MOV　　direct1,direct2　　　　　;直接地址2中的内容送入直接地址1中

| MOV | direct,@Ri | ;((Ri))→direct,i=0 和 1 |
| MOV | direct,#data | ;立即数→direct 单元中 |

功能：把源操作数送入直接地址指出的存储单元。direct 指的是内部 RAM 或 SFR 的地址。

2. 无条件转移指令(LJMP)

| LJMP | addr16 | ;将 16 位地址数送入程序计数器中,以改变程序的执行方向 |

本条指令中,由于直接提供要转移去的 16 位目的地址,所以执行这条指令可使程序转向 64 KB 程序存储器地址空间的任何单元。

注意：在实际编写源程序时,往往不能事先确定转移的目标程序存放的单元地址,因此一般以要转移的目标程序处的标号取代 16 位地址数。在编译及执行程序时是一样的。

例 1 - 11　执行下述程序段：

```
M: LJMP  K
    ……
K: ……
```

程序执行到"LJMP K"指令时,直接跳至 K 标号处,从"LJMP K"指令到 K 标号之间的程序段不执行。

3. 减 1 不为零跳转指令(DJNZ)

DJNZ	Rn,rel	;将寄存器 Rn 中的内容减 1,判断结果是否为 0。若(Rn)-1=0,
		;则程序顺序向下执行;若(Rn)-1≠0,则程序转移
DJNZ	direct,rel	;将 direct 单元中的内容减 1,判断结果是否为 0。若(direct)-1=0,
		;则程序顺序向下执行;若(direct)-1≠0,则程序转移

本类指令也称为循环指令,主要用于控制程序循环。以减 1 后是否为 0 作为转移条件,即可实现按次数控制循环。其中给出的 rel 是 8 位二进制带符号数的补码形式,取值范围是 -128~+127,它是相对本条指令地址的偏移量。本指令的转移范围是在当前 PC 值为基准点的 256 字节地址范围。即

$$目标地址＝当前 PC 值＋rel$$

当 rel 的值为负数时,程序向上转移;当 rel 的值为正数时,程序向下转移。

注意：在实际编写源程序时,只有当前 PC 值和目标地址确定后,才能通过计算得到 rel 的数值。计算公式如下：

$$rel ＝目标地址－当前 PC 值$$

不能事先确定转移的目标程序存放的单元地址时,也应该以要转移的目标程序处的标号取代 rel 的数值。在编译及执行程序时是一样的。

例 1 - 12　运用 DJNZ 指令实现将内部 RAM 区中从 30H 开始的 16 单元内部清 0。

解　满足题目要求的参考程序如下：

```
ORG    0100H          ;程序存放的首地址为 0100H
MOV    R0,#30H         ;将首地址 30H 送入 R0 中
MOV    R7,#10H         ;16 个单元数送 R7
CLR    A
```

```
LOOP:   MOV     @R0,A
        INC     R0                      ;(R0)加1送到R0单元中
        DJNZ    R7,LOOP                 ;(R7)中内容减1不为零,跳到LOOP处循环
        SJMP    $                       ;在原地循环
```

4. 位指令(SETB、CPL、CLR)

在学习位指令之前,先要掌握指令中位地址的表达形式,有以下4种:

① 直接地址方式,如23H、0A8H;

② 点操作符方式,如P0.7、20H.6;

③ 位名称方式,如C、OV;

④ 用户定义名方式,如用位指令BIT定义:"WBZ BIT IE.5",经定义后,允许指令中使用WBZ代替IE.5。

常用的位指令有以下6条:

```
SETB    bit                     ;将bit位中的内容置1
SETB    C                       ;Cy置1
CPL     bit                     ;将bit位中的内容取反
CPL     C                       ;Cy求反
CLR     bit                     ;将bit位中的内容清0
CLR     C                       ;Cy清0
```

以上指令可以对单元中的特定位进行操作,应用的关键是掌握位地址的表示方法。

例1-13 解析

```
CLR     C
CLR     27H
CPL     08H
SETB    P1.7
```

这4条指令执行后分别做了什么操作?

解 利用位指令的含义分析可得:

```
CLR     C                       ;0→Cy
CLR     27H                     ;0→(24H).7位
CPL     08H                     ;→(21H).0位
SETB    P1.7                    ;1→P1.7位
```

5. 长调用指令(LCALL)和子程序返回指令(RET)

在程序设计中,经常会遇到功能完全相同的同一段程序出现多次,为了减少程序所占存储器的空间及编程人员的工作量,可以把具有一定功能的程序段作为子程序单独编写,供主程序在需要时使用,这种使用称为调用。当主程序需要调用子程序时,通过调用指令无条件地转移到子程序入口处开始执行,子程序执行完毕将返回到主程序。因此,调用指令和返回指令应成对使用,调用指令应放在主程序中,而返回指令应放在子程序的末尾处。

```
LCALL   addr16                  ;调用addr16给出的地址处的子程序
RET                             ;子程序执行完后,返回主程序
```

子程序调用指令完成的操作主要包括两个步骤：

① 保护断点。程序断点是指即将被执行但由于调用子程序而没被执行的那条指令的地址，也既 PC 的当前值。保护程序断点就是把当前 PC 值压入堆栈中。

② 把子程序入口地址送入 PC 中。返回指令 RET 完成的主要操作是将堆栈中的内容弹出送入 PC 中，又称恢复断点。

6. 伪指令(ORG、END)

伪指令又叫汇编控制指令，是指在汇编过程中起作用的指令，用来对汇编过程进行某种控制，或者对符号、标号赋值。伪指令和指令完全不同。在汇编过程中，伪指令不产生可执行的目标代码，大部分伪指令甚至不会影响存储器中的内容。下面学习汇编开始和结束指令。

```
ORG      16 位地址
         END
```

ORG 的功能是，规定跟在它后面的源程序经过编译后所产生的目标程序在程序存储器中的起始地址。

END 是汇编语言源程序的结束标志，汇编程序遇到 END 时认为源程序到此为止，汇编过程结束，在 END 后面所写的程序，汇编程序都不予理睬。在一个源程序中可以多次使用 ORG 指令，以规定不同程序段的起始地址。但多个 ORG 所规定的地址应该是从小到大，而且不同程序段之间地址不能有重叠。在一个源程序中只能有一个 END 命令。

例 1 - 14

```
         ORG      2000H
START:   MOV      A,♯00H
         ……
         END
```

在这个汇编程序中只用了一次 ORG 指令。

例 1 - 15

```
ORG   2000H
  ……
ORG   2500H
  ……
ORG   3000H
  ……

END
```

在这个汇编程序中用了多次 ORG 指令，地址是从小到大。

知识链接 5　延时程序分析

为了能清楚地分辨发光二极管的变化情况，编写了延时程序，否则，人眼观察不出 LED 曾经亮或灭的现象。CPU 执行完延时程序耗费的时间即是我们所要得到的延时时间，通常可以利用时钟频率和指令周期结合寄存器中的数据进行延时时间的计算。这种延时方法属于软件延时。众所周知，CPU 执行一条指令是需要时间的，这就是指令周期。指令周期是用机器周期数来表示的，分为单周期、双周期和四周期指令。

1. CPU 时序

（1）机器周期

在计算机中,为了便于管理,常把一条指令的执行过程划分为若干个阶段,每一阶段完成一项工作。例如,取指令、存储器读、存储器写等。这每一项工作为一个基本操作。完成一个基本操作所需的时间称为一个机器周期。这是一个时间基准,类似于人们用"小时"作为生活中的时间基准一样。由于 AT89C51 单片机工作时晶振频率不一定相同,所以直接用"小时"做时间基准不如用机器周期方便。

（2）振荡周期

AT89C51 单片机的晶振周期是晶振频率的倒数。习惯的说法是,接在 AT89C51 单片机晶振上的标称频率的倒数是该单片机的振荡周期,又称为时钟周期。一个机器周期等于 12 个振荡周期。假设一个单片机工作于 12 MHz,它的振荡周期为 $1/12$ μs;它的一个机器周期是 $12 \times (1/12)$,即 1 μs。

在 AT89C51 单片机的所有指令中,有一些完成得比较快,只要一个机器周期就可以;而有一些完成得比较慢,需要 2 个机器周期;还有 2 条指令（乘法和除法）需要 4 个机器周期才能完成的。为了计算指令执行时间的长短,又引入了一个新的概念,即指令周期。

（3）指令周期

执行一条指令的时间用机器周期数来表示。每一条指令需要的机器周期数永远是固定的,而且每一条指令所需的机器周期数可以通过表格查得（见附录 A）。这些数据大部分不需要记忆,但一些是需要记住的,例如,DJNZ 是一条双周期指令,执行该条指令需要 2 个机器周期。

了解了这些知识后,就可以计算延时程序的延时时间了。首先必须要知道电路板上所使用的晶振频率。假设所用晶振频率为 12 MHz,一个机器周期是 1 μs,DJNZ 指令是双周期指令,那么执行一次需要 2 μs。若执行 60 000 次,即 120 000 μs,也就是 120 ms（当然其延时时间要稍长一些,因为延时程序还要用 MOV 指令,不过要求不是十分精确的情况下,这点差别往往忽略不计）。

2. 延时时间的计算

下面通过具体实例来解析延时时间如何计算。

例 1-16 假设一个单片机的晶振频率为 12 MHz。试计算振荡周期、机器周期各为多少? 若一条指令占 2 个机器周期,那么其指令周期是多少?

解 振荡周期 $T = 1/f = 1/(12 \text{ MHz}) = 1/12$ μs。它的机器周期 $= 12 \times 1/12$ $\mu s = 1$ μs。2 个机器周期 $= 2$ μs,也就是这条指令执行一次需 2 μs。

例 1-17 试分析如下延时程序的延时时间。

```
DELAY: MOV R7,#10
L0:    MOV R6,#100
L1:    MOV R5,#200
L2:    DJNZ R5,L2
       DJNZ R6,L1
       DJNZ R7,L0
       RET
```

解 若采用 12 MHz 的晶振,则一个机器周期是 1 μs,"MOV R7,♯10"是一个单周期指令,执行一次需要 1 μs;"DJNZ R5,L2"是双周期指令,执行一次需要 2 μs;"RET"是双周期指令,执行一次需要 2 μs。

计算执行 DELAY 子程序所用的时间就是延时时间。

执行"MOV R7,♯10"所用的时间:1×1 μs$=1$ μs

执行"MOV R6,♯100"所用的时间:10×1 μs$=10$ μs

执行"MOV R5,♯200"所用的时间:$100\times10\times1$ μs$=1\,000$ μs

执行"DJNZ R5,L2"所用的时间:$200\times100\times10\times2$ μs$=400\,000$ μs$=0.4$ s

执行"DJNZ R6,L1"所用的时间:$10\times100\times2$ μs$=2\,000$ μs

执行"DJNZ R7,L0"所用的时间:10×2 μs$=20$ μs

执行"RET"所用的时间:1×2 μs$=2$ μs

则执行完延时程序所用的总时间为 2 μs$+1$ μs$+10$ μs$+1\,000$ μs$+0.4$ s$+2\,000$ μs$+20$ μs$=0.403\,033$ s≈0.4 s。由延时子程序可知,在此程序中"DJNZ R5,L2"执行的次数远远多于其他指令的执行次数,因此在计算时间时,若精度要求不高,可以只考虑"DJNZ R5,L2"这条指令所用的时间,其余时间都可以忽略不计。

例 1-18 已知单片机时钟电路外接晶体振荡器,其频率是 6 MHz,试计算下列延时程序大约延时多久?

```
DELAY: MOV    R4,♯250
L0:    MOV    R6,♯150
L1:    DJNZ   R6,L1
       DJNZ   R4,L0
       RET
```

解 由于采用 6 MHz 的晶振,一个机器周期为 2 μs,故延时时间为

$$[1+250+(150(250+500)\times2]\times2 \text{ μs}=151\,502 \text{ μs}\approx0.15 \text{ s}$$

注意:由以上计算可以理解,时钟频率与程序执行速度的关系。时钟频率越快,程序执行用的时间就越短,在生产控制中反应就越迅速。

巩固与提高

一、选择题

1. 单片机最小系统中提供单片机工作脉冲信号的是(   )。

    (A) 电源   (B) 控制电路   (C) 时钟电路   (D) 复位电路

2. MCS-51 单片机复位操作的主要功能是把 PC 初始化为(   )。

    (A) 0100H   (B) 2080H   (C) 0000H   (D) 8000H

3. 能改变程序执行顺序的指令是(   )。

    (A) MOV   (B) SETB   (C) LJMP   (D) ORG

4. 子程序调用时,LCALL 用在(   )程序中,RET 用在(   )程序中。

    (A) 主、主   (B) 主、子   (C) 子、主   (D) 子、子

5. 同样的工作电压,(   )发光二极管的亮度较高。

    (A) 高亮型   (B) 普通型

6. 若要增加发光二极管的亮度,所选电阻阻值应(　　)。

　　(A) 增加　　　　　　　(B) 减小　　　　　　　(C) 不变

7. 单片机复位以后,其P0～P3接口的值为(　　)。

　　(A) 00H　　　　　(B) FFH　　　　　(C) 07H　　　　　(D) 00001111B

8. 单片机复位信号是(　　)有效。

　　(A) 高电平　　　　　(B) 低电平　　　　　(C) 脉冲　　　　　(D) 下降沿

二、问答题

1. 简述指令和伪指令的区别。本情景中介绍了几条伪指令?各自的作用是什么?

2. 解释AT89C51的时钟周期、机器周期和指令周期。

3. 若单片机的晶振频率为12 MHz,试编写一输出到P1.0口的脉冲,脉冲周期为100 μs。

4. 单片机为何需要复位电路?单片机复位期间会做些什么工作?单片机复位阶段可以人为控制吗?

5. 试解释51单片机$\overline{EA}$引脚的作用。在AT89C51单片机中此引脚应如何处理?为什么?

1.3.3　情景设计

1. 硬件设计

本情景只需要单盏LED灯闪烁,因所使用的单片机资源是端口P1.0,单片机基本工作电路在本情景的知识链接中已详细叙述,综合分析,可得本情景的电路原理图和材料表与1.1节完全相同。在此不再赘述。

2. 软件流程

要让接在P1.0引脚上的LED闪烁,实际上就是要LED亮一段时间,再灭一段时间,再亮,再灭等等。换个说法就是,让P1.0周而复始地输出高电平和低电平。因此,本控制可以采用简单程序设计中的循环结构形式实现,软件流程如图1.37所示。

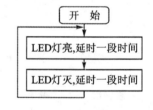

图1.37　单灯闪烁的软件流程

3. 软件实现

众所周知,人眼的分辨力大约为0.1 s,因此,为了能分辨出LED灯的亮灭状态,要经过延时,而且延时时间应大于0.1 s,否则人眼分辨不出LED灯曾亮过。延时程序的编写在本情景的知识链接中已经介绍。

参考程序:

```
            ORG      0000H          ;伪指令,指明程序从0000H单元开始存放
            LJMP     MAIN2          ;控制程序跳到MAIN2处
            ORG      0200H          ;主程序从0200单元开始存放
    MAIN2:  MOV      P1,#0FEH       ;将立即数FEH送P1口,即P1.0为低电平,L0亮
            LCALL    DELAY          ;调用DELAY延时程序,延时约0.4 s
            MOV      P1,#0FFH       ;将立即数FFH送P1口,即P1.0为高电平,L0灭
            LCALL    DELAY
            SJMP     MAIN2          ;让程序返回到MAIN2标号处重新开始执行指令"MOV P1,#0FEH",
                                    ;即实现了灯亮到灭,灭到亮……的反复过程
```

```
DELAY: MOV      R7,#10
L0:    MOV      R6,#100
L1:    MOV      R5,#200
L2:    DJNZ     R5,L2          ;200×100×10×2×1 μs=0.4 s
       DJNZ     R6,L1
       DJNZ     R7,L0
       RET                     ;子程序返回
       END                     ;伪指令,程序结束标记
```

本程序中的延时时间大约为 0.4 s,即亮 0.4 s 后灭,灭 0.4 s 后亮,周而复始。"MOV P1,#0FEH"和"MOV P1,#0FFH"可以分别用位指令"CLR P1.0"和"SETB P1.0"代替,效果是一样的。大家可以自己修改程序,观察实验现象是否一样。

1.3.4 仿真与调试过程

新建文件,并根据要求输入参考程序源文件,保存文件名为 PRJ1-3. ASM,将已编写并保存的程序文件加载到工程项目 PRJ1 中。加载之后,选择 Project→Build Target 项或按 F7 键编译文件,如果程序没有语法错误,则显示文件装载成功;否则,返回编辑状态继续查找错误。程序编译通过后,将 51 单片机仿真实验板(内含 Keil 仿真器)与 PC 机连接,并且确保连接无误,用导线连接端口 P1.0 与 LED 灯,打开工程设置对话框,打开 Debug 选项卡,对右侧的硬件仿真功能进行设置。

设置好以后,再次选择 Project→Build Target 项,链接装载目标文件,然后选择 Debug→Start/Stop Debug Session 项或按 Ctrl+F5 组合键即可进入调试界面,如图 1.38 所示。选择 Debug-Run(连续运行),观察 LED 灯是否闪烁。经仿真后若程序无误,就可以把程序下载到单片机芯片中。正确连接编程器并把 AT89C51 单片机芯片插好,根据选用的编程器型号运行相应的软件,并将编译生成的 *.HEX 文件下载到芯片。将写完程序的单片机芯片正确地安装到焊好的硬件电路中,给电路板通电,观察 LED 灯亮的情况。

图 1.38 单灯闪烁的 Keil 软件调试界面

1.3.5 情景讨论与扩展

1. 要使本情景中发光二极管的闪烁速度加快,程序应如何修改? 若要求闪烁速度变慢,程序应如何修改?

2. 如果希望得到 0.8 s 的延时,则将"MOV R5,#200"改为"MOV R5,#400"能不能达到要求? 实际做一做,想一想?

3. 若想让 8 个 LED 灯同时亮或灭,那么程序及硬件原理图应如何改动?

1.4 用单片机控制 8 盏流水灯

1.4.1 情景任务

要求使用 AT89C51 芯片控制 8 个发光二极管的有序亮或灭,呈现流水灯的效果,给人炫目的感觉。本项目可以让学生学会使用单片机的 P0 口进行输出控制,进一步学习汇编程序的分析方法和简单程序的编写,学会运用 RR、RL 等基本指令。

1.4.2 相关知识

知识链接 1 P0 口的结构

在前面三个情景中使用的单片机接口资源是 P1 口,单片机有 4 个并行接口,分别是 P0、P1、P2 和 P3。除了 P1 口用作输入/输出口控制外,还有 3 个接口。本情景中使用的是 P0 口接 LED 灯,下面介绍 P0 口结构与使用方法。

图 1.39 给出了 P0 口一位的位结构示意图。P0 口中的每一位都可以作为真正的双向通用 I/O 口使用,在系统需要扩展存储器时,P0 口还可以做地址/数据线分时复用,使用时应注意:

① P0 作为一般端口时,V1 就永远截止,V2 根据输出数据决定,0 为导通,1 为截止,导通时接地,输出低电平;截止时,P0 口无输出,这种情况就是所谓的高阻浮空状态,如果加上外部上拉电阻,输出就变成了高电平。

② P0 作为地址数据总线时,V1 和 V2 是一起工作的,构成推挽结构。高电平时,V1 打开,V2 截止;低电平时,V1 截止,V2 打开。这种情况下不用外接上拉电阻。而且,当 V1 打开、V2 截止,输出高电平的时候,因为内部电源直接通过 V1 输出到 P0 口线上,因此驱动能力(电流)可以很大,可以驱动 8 个 TTL 负载。

③ 在某个时刻,P0 口输出的是作为总线的地址数据信号还是作为普通 I/O 口的电平信号,是依靠多路开关 MUX 来切换的。而 MUX 的切换也是根据单片机指令来区分的。当指令为外部存储器 I/O 口读/写指令时,比如"MOVX A,@DPTR",MUX 切换到地址/数据总线上;而当普通 MOV 传送指令操作 P0 口时,MUX 切换到内部总线上。

从图 1.39 还可以看出,在读入端口引脚数据时,由于输出驱动 V2 并接在 P0.X 的引脚上,如果 V2 导通就会将输入的高电平拉成低电平,从而产生误读;因此,在端口进行输入操作之前,应先向端口锁存器写入 1,控制线 C=0,V1 和 V2 截止,引脚处于悬空状态,可作高阻抗输入。

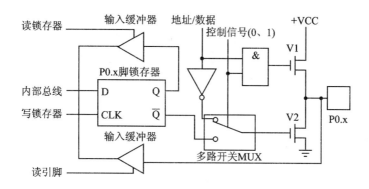

图 1.39　P0 口一位的位结构示意图

在这里 P0 口作为通用输出口使用,接 LED 灯,接法与 P1 口类似,在此不再赘述。

知识链接 2　51 单片机汇编语言

单片机要完成某个功能,不仅要有硬件电路,还需要软件,即单片机能识别的语言。前面已经学习了几条指令,供单片机完成相应的操作,下面介绍计算机能识别的语言。

1. 计算机语言和汇编语言

(1) 计算机语言

指令是 CPU 根据人的意图来执行某种操作的命令。一台计算机所能执行的全部指令的集合称为这个 CPU 的指令系统。程序设计语言是实现人机交换信息的最基本工具,可分为机器语言、汇编语言和高级语言。

机器语言用二进制编码表示每条指令,是计算机能直接识别并执行的语言,但是用机器语言编写程序不易记忆,不易修改。为了克服这些缺点,可采用有一定含义的符号,即指令助记符来表示,一般都采用某些有关的英文单词和缩写。这样就出现了另外一种程序语言——汇编语言。

汇编语言使用助记符、符号和数字等来表示指令的程序语言,容易理解和记忆,它与机器语言指令是一一对应的。汇编语言不像高级语言那样通用性强,而是属于某种计算机所独有,与计算机的内部硬件结构密切有关。但由于其具有占用存储空间少、执行速度快等优点,在单片机开发中仍占有重要的位置。用汇编语言编写的程序称为汇编语言程序。

作为对比,下面分别是用机器指令和汇编语言指令编写的两行程序:

```
7402        MOV A,#02H
2117        ADD A,#17H
```

显然,汇编语言比左侧的两组数字要容易理解和记忆。

以上两种程序语言都是低级语言。尽管汇编语言有不少优点,但它仍存在着机器语言的某些缺点。首先,与 CPU 的硬件结构紧密相关,不同的 CPU 其汇编语言是不同的。这使得汇编语言不能移植,使用不方便。其次,要用汇编语言进行程序设计,必须了解所使用的 CPU 硬件结构与性能,这对程序设计人员要求较高。为此,又出现了针对 MCS - 51 系列单片机进行编程的高级语言,如 PL/M、C 等。高级语言不能被计算机直接识别和执行,也需要翻译成机器语言,这一翻译工作通常称为编译或解释。进行编译或解释的程序称为编译程序或解释程序。

（2）汇编语言

汇编语言指令的表示方式称为指令格式，汇编语言指令格式如下：

[标号:]操作码　[第一操作数][,第二操作数][,第三操作数][;注释]

指令中每个部分之间必须用空格分隔，空格数可以不止一个。在用键盘录入程序时，可以使用 Tab 键将两个部分分开。其中，带[　]为可选项，可以根据具体指令和编程需要给出。

1）标　号

标号表示指令位置的符号地址，它是以英文字母开始的由 1～6 个字母或数字组成的字符串，并以冒号(:)结尾。通常在子程序入口或转移指令的目标处才赋予标号。有了标号，程序中的其他语句才能访问该语句。MCS-51 汇编语言有关标号的规定如下：

① 标号由 1～8 个 ASCII 字符组成，但头一个字符必须是字母，其余字符可以是字母、数字或其他特定字符。

② 不能使用本汇编语言已经定义了的符号作为标记，如指令助记符、伪指令记忆符以及寄存器的符号名称等，用它们做标号都是不合理的。

③ 标号后边必须跟冒号。

④ 同一标号在一个程序中只能定义一次，不能重复定义。

⑤ 一条语句可以有标号，也可以没有标号，标号的有无决定着本程序中的其他语句是否需要访问这条语句。

2）操作码

操作码助记符表示指令操作功能的英文缩写。每条指令都有操作码，它是指令的核心部分。操作码用于规定本语句执行的操作，操作码可以是指令的助记符或伪指令的助记符，操作码是汇编指令中唯一不能空缺的部分。

3）操作数

操作数部分给出了参与操作的数据来源和操作结果存放的目的单元，操作数可以直接是一个数，或者是一个数据所在的空间地址，即在执行指令时从指定的地址空间取出操作数。操作数可以是本程序中定义的标号或标号表达式；操作数也可以是寄存器名；操作数还可以是符号或表示偏移量的数。

4）注　释

注释不属于语句的功能部分，它只是对每条语句的解释说明，它可使程序的文件编制显得更加清晰，是为了方便阅读程序的一种标注。只要用";"开头，即表明后面为注释内容，注释的长度不限，一行不够时，可以换行接着写，但换行时应注意在开头使用分号(;)。

2. 汇编语言指令中常用符号

Rn(n=0～7)	当前选中的工作寄存器 R0～R7。
Ri(i=0,1)	当前选中的工作寄存器组中，可作为间址寄存器的两个工作寄存器 R0 和 R1。
#data	8 位立即数。
#data16	16 位立即数。
direct	8 位片内 RAM 单元(包括 SFR)的直接地址。
addr11	11 位目的地址,用于 ACALL 和 AJMP 指令中。
addr16	16 位目的地址,用于 LCALL 和 LJMP 指令中。

rel	补码形成的 8 位地址偏移量。
bit	片内直接寻址位地址。
@	间接寻址方式中,表示间址寄存器的符号。
/	位操作指令中,表示对该位先取反再参与操作,但不影响该位原值。
(X)	表示 X 中的内容。
((X))	由 X 指出的地址单元中的内容。
→	指令操作流程,将箭头左边的内容送入箭头右边的单元。

3. 寻址方式

寻址就是寻找指令中操作数或操作数所在的地址。所谓寻址方式,就是如何找到存放操作数的地址把操作数提取出来的方法。通常指源操作数的寻址方式。如果要弄清什么是寻址方式,那么分析"MOV P1,♯0FEH"指令,可以看到,MOV 是命令动词,决定做什么事情,这条指令的用途是数据传递。数据传递必须要有一个"源",即送什么数,还要有一个"目的",即要把这个数送到什么地方去。在上述指令中,要送的数(源)是立即数 0FEH,而要送达的地方(目的地)是 P1 寄存器。在数据传递类指令中,目的地址总是紧跟在操作码助记符的后面,而源操作数则写在最后。

在这条指令中,送给 P1 的是这个数本身。换言之,做完这条指令后,就可以明确地知道,P1 中的值是 0FEH。但在实际应用中,并不是任何情况下都可以直接送给数据本身。

下面是 1.3 节中出现过的延时程序。

```
MAIN2: MOV    P1,♯0FEH
       LCALL  DELAY
       MOV    P1,♯0FFH
       LCALL  DELAY
       SJMP   MAIN2
DELAY: MOV    R7,♯10
L0:    MOV    R6,♯100
L1:    MOV    R5,♯200
L2:    DJNZ   R5,L2
       DJNZ   R6,L1
       DJNZ   R7,L0
       RET
       END
```

从程序分析,每次调用延时程序其延时的时间都是相同的(系统采用 12 MHz 晶振时,延时时间大约为 0.4 s)。如果提出这样的要求:LED 亮 0.4 s,然后 LED 熄灭;LED 熄灭后延时 0.2 s 灯亮。如此循环,这段程序就不能满足要求了。为了达到这样的要求,把固定延时程序改成可变的延时程序,如下所示:

```
MAIN2: MOV    P1,♯0FEH
       MOV    30H,♯10
       LCALL  DELAY
       MOV    P1,♯0FFH
       MOV    30H,♯5
```

```
        LCALL     DELAY
        SJMP      MAIN2
DELAY： MOV       R7,30H
L0：    MOV       R6,#100
L1：    MOV       R5,#200
L2：    DJNZ      R5,L2
        DJNZ      R6,L1
        DJNZ      R7,L0
        RET
        END
```

调用这个程序的主程序也写在其中。比较两个程序可以看出,主程序在调用子程序之前,把一个数送入30H,而在子程序中 R7 中的值并不是一个定值,是从 30H 单元中获取的。在两次调用子程序时给 30H 中送不同的数值,使得延时程序中"DJNZ R6,D2"指令的执行次数不同,从而实现不同的延时要求,这样就可以满足上述要求。

从这个例子可以看出,有时指令中的操作数直接给出一个具体的数并不能满足要求,这就引出一个问题:如何用多种方法寻址操作数? MCS-51 系列单片机寻址方式共有 7 种,分别是寄存器寻址、直接寻址、立即数寻址、寄存器间接寻址、变址寻址、相对寻址和位寻址。

(1) 寄存器寻址

寄存器寻址是指操作数存放在某一寄存器中,指令中给出寄存器名,就能得到操作数。寄存器可以使用寄存器组 R0~R7 中某一个或其他寄存器(A、B、DPTR 等)。例如:

```
MOV     A,R0                ;(R0 )→A
MOV     P1,A                ;(A)→P1
ADD     A,R0                ;(A) + (R0 )→A
```

(2) 直接寻址

在指令中直接给出操作数所在的存储单元的地址,称为直接寻址方式。此时,指令中操作数部分是操作数所在的地址。在8051 中,使用直接寻址方式可访问片内 RAM 的 128 个单元以及所有的特殊功能寄存器(SFR)。对于特殊功能寄存器,既可以使用它们的地址,也可以使用它们的名字。例如:

```
MOV     A,3AH               ;(3AH)→A
```

又如:

```
MOV     A,P1                ;(P1 口)→A
```

也可写为

```
MOV     A,90H               ;90H 是 P1 口的地址
```

(3) 立即数寻址

指令操作码后面紧跟的是一字节或两字节操作数,用"#"号表示,以区别直接地址。例如:

```
MOV  A,#3AH                        ;3AH→A
```

MCS-51 系列单片机有一条指令,要求操作码后面紧跟的是两个字节立即数,即

```
MOV   DPTR,#DATA16
```

（4）寄存器间接寻址

从一个问题谈起：某程序要求从片内 RAM 的 30H 单元开始，取 20 个数，分别送入累加器 A。也就是从 30H、31H、32H、33H、34H、35H……44H 单元中取出数据，依次送入 A 中。

就目前掌握的方法而言，要从 30H 单元取数，只能用"MOV A,30H"指令；下一个数在 31H 单元中，只能用"MOV A,31H"指令。因此，取 20 个数，就要用 20 条指令才能写完。这个例子中只有 20 个数，如果要送 200 个数，就要写上 200 条指令。用这种方法未免太笨了，所以应当避免用这样的方法。出现这种情况的原因是，到目前为止我们只会把地址的具体数值写在指令中。

这里遇到的问题是把内存地址的具体数值直接放在指令中而造成的，所以要解决问题，就要设法把这个具体的数值去掉。办法是把代表地址的数值不放在指令中，而是放入另外一个内存单元中，那就能解决问题。寄存器间接寻址就是为了解决这一类问题而提出的。

在寄存器间接寻址方式中，操作数存放在存储单元中，而存储单元地址又存放在某个寄存器中，即操作数是通过寄存器间接得到的。51 系列单片机规定，R0 或 R1 为间接寻址寄存器，它可寻址内部 RAM 低 128 字节单元内容，还可以采用数据指针 DPTR 作为间接寻址寄存器，寻址外部数据存储器的 64 KB 空间，但不能用这种寻址方法寻址特殊功能寄存器。

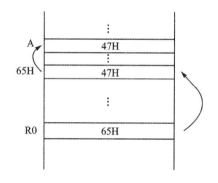

将寄存器 R0 的内容作为单元地址，寻找操作数送累加器 A，可执行指令"MOV A，@R0"。

由图 1-40 可知，(R0)=65H，(65H)=47H，执行如下指令：

```
MOV   A,@R0
```

图 1.40 间接寻址示意图

即将((R0))=(65H)=47H 送入 A 中。

（5）变址寻址

变址寻址是以某个寄存器的内容为基地址，然后在这个基地址的基础上加上地址偏移量形成真正的操作数地址。51 系列单片机中没有专门的变址寄存器，而是采用数据指针 DPTR 或程序计数器 PC 为变址寄存器，地址偏移量存放在累加器 A 中，以 DPTR 或 PC 的内容与累加器 A 的内容之和作为操作数的 16 位程序存储器地址。用变址寻址方式只能访问程序存储器，访问的范围为 64 KB，当然，这种访问只能从 ROM 中读取数据而不能写入。例如：

```
MOVC  A,@A+DPTR              ;((A)+(DPTR))→A
MOVC  A,@A+PC                ;((A)+(PC))→A
```

（6）相对寻址

相对寻址只出现在相对转移指令中。相对转移指令执行时，是以当前的 PC 值加上指令中规定的偏移量 rel 而形成实际的转移地址。这里所说的 PC 当前值是执行完相对转移指令后的 PC 值，一般将相对转移指令操作码所在的地址称为源地址，转移后的地址称为目的地址。于是有：

$$目的地址＝源地址＋2(相对转移指令字节数)＋rel$$

51单片机指令系统中相对转移指令既有双字节的,也有三字节的。在实际的设计应用中,经常需要根据已知的源地址和目的地址计算偏移量 rel。相对转移分为正向跳转和反向跳转两种情况。以双字节相对转移指令为例,正向跳转时,

$$rel＝目的地址－源地址－2 ＝ 地址差－2$$

反向跳转时,目的地址小于源地址,rel 应用负数的补码表示,为

$$rel＝[目的地址－(源地址＋2)]_{补}$$
$$＝100H－(源地址＋2－目的地址)＋1$$
$$＝FEH－地址差$$

(7) 位寻址

采用位寻址方式的指令,操作数是 8 位二进制数中的某一位。指令中给出的是位地址,是片内 RAM 某个单元中的某一位的地址。位地址在指令中用 bit 表示。

表 1.12 概括了每种寻址方式可适用的存储器空间。

表 1.12　寻址方式及对应存储器空间

寻址方式	寻址空间
立即数寻址	程序存储器 ROM、数据存储器 RAM
直接寻址	片内 RAM 低 128 字节,特殊功能寄存器
寄存器寻址	通用寄存器 R0～R7,其他寄存器 A、B、DPTR
寄存器间接寻址	片内 RAM 低 128 字节(@R0 和@R1), 片外 RAM(@R0,@R1 和@DPTR)
变址寻址	程序存储器、数据存储器(@A＋PC、@A＋DPTR)
相对寻址	程序存储器 256 字节(PC＋偏移量)
位寻址	片内 RAM 的 20H～2FH 字节地址,部分特殊功能寄存器

知识链接 3　51 单片机的 CPU 结构

要用汇编语言进行程序设计,必须了解所使用单片机的 CPU 硬件结构与性能,前面已经讲了部分指令,而且也出现了 CPU 中的寄存器符号。51 单片机的中央处理器(CPU)的作用是读入并分析指令,根据每条指令的功能,控制单片机的相应功能部件执行指定的操作,由运算器和控制器组成。

(1) 运算器

运算器由算术/逻辑单元 ALU、累加器 ACC(Accumulator)、寄存器 B、暂存器 1、暂存器 2 和程序状态字寄存器 PSW(Programme State Word)组成。

算术/逻辑单元 ALU 的功能是完成 8 位二进制数的加、减、乘、除等算术运算,"与""或""异或"等逻辑运算,移位功能,位处理。

累加器 ACC 是一个 8 位的寄存器,它是 CPU 中工作最频繁的寄存器。用于向 ALU 提供操作数和存放运算结果。在进行算术逻辑类操作时,累加器 A 往往在运算前暂存一个操作数和存放运算的结果。大部分指令的执行以累加器 ACC 为中心。但也有一部分指令的

操作不经过累加器 ACC,例如,一些逻辑操作指令以及从内部 RAM 单元到寄存器的传送指令。

寄存器 B 的作用是进行乘、除运算前用来存放一个操作数,运算结束后,存放运算结果的一部分。在不进行乘、除运算时,它作为普通寄存器使用。

暂存器的作用是用来暂时存放数据总线或其他寄存器送来的操作数,作为算术/逻辑运算单元 ALU 的数据源,向 ALU 提供操作数。

程序状态字寄存器 PSW,也是一个 8 位的寄存器,用来存放运算结果的一些特征。其每位的标志符号如图 1.41 所示。

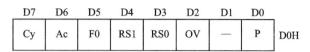

图 1.41 程序状态字寄存器各位的标志符号

程序状态字寄存器各位的含义如下:

① Cy(PSW.7):进位标志位,80C51 中的运算器是一种 8 位运算器。8 位运算器只能表示 0~255。如果做加法,两数相加可能超过 255,这样最高位就会丢失,造成运算错误。为解决这个问题,设置一个进位标志,如果运算时超过了 255,把最高位进到这里来,这样就可以得到正确的结果了。如果操作结果在最高位有进位或有借位,则 Cy=1;否则,Cy=0。

例 1-22 78H+97H(01110000+10010111)的结果是 10F,即 100001111,共 9 位,但是存数的单元只能存放 8 位,也就是 00001111。这样,结果变成了 78H+97H=0FH,显然不对。因此,设置了 Cy 位,在运算之后,将最高位送到 Cy。只要在程序中检查 Cy 是 1 还是 0,就能知道结果究竟是 0FH 还是 10FH,以避免出错。

② Ac(PSW.6):辅助进位标志位,表示两个 8 位二进制数运算时,低 4 位是否有半进位,即低 4 位相加(减)有否向高 4 位进(借)位。有进(借)位时,Ac=1;否则,Ac=0。

例 1-23 57H+3AH(01010111+00111010)的结果是 91H,即 10010001H,就整个数而言,并没有产生溢出,所以 Cy=0。但是,这个运算的低 4 位相加(7+A)却产生了进位,因此,运算之后 Ac=1。

③ F0(PSW.5):标志位,由用户使用的一个状态标志位。

④ RS1 和 RS0(PSW.4 和 PSW.3):4 组工作寄存器区选择控制位 1 和位 0。RS1 和 RS0 与片内工作寄存器组的对应关系如表 1.13 所列。

表 1.13 RS1 和 RS0 与片内工作寄存器组的对应关系

RS1	RS0	寄存器组	片内 RAM 地址	通用寄存器名称
0	0	0 组	00H~07H	R0~R7
0	1	1 组	08H~0FH	R0~R7
1	0	2 组	10H~17H	R0~R7
1	1	3 组	18H~1FH	R0~R7

⑤ OV(PSW.2):溢出标志位,指示运算是否产生溢出。各种算术运算指令对该位的影

响情况较复杂。

⑥（PSW.1）：保留位，未用。

⑦ P（PSW.0）：奇偶标志位，反映累加器 A 的奇偶性。如果累加器 A 中"1"的个数为奇数，则 P=1；否则 P=0。它完全由累加器 A 中运算结果 1 的个数为奇数还是偶数来决定。

（2）控制器

控制器由指令寄存器、指令译码器、堆栈指针 SP、程序计数器 PC、数据指针 DPTR、RAM 地址寄存器以及 16 位地址缓冲器等组成。

指令寄存器中存放指令字节。CPU 执行指令时，由程序存储器中读取的指令代码送入指令寄存器，经指令译码器译码后由定时与控制电路发出相应的控制信号，完成指令所指定的操作。

堆栈操作是在内存 RAM 区专门开辟出来的按照"先进后出"原则进行数据存取的一种工作方式，主要用于子程序调用及返回和中断处理断点的保护及返回，它在完成子程序嵌套和多重中断处理中是必不可少的。为保证逐级正确返回，进入栈区的"断点"数据应遵循"先进后出"的原则。SP 用来指示堆栈所处的位置，在进行操作之前，先用指令给 SP 赋值，以规定栈区在 RAM 区的起始地址（栈底层）。当数据推入栈区后，SP 的值也自动随之变化。MCS-51 系统复位后，SP 初始化为 07H。

程序计数器 PC 存放下一条要执行的指令在程序存储器中的 16 位地址。即 CPU 以 PC 的内容作为地址，并取出该地址所对应的指令码或包含在指令中的操作数。因此，CPU 每取完一个字节后，PC 的内容会自动加 1，为取下一个字节做好准备。当执行到转移、子程序调用以及中断响应指令时，PC 的内容不再加 1，而是由指令或中断响应过程自动地将新的地址装入 PC。单片机上电或复位时，PC 会自动清零，即装入地址 0000H。从而保证了单片机在上电或服务时，程序总是从 0000H 单元开始运行。

数据指针 DPTR 是一个 16 位的专用寄存器，其高位字节寄存器用 DPH 表示，低位字节寄存器用 DPL 表示。既可作为一个 16 位寄存器 DPTR 来处理，也可作为两个独立的 8 位寄存器 DPH 和 DPL 来处理。DPTR 主要用来存放 16 位地址，当对 64 KB 外部数据存储器空间寻址时，作为间址寄存器用。在访问程序存储器时，用作基址寄存器。

知识链接 4　基本逻辑指令

MCS-51 指令系统共提供了 24 条逻辑操作指令，包括累加器 A 的清零、取反、移位等操作（6 条）以及对两个 8 位二进制数的与、或、异或逻辑运算（18 条）。

1. 累加器 A 的单操作数逻辑运算指令

在 MCS-51 单片机的指令系统中，累加器 A 是一个最常用的 8 位寄存器，为了使用方便，特别设计 6 条对累加器 A 进行逻辑操作的指令，包括清零、取反、移位，且操作结果依然保存在累加器 A 中。

```
CLR  A                        ;对累加器 A 中的内容清零
```

注意：若需要对字节地址中的内容清零，可以用"MOV　字节地址编号，#0"；也可用"CLR A"指令，然后把累加器 A 中的内容（即零）送到对应的字节地址中。

```
CPL  A                        ;将累加器 A 中的数据取反
RL   A                        ;将累加器 A 中的数据依次左移一位，即
```

RR   A   ;将累加器 A 中的数据依次右移一位,即

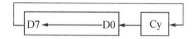

RLC   A   ;将累加器 A 中的数据连同进位标志位 Cy 一起依次左移一位,即

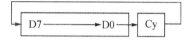

RRC   A   ;将累加器 A 中的数据连同进位标志位 Cy 一起依次右移一位,即

例 1 - 24 已知(A)=23H,CY=1,执行以下指令后,累加器 A 中的内容分别是什么?

CLR   A
CPL   A
RL   A
RR   A
RLC   A
RRC   A

解 "CLR A"是将 A 中内容清零,指令执行完后,(A)=00H;

"CPL A"是将 A 中数据取反,原数据(A)=23H=00100011B,取反后,(A)=11011100B=DCH;

"RL A"是将 A 中数据循环左移一位,指令执行完后,(A)=01000110B=46H;

"RR A"是将 A 中数据循环右移一位,指令执行完后,(A)=10010001B=91H;

"RLC A"是将 A 中数据带 CY 循环左移一位,指令执行完后,(A)=01000111B=47H,CY=0;

"RRC A"是将 A 中数据带 CY 循环右移一位,指令执行完后,(A)=10010001B=91H,CY=1。

2. 双操作数的逻辑运算指令

(1) 逻辑与运算指令(ANL)

逻辑运算都是按位进行的,逻辑与运算用符号"∧"表示。下面是 6 条逻辑与运算指令。

ANL   A, Rn   ;累加器 A 中内容与寄存器 Rn 中内容"与"运算并把结果送 A
ANL   A, direct   ;累加器 A 中内容与 direct 单元中内容"与"运算并把结果送 A
ANL   A, @Ri   ;累加器 A 中内容与间址寄存器 Ri 中内容"与"运算并把结果送 A
ANL   A, #data   ;累加器 A 中内容与立即数 data "与"运算并把结果送 A
ANL   direct, A   ;direct 单元中内容与累加器 A 中内容"与"运算并把结果送 direct
ANL   direct, #data ;direct 单元中内容与立即数 data "与"运算并把结果送 direct

注意:由于逻辑与运算的特点是零"与"任何数都等于零,所以本类指令通常用来对某些特定位进行清零操作,以得到想要的结果。

例 1-25 将片内 RAM 中 20H 单元中存放的 2 位 BCD 码拆开,并分别存储在片内 RAM 的 30H、31H 单元。试编写程序实现。

解 满足题设的程序为

```
MOV   A,20H          ;取 20H 单元内容
ANL   A,#0FH         ;将高 4 位清零,保留低 4 位
MOV   30H,A          ;将低位 BCD 送 30H
MOV   A,20H          ;再取 20H 单元内容
ANL   A,#0F0H        ;将低 4 位清零,高 4 位保留
MOV   31H,A          ;将高位 BCD 送 31H
```

(2) 逻辑或运算指令(ORL)

逻辑或运算指令用符号"∨"表示,下面是 6 条逻辑或运算指令。

```
ORL   A,Rn           ;累加器 A 中内容与寄存器 Rn 中内容"或"运算并把结果送 A
ORL   A, direct      ;累加器 A 中内容与 direct 单元中内容"或"运算并把结果送 A
ORL   A, @Ri         ;累加器 A 中内容与间址寄存器 Ri 中内容"或"运算并把结果送 A
ORL   A, #data       ;累加器 A 中内容与立即数 data "或"运算并把结果送 A
ORL   direct, A      ;direct 单元中内容与累加器 A 中内容 "或"运算并把结果送 direct
ORL   direct, #data  ;direct 单元中内容与立即数 data "与"运算并把结果送 direct
```

注意:由于逻辑或运算的特点是 1"或"任何数都等于 1,所以本类指令通常用来对某些特定位进行置 1 操作,以得到想要的结果。

(3) 逻辑异或运算指令(XRL)

逻辑异或的运算符号是⊕,其运算规则有:0⊕0=0,1⊕1=0,0⊕1=1,1⊕0=1。下面是 6 条逻辑异或运算指令。

```
XRL   A,Rn           ;累加器 A 中内容与寄存器 Rn 中内容"异或"运算并把结果送 A
XRL   A, direct      ;累加器 A 中内容与 direct 单元中内容"异或"运算并把结果送 A
XRL   A, @Ri         ;累加器 A 中内容与间址寄存器 Ri 中内容"异或"运算并把结果送 A
XRL   A, #data       ;累加器 A 中内容与立即数 data "异或"运算并把结果送 A
XRL   direct, A      ;direct 单元中内容与累加器 A 中内容"异或"运算并把结果送 direct
XRL   direct, #data  ;direct 单元中内容与立即数 data "异或"运算并把结果送 direct
```

从逻辑异或运算的运算规则可知,若两位数相同,则运算结果为零。运用此特点,可以用来比较两个单元中的内容是否相等,比较的同时还可以对累加器进行清零操作。

例 1-26 编制程序将存放在片内 RAM 的 30H 单元中某数的低 4 位取反,高 2 位置 1,其余位清零。

解 满足题目要求的参考程序如下:

```
MOV   A,30H          ;将 30H 中的内容送给 A,准备处理
XRL   A,#00001111B   ;将 30H 中的内容高 4 位保留,低 4 位取反
ORL   A,#11000000B   ;高 2 位置 1
ANL   A,#11001111B   ;其余 2 位清 0
MOV   30H,A          ;处理完毕,数据送回 30H 单元
SJMP  $              ;程序执行完后,原地循环
END
```

巩固与提高

一、选择题

1. 已知（A）＝27H，执行"RL A"指令后，累加器 A 中的内容是（　　）。

　　(A) 28H　　　　　(B) 93H　　　　　(C) 4FH　　　　　(D) 4EH

2. "SUBB A,45H"这条指令的源操作数采用（　　）寻址方式。

　　(A) 寄存器　　　(B) 立即　　　　　(C) 直接　　　　　(D) 变址

3. Ri 中的 i 等于（　　）。

　　(A) 0～7　　　　(B) 0～1　　　　　(C) 0～3　　　　　(D) 0～5

4. 汇编语言中的标号与操作码之间用（　　）隔开。

　　(A) 逗号　　　　(B) 分号　　　　　(C) 空格　　　　　(D) 冒号

5. 要实现 8 个发光二极管初始时两端点亮的效果，初值应为（　　）。

　　(A) 77H　　　　　(B) E7H　　　　　(C) EEH　　　　　(D) 7EH

6. 循环左移指令是（　　）。

　　(A) RR　　　　　(B) RL　　　　　　(C) RRC　　　　　(D) RLC

7. 操作数在寄存器中的寻址方式称为（　　）寻址。

　　(A) 立即　　　　(B) 直接　　　　　(C) 寄存器　　　　(D) 寄存器间接

8. 若要使得单元中某些特定位为零，则可以使用（　　）指令。

　　(A) MOV　　　　(B) SUBB　　　　 (C) MUL　　　　　(D) DIV

9. 若要使得单元内容清零，可以使用（　　）指令。

　　(A) SETB　　　　(B) CLR　　　　　(C) LJMP　　　　　(D) ADD

二、问答题

1. MCS－51 单片机有哪几种寻址方式？各寻址方式所对应的寄存器和存储空间有何不同？

2. 设（A）＝83H，（R0）＝17H，（17H）＝34H，执行下列程序段后，（A）＝？（R0）＝？（17H）＝？

```
ANL  A,#17H
ORL  17H,A
XRL  A,@R0
CPL  A
```

3. 汇编语言指令的书写格式是怎样的？书写时应注意什么？

4. 编程实现 $\overline{A3H \land 3DH \lor V67H \oplus B7H}$，结果存入 40H 单元中。

1.4.3　情景设计

1. 硬件设计

在 AT89C51 单片机芯片及外围电路组成的单片机最小系统基础上，利用 P0 口的 8 个引脚控制 8 个发光二极管的有序流动。由于发光二极管具有普通二极管的共性——单向导电性，因此只要在其两极间加上合适的正向电压，发光二极管即可点亮；将电压撤除或加反向电压，发光二极管即熄灭。根据发光二极管的特性，结合软件控制单片机 P0 口的输出信号，即可实现流水灯的控制效果。由此分析可知，本情景硬件电路原理图与 1.2 节相比，只是把单片机的P1接8个LED改为用P0接8个LED灯,硬件电路原理如图1.42所示。由分析可知,材料清单与1.2节相同,在此不再赘述。

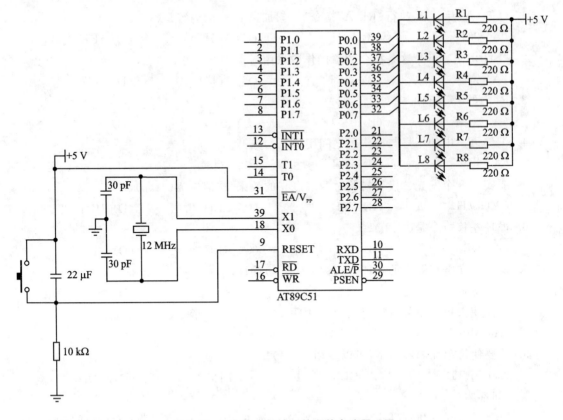

图1.42　8盏流水灯控制的硬件电路原理图

2. 软件流程

在本情景中,利用P0口实现8个发光二极管的流水灯控制,实际上就是要P0.0引脚上的LED亮一段时间后,P0.1引脚上的LED亮,其余灭,一段时间后,P0.2引脚上的LED亮,其余灭,依次类推,再循环。因此,本控制可以用简单程序设计中的循环结构形式实现,软件流程如图1.43所示。

3. 软件实现

本情景主要利用了数传指令,将要显示的现象对应的数据通过P0口送出。在编写控制程序时,应首先将每个对应现象分析清楚,比如,要让L3亮,其余发光二极管灭,则P0口的数据应为11110111B;要让L7亮,则P0口的数据应为01111111B。然后找到能实现此操作的指令即可。

参考程序1:

```
        ORG    0000H
        LJMP   MAIN2
        ORG    0200H
MAIN2:  MOV    P0,#0FEH        ;L0亮
        LCALL  DELAY           ;调用DELAY延时子程序
```

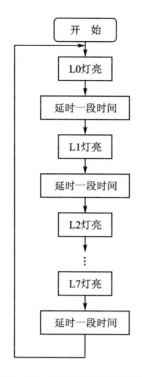

图 1.43 流水灯程序流程图

MOV	P0,#0FDH	;L1 亮
LCALL	DELAY	
MOV	P0,#0FBH	;L2 亮
LCALL	DELAY	
MOV	P0,#0F7H	;L3 亮
LCALL	DELAY	
MOV	P0,#0EFH	;L4 亮
LCALL	DELAY	
MOV	P0,#0DFH	;L5 亮
LCALL	DELAY	
MOV	P0,#0BFH	;L6 亮
LCALL	DELAY	
MOV	P0,#7FH	;L7 亮
LCALL	DELAY	
SJMP	MAIN2	;重复执行主程序
ORG	0F00H	
DELAY: MOV	R7,#10	
D0: MOV	R6,#100	
D1: MOV	R5,#200	
D2: DJNZ	R5,D2	
DJNZ	R6,D1	
DJNZ	R7,D0	
RET		;子程序返回指令
END		;程序结束标记

下面使用在本情景中学习的移位指令编写程序。

参考程序2：

```
            ORG     0000H           ;伪指令,指明程序从0000H单元开始存放
            LJMP    MAIN2           ;控制程序跳转到MAIN2处执行
            ORG     0200H           ;主程序从0200H单元开始
MAIN2：     MOV     A,＃0FEH         ;将立即数FEH送累加器A
XH：        MOV     P0,A            ;将A中内容送P1口,L0亮
            LCALL   DELAY           ;调用DELAY延时子程序
            RL      A               ;将A中内容循环左移一位后送回A中
            LJMP    XH              ;返回XH处执行程序
            ORG     0F00H           ;延时子程序从0F00H开始存放
DELAY：     MOV     R7,＃10
D0：        MOV     R6,＃100
D1：        MOV     R5,＃200
D2：        DJNZ    R5,D2
            DJNZ    R6,D1
            DJNZ    R7,D0
            RET                     ;延时子程序返回指令
            END                     ;程序结束标记
```

分析后可知,参考程序2与参考程序1完成的功能相似,但是指令数量较少,所占存储器空间较小。根据发光二极管的点亮次序,通过分析每次给P0口所送数据,发现不断变换的是数据中"0"的位置。若点亮次序是L0～L7,则"0"是自低位(右)向高位(左)移动的,符合RLA指令的功能。同时还可以总结出,若用"RR A"指令,则8个发光二极管的点亮次序是L0,然后是L7～L0。应用了移位指令后,程序更简洁易懂,因此在今后的学习中,应注意类似情况的处理。

1.4.4　仿真与调试过程

新建文件,并根据要求输入参考程序源文件,保存文件名为PRJ1-4.ASM,将已编写并保存的程序文件加载到工程项目PRJ1中。加载好后,选择Project→Build Target项或按F7键编译文件,如果程序没有语法错误,则显示文件编译成功;否则,返回编辑状态继续查找错误。程序编译通过后,将51单片机仿真实验板(内含Keil仿真器)和PC机连接,并且要确保连接无误,用导线连接端口P1.0～P1.7与L1～L8,打开工程设置对话框,打开Debug选项卡,对右侧的硬件仿真功能进行设置。

设置好以后,再次选择Project→Build Target项,链接装载目标文件,然后选择Debug→Start/Stop Debug Session项或按Ctrl＋F5组合键即可进入调试界面,如图1.44所示。选择Debug-Run(连续运行),观察L1～L8灯是否流动发光。经仿真后程序无误就可以把程序下载到单片机芯片中。正确连接编程器并把AT89C51芯片插好,根据选用的编程器型号,运行相应的软件并将编译生成的＊.HEX文件下载到芯片。将写完程序的单片机芯片正确地安装到焊好的硬件电路中,给电路板通电,观察L1～L8是否流动发光。

1.4.5　情景讨论与扩展

1. 修改源程序,让灯向右移动循环点亮。

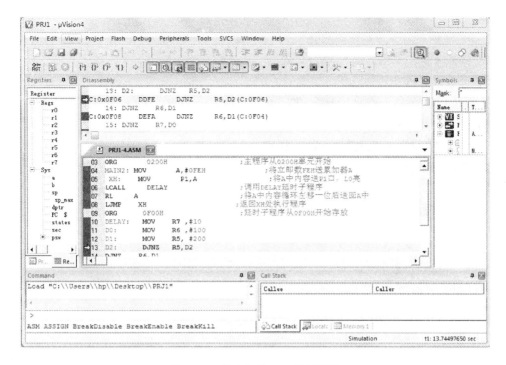

图 1.44　流水灯的 Keil 调试界面

2. 计算本情景中的延时子程序延时时间。

3. 若要求 P1.0 和 P1.1 同时亮,延时后,P1.0 和 P1.1 灭,P1.2 和 P1.3 亮,以此类推,然后进行循环,那么程序又该如何改动?

4. 若要求 P1.0 灭,其余亮,2 s 后 P1.1 灭,其余亮,2 s 后 P1.2 灭,其余亮,以此类推,然后进行循环,那么程序又该如何修改?

1.5　8 盏 LED 灯采用加 1 方式点亮

1.5.1　情景任务

让灯流动发光的方式有很多,依次点亮是常见的一种,本情景采用加 1 方式点亮 LED 灯,即刚开始所有灯都亮(代表数制 00H),延时后加 1,L1 灭,其余亮(代表数制 01H),再延时后加 1,L2 灭,其余亮(代表数制 02H),再延时后加 1,L1 和 L2 灭,其余亮(代表数制 03H),以此类推。本节学习 P2 口的使用方法和基本算术运算类指令。

1.5.2　相关知识

知识链接 1　P2 口的结构

在此情景中使用的是 P2 口,P2 口某一位的位结构如图 1.46 所示。P2 口中的每一位都可以作为准双向通用 I/O 口使用,在系统需要扩展存储器时,P2 口做地址线用,输出地址的高8 位。

从图1.45中可以看到,P2口的位结构与P0口类似,有MUX开关。驱动部分与P1口类似,但比P1口多了一个转换控制部分。当CPU对片内存储器和I/O口进行读/写时,由内部硬件自动使开关MUX倒向锁存器的Q端,这时,P2口为一般I/O口。

当系统扩展片外ROM和RAM时,由于P2口输出高8位地址。此时,MUX在CPU的控制下,转向内部地址线的一端。因为访问片外ROM和RAM的操作往往连续不断,所以,P2口要不断送出高8位地址,此时P2口无法再用作通用I/O口。

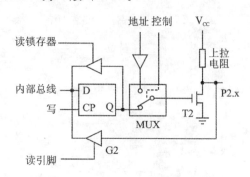

图1.45　P2口某位的结构示意图

在不需要外接ROM而只需扩展256字节片外RAM的系统中,使用"MOVX A,@Ri"指令访问片外RAM时,寻址范围是256字节,只需8位地址线就可以实现。P2口不受该指令影响,仍可做通用I/O口使用。

用作通用输入/输出口,用法与P1和P0口一样,在此不再赘述。

知识链接2　基本算数运算指令

MCS－51指令系统中,算术运算指令包括加、减、乘、除四则运算,都是针对8位二进制无符号数进行的,如果要进行带符号或多字节二进制运算,则需编写程序,通过执行程序实现。

1. 加法类指令

(1) 不带进位的加法指令(ADD)

ADD	A,Rn	;将A中内容与Rn中内容相加,结果送A
ADD	A,direct	;将A中内容与direct中内容相加,结果送A
ADD	A,@ Ri	;将A内容与间址寄存器Ri内容相加,结果送A
ADD	A,#data	;将A中内容与立即数data相加,结果送A

本组指令在应用时,用户既可以根据需要对两个无符号数(0～255)进行运算,也可以对有符号数进行运算。若是有符号数,则采用补码形式(－128～＋127)。不论两个操作数是无符号数还是有符号数,单片机总是按无符号数的运算规则进行运算并产生PSW的标志位:进位标志位Cy、辅助进位标志位Ac、溢出标志位OV和奇偶校验位P,其中溢出标志位OV只有带符号数运算时才有意义。

使用加法指令时,要注意累加器A中的运算结果对各个标志位的影响:

① 如果位7有进位,则置1进位标志Cy,否则Cy清0。

② 如果位3有进位,则置1辅助进位标志Ac,否则Ac(Ac为PSW寄存器中的一位)清0。

③ 如果位6有进位,而位7没有进位,或者位7有进位,而位6没有,则溢出标志位OV置1,否则OV清0。溢出标志位OV的状态,只有在带符号数加法运算时才有意义。当两个带符号数相加时,OV＝1,表示加法运算超出了累加器A所能表示的带符号数的有效范围。

例1-27　(A)＝53H,(R0)＝FCH,执行指令"ADD A,R0",则结果是什么?

解　结果为(A)＝4FH,Cy＝1,Ac＝0,OV＝0,P＝1。

注意：上面的运算中，由于位 6 和位 7 同时有进位，所以标志位 OV＝0。

例 1－28　（A）＝85H，（R0）＝20H，（20H）＝AFH，执行指令"ADD A,@R0"，则结果是什么？

解　结果为（A）＝34H，Cy＝1，Ac＝1，OV＝1，P＝1。

注意：由于位 7 有进位，而位 6 无进位，所以标志位 OV＝1。

（2）带进位的加法指令（ADDC）

ADDC　A,Rn	;将 A 中内容与 Rn 中内容以及 Cy 相加,结果送 A
ADDC　A,direct	;将 A 中内容与 direct 中内容及 Cy 相加,结果送 A
ADDC　A,@ Ri	;将 A 内容与间址寄存器 Ri 内容及 Cy 相加,结果送 A
ADDC　A,♯data	;将 A 中内容与立即数 data 及 Cy 相加,结果送 A

这组指令常用于多字节数的加法运算，由于在相加的三个数中有 Cy 位，可以将低位相加时出现的进位考虑在内。

注意：ADD 和 ADDC 指令在使用时，ADD 仅适用于单字节加法运算，而 ADDC 既可适用于单字节加法，又可适用于多字节加法，只是当利用 ADDC 指令进行多字节加法运算的低字节相加时，应先对 Cy 进行清零。

例 1－29　（A）＝85H，（20H）＝FFH，Cy＝1，执行指令"ADDC A,20H"，则结果如何？

解　结果为（A）＝85H，Cy＝1，Ac＝1，OV＝0，P＝1（A 中 1 的个数为奇数）。

例 1－30　设有两个 16 位数相加，被加数的高 8 位放在 41H 单元，低 8 位放在 40H 单元；加数高 8 位放在 43H 单元，低 8 位放在 42H 单元；和的低 8 位放在 50H 单元；高 8 位存放在 51H 单元；进位存放在 52H 单元。

解　满足题目的程序如下：

MOV　A,40H	;取被加数的低 8 位存到 A 中
ADD　A,42H	;被加数和加数的低 8 位相加,结果存到 A 中
MOV　50H,A	;和的低 8 位放在 50H 单元
MOV　A,41H	;被加数高 8 位存到 A 中
ADDC　A,43H	;被加数、加数的高 8 位和低位向高位的进位,三数相加,结果存到 A 中
MOV　51H,A	;高 8 位放在 51H 单元
MOV　A,♯00H	;0 送到 A 中
ADDC　A,♯00H	;A 中内容与 0 相加,再加进位标志 Cy 的值
MOV　52H,A	;进位放在 52H 单元

（3）加 1 指令又称为增量指令（INC）

共有 5 条指令，除奇偶标志位外，加 1 指令的操作不影响 PSW 中的其他标志位。

INC　A	;累加器内容加 1
INC　direct	;直接地址单元内容加 1
INC　Rn	;通用寄存器内容加 1
INC　@Ri	;间址寄存器内容加 1
INC　DPTR	;数据指针 EPTR 内容加 1

本组指令将操作数内容加 1，结果仍然送回原地址存放，如果原地址单元中内容为 0FFH，加 1 后将要变为 00H，运算结果不影响任何标志位。指令中前 4 条是 8 位数加 1 指令，可以用

来对指定的片内 RAM 单元操作,第 5 条指令是 16 位数的加 1 指令,运算过程中,若有低 8 位 (DPL)向高 8 位(DPH)的进位,直接进位即可。这也是 MCS - 51 指令系统中唯一的一条 16 位算术运算指令。

例 1 - 31　已知(A)＝89H,(24H)＝0A4H,(R1)＝9DH,(9EH)＝00H,(DPTR)＝0FFFH,执行以下程序段后,对应单元内容将如何变化?

```
INC    A
INC    24H
INC    R1
INC    @R1
INC    DPTR
```

解　根据加 1 指令的功能,执行完上述程序段后,操作结果为(A)＝8AH,(24H)＝0A5H,(R1)＝9EH,(9EH)＝01H,(DPTR)＝1000H。

2. 减法指令

(1) 带借位的减法指令(SUBB)

```
SUBB    A,Rn              ;将 A 中内容减去 Rn 中内容及 Cy,结果送 A
SUBB    A,direct          ;将 A 中内容减去 direct 中内容及 Cy,结果送 A
SUBB    A,@Ri             ;将 A 内容减去间址寄存器 Ri 内容及 Cy,结果送 A
SUBB    A,#data           ;将 A 中内容减去立即数 data 及 Cy,结果送 A
```

在多字节减法运算中,低字节有时会向高字节产生借位(Cy 置 1),所以在高字节运算中就要用到带借位减法指令,由于 51 单片机指令系统中没有不带借位的减法指令,所以若进行不带借位的减法运算(低字节或单字节相减)时,应在"SUBB"指令前用"CLR C"指令将 Cy 清零即可。

另外,减法指令也影响 PSW 中的标志位,若 D7 位有借位,则 Cy 置 1,否则清 0;若 D3 位有借位,则 AC 置 1,否则清 0。两个带符号数相减,还要考虑 OV 位,若 OV 为 1,则由于溢出而表明结果是错误的。

例 1 - 32　设有两个 16 位数相减,被减数的高 8 位放在 41H,低 8 位放在 40H,减数高 8 位放在 43H,低 8 位放在 42H,差的低 8 位放在 50H,高 8 位存放在 51H,借位位存放在 52H。

解　满足题目要求的程序如下:

```
MOV     A,40H
CLR     C
SUBB    A,42H
MOV     50H,A
MOV     A,41H
SUBB    A,43H
MOV     51H,A
MOV     A,#00H
ADDC    A,#00H
MOV     52H,A
```

（2）减 1 指令（DEC）

DEC A	;累加器内容减 1
DEC direct	;直接地址单元内容减 1
DEC Rn	;通用寄存器内容减 1
DEC @Ri	;间址寄存器内容减 1

本组指令将操作数减 1,结果仍送回原地址单元,若原指定单元中的内容为 00H,减 1 后将变为 0FFH,运算结构也不影响任何标志位。这 4 条指令全是 8 位数减 1 指令,若需要对 16 位数进行减 1 操作,可通过简单的编程实现。

例 1－33 已知(A)＝00H,(56H)＝0AAH,(R0)＝57H,执行完下面程序段后,单元内容如何变化?

```
DEC   A
DEC   56H
DEC   R0
DEC   @R0
```

解 结果为(A)＝0FFH,(56H)＝0A9H,(R0)＝56H,(56H)＝0A8H。

3．乘法指令（MUL）

MUL AB	;把累加器 A 和寄存器 B 中两个 8 位无符号数相乘,
	;所得 16 位积低字节存放在 A 中,高字节存放在 B 中

执行这条指令后,若乘积大于 0FFFFH,则 OV 置 1,否则清 0;Cy 总是被清 0。

例 1－34 试将存放于 40H 单元的数据 0FH 乘以 4,并仍然存放在 40H 单元中。

解 满足题目要求的参考程序如下:

```
ORG   0500H
MOV   40H,♯0FH          ;把立即数 0FH 送到 40H 单元中
MOV   B,♯4              ;把立即数 4 送到寄存器 B 中
MOV   A,40H             ;把 40H 单元内容送到累加器 A 中,即(A)＝0FH
MUL   AB               ;做乘法
MOV   40H,A             ;乘积送到 40H 单元中
END
```

4．除法指令（DIV）

DIV AB	;两个 8 位无符号数的相除,被除数置于累加器 A 中,除数置
	;于寄存器 B 中。指令执行完毕后,商存于 A 中,余数存于 B 中

执行本条指令后,Cy 和 OV 均被清 0。若(B)＝00H,则结果无法确定,用 OV＝1 表示,而 Cy 仍为 0。

巩固与提高

一、选择题

假定(A)＝23H,(R0)＝74H,(74H)＝49H,执行以下程序段后,A 的内容是(　　　)

```
ANL   A,♯74H
```

```
        ORL    74H,A
        XRL    A,@R0
```

(A) 33H   (B) 39H   (C) 49H   (D) 19H

二、填空题

1. 假定(A)＝85H,(R0)＝20H,(20H)＝0AFH,执行指令"ADD A,@R0"后,累加器 A 的内容为_____,Cy 的内容为_____,AC 的内容为_____,OV 的内容为_____。

2. 已知(A)＝45H,(B)＝86H,按顺序连续执行以下两条指令,写出执行每条指令后 A 的内容。

```
ADD     A,B        Cy 的内容为_____,A 的内容为_____。
SUBB    A,♯73H     Cy 的内容为_____,A 的内容为_____。
```

三、问答题

1. 程序分析。试说明以下程序段的功能。

```
MOV    PSW,♯00H
MOV    A,DPL
SUBB   A,♯01H
MOV    DPL,A
MOV    A,DPH
SUBB   A,♯00H
MOV    DPH,A
```

2. 分析 ADD 与 INC、SUBB 与 DEC 的区别。

3. 编程实现(86＋73)×A6H,结果高 8 位存入 31H 单元,低 8 位存入 30H 单元。

1.5.3　情景设计

1. 硬件设计

本情景中使用的是单片机 P2 口,其余电路设计思路与前面相同,在此不再赘述。由此分析可得,硬件原理图如图 1.46 所示。材料清单与 1.5 节相同。

2. 软件流程

本控制可以用简单程序设计中的循环结构形式实现。软件流程如图 1.47 所示。

3. 软件实现

本情景除了用到前面的 MOV 及延时程序指令外,还用到了本情景知识链接中的算术运算指令。满足情景任务的参考程序如下:

```
        ORG    0000H
        LJMP   MAIN1
        ORG    0300H
MAIN1:  MOV    A,♯0            ;0 送入累加器 A 中
LOOP1:  MOV    P2,A            ;A 中内容送 P2 口
        LCALL  DELAY           ;调用延时子程序
        INC    A
        LJMP   LOOP1
        ORG    0F00H           ;延时子程序从 0F00H 开始存放
```

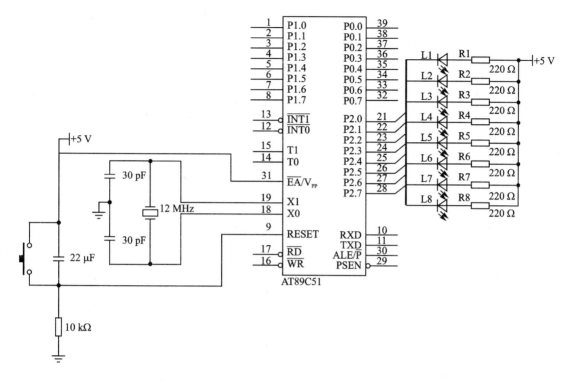

图 1.46　加 1 方式点亮 LED 灯的硬件电路原理图

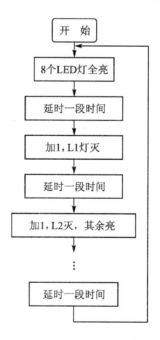

图 1.47　加 1 点亮 8 盏 LED 的流程图

```
DELAY:    MOV    R7,#10
D0:       MOV    R6,#100
D1:       MOV    R5,#200
D2:       DJNZ   R5,D2
```

```
DJNZ    R6,D1
DJNZ    R7,D0
RET                         ;延时子程序返回指令
END                         ;程序结束标记
```

"INC A"行可以用"ADD A,＃1"替换,"D2:DJNZ R5,D2"行可以用"DJNZ R5,＄"替换,效果是一样的。同学们可以替换重新编译运行程序,观察实验现象是否与替换前一样。

1.5.4　仿真与调试过程

新建文件,并根据要求输入参考程序源文件,保存文件名为 PRJ1-5.ASM,将已编写并保存的程序文件加载到工程项目 PRJ1 中。加载好后,选择 Project→Build Target 项或按 F7 键编译文件,如果程序没有语法错误,则显示文件编译成功;否则,返回编辑状态继续查找错误,直至显示程序无错误为止。程序编译通过后,将 51 单片机仿真实验板(内含 Keil 仿真器)和 PC 机连接,并且要确保连接无误,用导线连接端口 P1.0～P1.7 与灯 L1～L8,打开工程设置对话框,打开 Debug 选项卡,对右侧的硬件仿真功能进行设置。

设置好后,再次选择 Project→Build Target 项,装载目标文件,然后选择 Debug→Start/Stop Debug Session 项或按 Ctrl＋F5 组合键即可进入调试界面,如图 1.48 所示。选择 Debug-Run(连续运行),观察 L1～L8 灯是否在不停地做加 1 操作。经仿真后程序无误,就可以把程序下载到单片机芯片中。正确连接编程器并把 AT89C51 芯片插好,根据选用的编程器型号运行相应的软件,并将编译生成的 ＊.HEX 文件下载到单片机芯片中。将写完程序的单片机芯片正确地安装到焊好的硬件电路中,给电路板通电,观察 LED 灯亮的情况。

图 1.48　加 1 点亮 8 盏 LED 灯的 Keil 调试界面

1.5.5 情景讨论与扩展

若要求刚开始 8 盏 LED 全亮,采用减 1 方式点亮 8 盏灯,程序又该如何修改?

1.6 按键控制 LED 灯发光

1.6.1 情景任务

以 P 字开头的 32 个引脚都可以作为输出使用,除此之外,这 32 个引脚还可以作为输入端来使用。学习用 P2 口与按键连接来控制 LED,除此之外,其余 24 个引脚也可以作为输入端使用。

1.6.2 相关知识

知识链接 1 按键的工作原理

1. 按键输入的特点

通常按键为机械式结构,受外力键帽落下,外力去除后有按键内部的弹性装置将键帽弹起。因此,一个按键包括了机械触点的闭合与断开。但由于按键机械触点的弹性作用,一个按键在按下时不会马上闭合,在松开时也不会马上断开,而是有一连串的抖动,抖动时间的长度为 5~10 ms,按键抖动的波形如图 1.49 所示。按键闭合的时间长短因人而异。

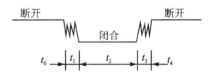

图 1.49 按键抖动波形图

2. 按键的确认

按键的闭合与否,反应在电路上就是电位出现高或低,因此,对连接有按键的电路的高低判断也就是按键闭合与否的判断,但由于按键抖动的原因,在按键的判别中一般要有消抖的措施。

3. 如何消除按键的抖动

为了使单片机能正确地读出键盘所接 I/O 的状态,对每一次按键只作一次响应,必须考虑如何去除抖动。按键的消抖一般有两类措施,一是硬件消抖,二是软件延时消抖。这两类消抖方法各有其特点,一般来说,硬件电路消抖设计和制作复杂,而软件消抖硬件电路设计简洁,但在软件编程上要有专门的消抖程序延时,编程较复杂。目前,常用软件来消除按键抖动。有键按下时,软件延时 10 ms 或更长一些时间后再次检测该 I/O 口,如果仍为低,则确认该行有键按下,这实际上是避开了按键按下时的前沿抖动。当键松开时,行线变高,软件延时 5~10 ms,消除按键释放时的后延抖动,说明按键已松开。采取以上措施,躲开了两个抖动期 t_1 和 t_3 的影响。当然,在实际应用中,按键的机械特性各不相同,对按键的要求也是千差万别,要根据不同的需要来编制处理程序,这是消除按键抖动的原则。

巩固与提高

1. 按键为什么要消抖？说明按键消抖的方法。

2. 软件消抖有何特点？

1.6.3 情景实现过程

1. 硬件设计

用 8 个按键控制 8 盏灯的亮和灭,当有按键按下,对应端口上的灯亮,松开按钮灯灭,其中,按键接在 P2 口上,灯接在 P1 口上。由此分析可得,按键控制 LED 的亮灭,其硬件电路原理如图 1.50 所示。

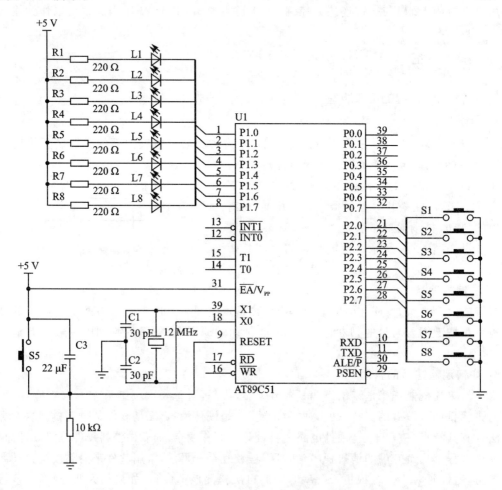

图 1.50　按键控制 LED 灯亮灭的硬件电路原理图

由原理图 1.50 分析可得,实现本情景所需的元器件参数如表 1.14 所列。

表 1.14 元器件清单

序 号	元件名称	元件型号及取值	元件数量	备 注
1	单片机芯片	AT89C51	1 片	DIP 封装
2	晶振	12 MHz	1 只	
3	按键		1 只	无自锁
			9 只	带自锁
4	电容	30 pF	2 只	瓷片电容,接晶振端
		22 μF	1 只	电解电容,接复位端
5	电阻	220 Ω	8 只	碳膜电阻,可用排阻代替,LED 的限流电阻
		10 kΩ	1 只	碳膜电阻,接复位端
6	40 脚 IC 座		1 片	安装 AT89C51 芯片
7	导线		若干	
8	LED 灯		8 只	普通型
9	电路板		1 块	普通型带孔
10	电源	+5 V	1 块	

2. 软件流程

接通电源,P1 口上所有灯处于熄灭状态;然后,按下任何按键,P1 口上对应的灯点亮,松开按钮则灯灭。由于此时判断的是按键的闭合和松开(即低电平和高电平),单片机的判断速度肯定远远高于人的反应速度,因此在此不需要键盘的消抖。满足此情景的软件流程如图 1.51 所示。

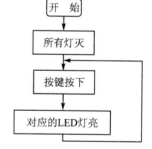

图 1.51 按键控制 LED 灯的软件流程图

3. 软件实现

满足情景要求的参考程序清单如下:

```
        ORG    0000H
        LJMP   J100
        ORG    0810H
J100:   MOV    P2,♯0FFH
J101:   MOV    P1,P2              ;P2 口的值送 P1 口
        AJMP   J101              ;循环
        END
```

当按下 S1 按钮时,L1 亮,所以 P1.0 口应该是输出低电平。观察什么被送到了 P1 口,只有 P2 口的值被送到了 P1 口,肯定是 P2 口送来的数使得 P1.0 位输出低电平,所以 P2 口起了输入作用。

1.6.4 仿真与调试过程

新建文件,并根据要求输入参考程序源文件,保存文件名为 PRJ1-6.ASM,将已编写并保存的程序文件加载到工程项目 PRJ1 中。加载好后,选择 Project→Build Target 项编译文件,直到显示文件编译成功,否则返回编辑状态继续查找程序中的语法错误。程序编译通过后,将 51 系列单片机仿真实验板和 PC 机连接,并且要确保连接无误,用导线连接端口 P2.0~P2.7 和按键 S1~S8,P1.0~P1.7 和 LED 灯 L1~L8,打开工程设置对话框,打开 Debug 选项卡,对右侧的硬件仿真功能进行设置。设置好后,再次选择 Project→Build Target 项链接装载目标文件,选择 Debug→Start/Stop Debug Session 项或按 Ctrl+F5 组合键即可进入调试界面,如图 1.52 所示。

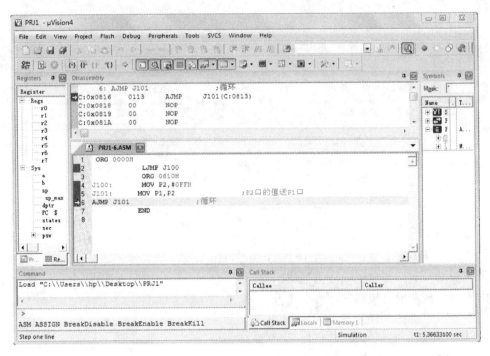

图 1.52　按键控制 LED 灯的 Keil 软件调试界面

　　进入调试界面后,选择 Debug-Run(连续运行),观察 LED 灯点亮情况是否符合要求。经仿真后程序无误就可以把程序下载到单片机芯片中。正确连接编程器并把 AT89C51 芯片插好,根据选用的编程器型号运行相应的软件,并将编译生成的 *.HEX 文件下载到芯片。将写完程序的单片机芯片正确地安装到焊好的硬件电路中,给电路板通电,按下按钮,观察 L1~L8 灯亮的情况。

1.6.5　情景讨论与扩展

　　1. 若判断的是 P2 口的下降沿,即 P2.2 来了下降沿对应的灯亮,再来一个下降沿灯灭,这样是否要延时消抖,为什么?

　　2. P1 口作为输入,接按键来控制 P2 口上的 LED 发光,P1 口某个按键按下,对应的 P2 口上 LED 发光,硬件原理图和程序都应如何修改?

1.7　按键控制流水灯

1.7.1　情景任务

在前面几个情景中实现的流水灯只能显示固定花样、流动方向等。如果需要更改,则必须重写程序,并将代码写入芯片才可以。如果需要在现场对这些内容进行修改,那么需要加入键盘,以便向单片机"发布命令",使其按预先编好的程序运行。下面就用按键实现灯的流动状态的改变。

1.7.2　相关知识

知识链接 1　P3 口的结构

P3 口为准双向口,为适应引脚的第二功能的需要,增加了第二功能控制逻辑,在真正的应用电路中,第二功能显得更为重要。P3 口的输入/输出与 P3 口锁存器、中断、定时/计数器、串行口和特殊功能寄存器有关,P3 口的第一功能和 P1 口一样可作为输入/输出端口,同样具有字节操作和位操作两种方式,在位操作模式下,每一位均可定义为输入或输出。P3 口的电路如图 1.53 所示。

当 P3 口作 I/O 口使用时,第二功能信号线应保持高电平,与非门开通,以维持从锁存器到输出口数据输出通路畅通无阻。而当 P3 口作第二功能口线使用时,该位的锁存器置高电平,使与非门对第二功能信号的输出是畅通的,从而实现第二功能信号的输出。对于第二功能为输入的信号引脚,在输入口线上的输入通路增设了一个缓冲器,输入的第二功能信号即从这个缓冲器的输出端取得。而作为 I/O 口线输入

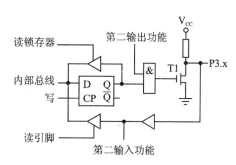

图 1.53　P3 口一位的电路图

端时,取自三态缓冲器的输出端。这样,不管是作为输入口使用还是第二功能信号输入,输出电路中的锁存器输出和第二功能输出信号线均应置 1。在这里使用的是 P3 口第一功能,定义为输入和按键连接。

知识链接 2　控制转移类指令和伪指令的意义及使用

1. 位控转移指令——判位变量转移指令(JB、JNB、JBC)

MCS-51 单片机的硬件结构中有一个位处理器(又称布尔处理器),它有一套位变量处理的指令集。在进行位处理时,CY(进位标志位)称为"位累加器"。位存储器就是内部 RAM 的(位寻址区)20H～2FH,这 16 个字节单元即 128 个位及特殊功能寄存器(SFR)中的可寻址位。下面讲解判位变量转移指令 JB、JNB 及 JBC。

JB　　bit,rel　　　　　　;若(bit)=1,则程序转移到(PC)+rel 处执行

　　　　　　　　　　　　　;若(bit)=0,则程序顺序向下执行

JNB　bit,rel　　　　　　;若(bit)=0,则程序转移到(PC)+rel 处执行

```
                                          ;若(bit)=1,则程序顺序向下执行
        JBC    bit,rel                    ;若(bit)=1,则将 bit 位清 0 并转移到(PC)+rel 处执行
                                          ;若(bit)=0,则程序顺序向下执行
```

注意: 此指令中的偏移量 rel 通常也以转移去的目的处的标号形式给出。

例 1-35 分析以下两段程序的执行方向。

解 程序段一:

```
        SETB    32H                      ;(32H)←1
        JB      32H,K1                   ;(32H)=1 转 K1 处执行,否则顺序向下执行
        ……
K1:     ……
```

程序段二:

```
        CLR     32H                      ;(32H)←0
        JNB     32H,K1                   ;(32H)=0 转 K1 处执行,否则顺序向下执行
        ……
K1:     ……
```

2. 累加器 A 的判零转移指令

```
JZ      rel                              ;若(A)=0,则程序转移,否则顺序执行
JNZ     rel                              ;若(A)≠0,则程序转移,否则顺序执行
```

这类指令是依据累加器 A 的内容是否为 0 的条件转移指令。条件满足时转移(相当于一条相对转移指令),条件不满足时则顺序执行下一条指令。转移的目标地址在以下一条指令的起始地址为中心的 256 字节范围之内(-128~+127)。当条件满足时,PC←(PC)+N+rel,其中(PC)为该条件转移指令的第一个字节的地址,N 为该转移指令的字节数(长度),本转移指令 N=2。

例 1-36 将内部 RAM 单元中起始地址为 20H 的数据传送到 P1 口,当 RAM 单元中内容为 0 时,不传送,接着传送下一单元内容。

解 满足题目要求的参考程序 1:

```
        MOV     R0,♯20H                 ;设置数据指针
LOOP:   MOV     A,@R0                    ;内部 RAM 单元内容送入累加器 A
        INC     R0                       ;指向下一单元
        JZ      LOOP                     ;(A)=0 则传送下一单元
        MOV     P1,A                     ;(A)→P1
        SJMP    LOOP                     ;继续执行
```

参考程序 2:

```
        MOV     R0,♯20H                 ;设置数据指针
COUNT:  MOV     A,@R0                    ;内部 RAM 单元内容送入累加器 A
        INC     R0                       ;指向下一单元
        JNZ     LOOP                     ;(A)=0 则传送下一单元
        SJMP    COUNT
LOOP:   MOV     P1,A                     ;(A)→P1
```

```
        SJMP    LOOP                    ;继续执行
```

这两段程序的执行结果是一样的。

把 P0.0 的位地址赋给字符 AQ,把位地址 30H 赋给字符 DEF。在其后的编程中,AQ 可作 P0.0 使用,DEF 可作位地址 30H 使用。

巩固与提高

一、选择题

1. 51 单片机的 4 并行 I/O 接口,有第二功能的是(　　)。

　　(A) P0　　　　　(B) P1　　　　　(C) P2　　　　　(D) P3

2. 51 单片机的 4 并行 I/O 接口,只能作为普通 I/O 接口使用的是(　　)。

　　(A) P0　　　　　(B) P1　　　　　(C) P2　　　　　(D) P3

3. 指令"0100H:LJMP0730H"执行后,转移的目的地址是(　　)。

　　(A) 0730H　　　(B) 0830H　　　(C) 0732H　　　(D) 0832H

二、编写程序

1. 使用位操作指令实现逻辑操作:P1.7=ACC.0x(B.0+P2.0)+P3.0。

1.7.3　情景设计

1. 硬件设计

用 4 个按键分别接到 P3.2、P3.3、P3.4 和 P3.5 四个引脚上,另外一端接地,这是最简单的接法。对于这种按键程序中可采用不断查询的方法,即检测是否有按键闭合,如果有按键闭合,则去除按键抖动,判断按键值并转入相应的按键处理。按键控制流水灯电路原理图如图 1.54 所示。

从图 1.54 可以得到实现本项目所需的元器件,元器件清单如表 1.16 所列。

表 1.16　元器件清单

序　号	元件名称	元件型号及取值	元件数量	备　注
1	单片机芯片	AT89C51	1 片	DIP 封装
2	晶振	12 MHz	1 只	
3	电容	30 pF	2 只	瓷片电容,接晶振端
		22 μF	1 只	电解电容,接复位端
4	电阻	220 Ω	8 只	碳膜电阻,LED 的限流电阻
		10 kΩ	1 只	碳膜电阻,接复位端
5	40 脚 IC 座		1 片	安装 AT89C51 芯片
6	按键		5 只	无自锁
			1 只	带自锁
7	导线		若干	
8	LED 灯		8 只	普通型
9	电路板		1 块	普通型带孔
10	电源	+5 V	1 块	直流

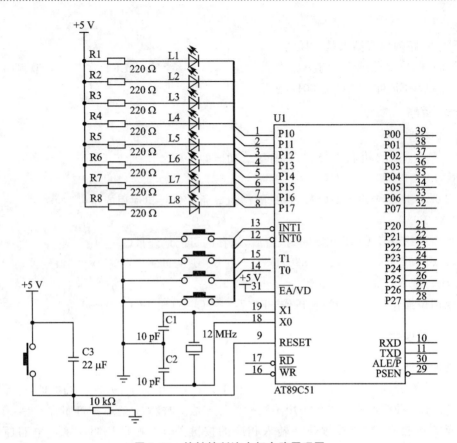

图 1.54　按键控制流水灯电路原理图

2. 软件流程

下面给出用按键控制流水灯的程序流程(见图 1.55),4 个按键定义如下:

P3.2——开始,按此按键则灯可以开始流动;

P3.3——停止,按此按键则停止流动,所有灯为暗;

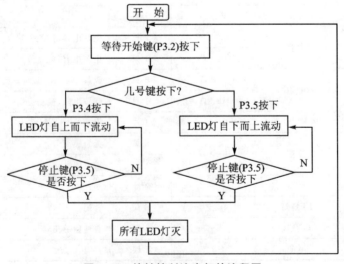

图 1.55　按键控制流水灯的流程图

P3.4——上,按此按键则灯由上向下流动;

P3.5——下,按此按键则灯由下向上流动。

本控制要根据按键的识别情况进行显示,因此程序的结构应使用分支程序结构。根据不同条件选择程序流向的程序结构称为分支程序。分支程序的特点是程序的流向有两个或两个以上出口,它可以根据程序要求改变程序的执行顺序。

3. 软件实现

满足情景要求的按键控制流动灯的程序如下,本程序演示了一个键盘处理程序的基本思路,程序本身简单。

参考程序:

```
        ORG     0000H
        LJMP    MAIN1
        ORG     0100H
MAIN1:  JB      P3.2,MAIN1
        LCALL   DELAY            ;10 ms,消抖
        JB      P3.2,MAIN1
M1:     JNB     P3.4,L1
        JNB     P3.5,L2
        SJMP    M1
L1:     LCALL   DELAY            ;10 ms,消抖
        JB      P3.4,M1
        MOV     P1,#0FEH
M2:     LCALL   DELAY1           ;1 s
        JNB     P3.3,L3
        MOV     A,P1
        RL A
        MOV     P1,A
        LJMP    M2
L2:     LCALL   DELAY            ;10 ms,消抖
        JB      P3.5,M1
        MOV     P1,#7FH
M3:     LCALL   DELAY1           ;1 s
        JNB     P3.3,L3
        MOV     A,P1
        RR      A
        MOV     P1,A
        LJMP    M3
L3:     MOV     P1,#0FFH
        LJMP    MAIN1
DELAY:  MOV     R3,#50
D1:     MOV     R4,#100
        DJNZ    R4,$
        DJNZ    R3,D1
        RET
```

```
DELAY1:   MOV      R5,#50
D3:       MOV      R6,#100
D2:       MOV      R7,#100
          DJNZ     R7,$
          DJNZ     R6,D2
          DJNZ     R5,D3
          RET
          END
```

程序实际工作中还会有一些考虑,例如,主程序每次都调用灯的循环程序,会造成按键反应"迟钝",而且如果一直按着键不放,灯就不会再流动,一直要到松开为止等。

1.7.4 仿真与调试过程

新建文件,并根据要求输入参考程序源文件,保存文件名为 PRJ1-7.ASM,将已编写并保存的程序文件加载到工程项目 PRJ1 中。加载好后,选择 Project→Build Targe 项编译文件,直到显示文件编译成功,否则返回编辑状态继续查找程序中的语法错误。程序编译通过后,将 51 系列单片机仿真实验板和 PC 机连接,并且要确保连接无误,用导线连接端口 P3.2~P3.5 和按键 S1~S4,P1.0~P1.7 和 LED 灯 L1~L8,打开工程设置对话框,选择 Debug 标签页,对右侧的硬件仿真功能进行设置。再次选择 Project→Build Target 项链接装载目标文件,选择 Debug→Start/Stop Debug Session 项或按 Ctrl+F5 组合键即可进入调试界面,如图 1.56 所示。

图 1.56 按键控制 LED 灯的 Keil 软件调试界面

进入调试界面后,选择 Debug-Run(连续运行),按下按钮,观察 LED 灯点亮情况是否符合要求。经仿真后程序无误就可以把程序下载到单片机芯片中。正确连接编程器并把 AT89C51 芯片插好,根据选用的编程器型号运行相应的软件并将编译生成的 *.HEX 文件下载到芯片。将写完程序的单片机芯片正确地安装到焊好的硬件电路中,给电路板通电,按下按钮,观察 L1~L8 亮的情况。

1.7.5   情景讨论与扩展

1. 刚开始 P1.0 亮,按一次 P3.2,灯移动到 P1.1 亮,再按一次 P3.2,P1.2 亮,依次循环。

2. 按下 P3.3,P1.0,P1.1 亮,2 s 后,流动到 P1.2、P1.3 亮,2 s 后 P1.4、P1.5 亮,依次循环。

3. 按下 P3.3,P1.0 亮,1 s 后,流动到 P1.1 亮,1 s 后,流动到 P1.2 亮,依次点亮,若在此过程中按下 P3.4 则所有灯熄灭。

项目 2　海上航标灯

夕阳西下,夜幕降临,海上的船只依然穿梭不止。为什么在漆黑的大海上航船能够安全航行? 原来,闪烁的航标灯在为出海的航船导航,这样就可以避免船只触礁或与其他船只相撞。更有趣的是,这些航标灯仅仅在晚上闪烁,白天是不闪烁的,这样可以节约电能。另外,如果在白天,海上天气突变而天昏地暗,航标灯依然会再次闪烁,指挥着航船有序地穿行在苍茫的大海上。应用单片机的中断及软件知识可以实现这样的目的。本项目中安排了三个学习情景,一步一步学习单片机的中断及定时/计数器,最终完成海上航标灯的系统设计。

【知识目标】

1. 理解中断的基本概念。
2. 掌握 AT89C51 单片机的中断及定时/计数器结构。
3. 理解 AT89C51 单片机的中断及定时/计数器使用方法。

【能力目标】

通过使用 AT89C51 单片机的中断和定时器,实现海上航标灯控制系统设计,让学生学会使用单片机的中断和定时/计数器。

2.1　外部中断 0 实现紧急报警

2.1.1　情景任务

学习单片机中断的知识及其应用方法,按下 P3.2 键,P1.0 口灯亮或灭,模拟实现紧急状态的处理和报警。

2.1.2　相关知识

知识链接 1　中断的基本概念

中断是计算机中一个很重要的技术,主要用于即时处理来自外围设备的随机信号。例如,计算机和打印机连接,CPU 处理和传送字符的速度是微秒级的,而打印机打印字符的速度远比 CPU 慢。CPU 不得不花大量时间等待和查询打印机打印字符。中断就是为解决这类问题而出现的。中断既和硬件有关,也和软件有关,正是因为有了中断技术才使计算机的工作更加灵活、效率更高。

1. 中断概述

什么是中断? 比如,在看书的时候,电话铃响了,这时将书在当前页折一下,暂停看书去接电话,接完电话后,又从刚才被打断的地方继续看。在看书时被打断过一次的这一过程就相当于中断,而引起中断的原因,即中断的来源,就称为中断源。

当有多个中断同时发生时,计算机同时进行处理是不可能的,只能按照事情的轻重缓急一一处理,这种给中断源排队的过程,称为中断优先级设置。

如果不想理会某个中断源,就可以将它禁止掉,不允许它引起中断,这称为中断禁止,比如将电话线拔掉，以拒绝接听电话。只有将这个中断源打开，即中断允许，它所引起的中断才会被处理。在中断系统中会遇到以下几个概念和问题。

① 中断：由于某个事件的发生，微处理器暂停当前正在执行的程序，转而去执行处理该事件的一个程序，当该程序执行完后，微处理器接着执行被暂停的程序，这个过程就是中断。

② 中断源：引发中断的事件称为中断源。中断源在微处理器的内部时，称为内部中断。中断源在微处理器外部时，称为外部中断。

③ 中断类型：用若干位二进制数表示的中断源的编号，称为中断类型。

④ 中断断点：由于中断的发生，某个程序被暂停执行，该程序中即将被执行但由于中断而没有被执行的那条指令的地址，称为中断断点，简称断点。

⑤ 中断服务程序：处理中断事件的程序段被称为中断服务程序。中断服务程序不同于一般的子程序，子程序由某个程序调用，它的调用是由主程序设定的，因此是确定的。而中断服务程序由某个事件引发，它的发生往往是随机的，不确定的。

2. 中断的过程

(1) 中断源请求中断

外部中断源：由外部硬件产生可屏蔽或不可屏蔽中断的请求信号。

内部中断源：在程序运行过程中产生了指令异常或其他情况。

(2) 中断响应

中断源提出中断请求后，必须满足一定的条件，微处理器才可以响应中断。微处理器接受中断请求后转入中断响应周期，在中断响应周期完成以下任务：

① 识别中断源，取得中断源的中断类型。

② 将标志寄存器和断点地址先后压入堆栈保存。

③ 清除中断标志位和中断允许标志位。

④ 获得相应的中断服务程序入口地址，转入中断服务程序。

(3) 中断服务

中断服务程序的主要内容包括保护现场、开中断、中断处理、关中断、恢复现场和返回。

保护现场：在执行中断服务程序时，先保护中断服务时要使用的寄存器的内容，中断返回前再将其内容恢复。

开中断：以便在执行中断服务程序时，能响应较高级别的中断请求。

中断处理：执行输入输出或非常事件的处理，执行过程中允许微处理器响应较高级别设备的中断请求。

关中断：保证在恢复现场时不被新的中断打扰。

恢复现场：中断服务程序结束前，应将堆栈中保存的内容按入栈的反顺序弹出，送回到原来的微处理器寄存器中，从而保证被中断的程序能够正常地继续执行。

返回：中断服务程序执行结束后，需要安排一条中断返回指令，用于将堆栈中保存的断点地址与标志寄存器的值弹出，使程序回到被中断的地址，并恢复被中断前的状态。

3. 中断嵌套

CPU 正在执行某中断源的中断服务程序时，又有一中断源向 CPU 发出中断请求，且 CPU 此时的中断是开放的，那它必然可以把正在执行的中断服务程序暂停下来转而响应和处理中断优先权更高的中断源的中断请求，等到处理完后再转回来继续执行原来的中断服务程序,这就是中断嵌套,如图2.1所示。因此,中断嵌套的先决条件是中断服务程序开头应设置一条开中断指令,其次才是要有优先权更高的中断源的中断请求存在,二者缺一不可,这是实现中断嵌套的必然条件。

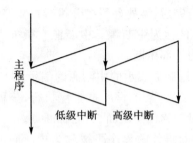

图2.1 中断嵌套示意图

知识链接2 AT89C51单片机的中断及其控制寄存器

1. AT89C51单片机的中断源

AT89C51单片机有5个中断源,其中2个是外部中断源($\overline{INT0}$和$\overline{INT1}$),3个是内部中断源(T0、T1和串行口)。AT89C51中断系统结构如图2.2所示。

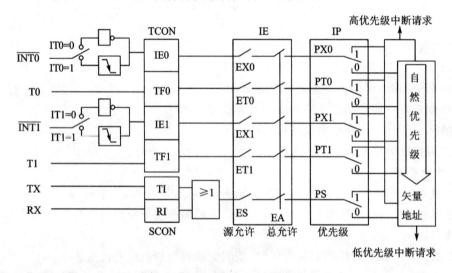

图2.2 AT89C51的中断系统结构图

$\overline{INT0}$——外部中断0,从P3.2引脚输入的中断请求。

$\overline{INT1}$——外部中断1,从P3.3引脚输入的中断请求。

T0——定时/计时器T0,定时器0溢出发出中断请求,计数器0从外部P3.4引脚输入计数脉冲中断请求。

T1——定时/计时器T1,定时器1溢出发出中断请求,计数器1从外部P3.5引脚输入计数脉冲中断请求。

TX/RX——串行口中断,包括串行口接收中断RI和串行口发送中断TI。

2. 中断控制字

(1) 定义中断优先级

IP为中断优先级控制寄存器,总共8位,用了其中后5位,前3位没有用,可以当0处理。

IP 字节地址为 B8H,其结构和各位名称、地址如表 2.1 所列。

表 2.1　IP 的结构和各位名称、功能

IP	D7	D6	D5	D4	D3	D2	D1	D0
位名称	×	×	×	PS	PT1	PX1	PT0	PX0
位地址	BFH	BEH	BDH	BCH	BBH	BAH	B9H	B8H
中断源	×	×	×	串行口	T1	外部中断 1	T0	外部中断 0

MCS-51 型单片机有两个中断优先级(高优先级和低优先级),可对中断进行编程,只要对 IP 各中断源设置高或低优先级。相应位置 1,即为高优先级;相应位清 0,即为低优先级。根据中断源的轻重缓急划分高优先级和低优先级,使用"MOV IP,♯data"或"SETB bit"指令设置。

PX0: $\overline{INT0}$ 中断优先级控制位。若 PX0＝1,则为高优先级;若 PX0＝0,则为低优先级。

PT0: T0 中断优先级控制位。若 PT0＝1,则为高优先级;若 PT0＝0,则为低优先级。

PX1: $\overline{INT1}$ 中断优先级控制位。若 PX1＝1,则为高优先级;若 PX1＝0,则为低优先级。

PT1: T1 中断优先级控制位。若 PT1＝1,则为高优先级;若 PT1＝0,则为低优先级。

PS: 串行口中断优先级控制位。若 PS＝1,则为高优先级;若 PS＝0,则为低优先级。

例 2-1　设置 IP 寄存器的初始值,使两个外中断请求为高优先级,其他中断请求为低优先级。

解　满足题目要求的程序段如下:

① 使用位操作指令。

```
SETB   PX0                    ;2 个外中断为高优先级
SETB   PX1
CLR    PS                     ;串口为低优先级中断
CLR    PT0                    ;2 个定时/计数器低优先级中断
CLR    PT1
```

② 使用字节操作指令。

```
MOV   IP,♯05H
```

或:

```
MOV   0B8H,♯05H              ;B8H 为 IP 寄存器的字节地址
```

(2) 中断标志寄存器

MCS-51 型单片机中涉及定时/计数、外部中断和串行控制的特殊功能寄存器有两个: TCON 和 SCON。TCON 为定时和外部中断控制寄存器,其字节地址是 88H,其结构和各位名称、地址如表 2.2 所列。

表 2.2　TCON 的结构和各位名称、功能

TCON	D7	D6	D5	D4	D3	D2	D1	D0
位名称	TF1	×	TF0	×	IE1	IT1	IE0	IT0
位地址	8FH	8EH	8DH	8CH	8BH	8AH	89H	88H
功　能	T1 中断标志	—	T0 中断标志	—	外部中断 1 中断标志	外部中断 1 触发方式	外部中断 0 中断标志	外部中断 0 触发方式

TF1：T1溢出中断请求标志。当定时/计数器产生溢出中断时,由CPU内硬件自动置1,表示向CPU请求中断。CPU响应该中断后,片内硬件自动对其清0。TF1也可由软件程序查询其状态或由软件置位清0。

TF0：T0溢出中断请求标志。其意义和功能与TF1相似。

IE1：外中断1请求标志位。当P3.3引脚信号有效时,IE1由硬件自动置1;当CPU响应该中断后,由片内硬件自动清0(只适用于边沿触发方式)。当选择电平触发时,由软件复位。

IE0：外中断0请求标志位。其意义和功能与IE1相似。

IT1：外中断1触发方式控制位。由软件置位或复位。若IT1＝1,则触发方式为边沿触发方式,当P3.3引脚出现下跳边沿脉冲信号时有效;若IT1＝0,则触发方式为电平触发方式,当P3.3引脚出现低电平信号时有效。

IT0：外中断0触发方式控制位。其意义和功能与IT1相似。

SCON为串行中断控制寄存器,字节地址是98H,其结构和各位名称、地址如表2.3所列。

表2.3　SCON的结构和各位名称、功能

SCON	D7	D6	D5	D4	D3	D2	D1	D0
位名称	SM0	SM1	SM2	REN	TB8	RB8	TI	RI
位地址	9FH	9EH	9DH	9CH	9BH	9AH	99H	98H
功　能	—	—	—	—	—	—	串行发送中断标志	串行接收中断标志

TI：串行口发送中断请求标志。当CPU将一个发送数据写入串行接口发送缓冲器时,就启动发送过程,每发完一个串行帧,由硬件置位TI。CPU响应中断后,硬件不能自动清除TI,必须由软件清除。

RI：串行口接收中断请求标志。当允许串行接口接收数据时,每接收完一个串行帧,由硬件置位RI。CPU响应中断后,硬件不能自动清除RI,必须由软件清除。

有关串行口中断将在项目3中阐述。

以上两个寄存器的使用都可以利用"MOV TCON,♯data"、"MOV SCON,♯data"或"SETB bit"指令设置。

注意：CPU响应中断后,TF1、TF0由硬件自动清0。

CPU响应中断后,在边沿触发方式下,IE1、IE0由硬件自动清0;在电平触发方式下,不能自动清除IE1、IE0标志,也就是说,IE1、IE0状态完全由$\overline{INT1}$(外部中断1)、$\overline{INT0}$(外部中断0)的状态决定。因此,在中断返回前必须撤除$\overline{INT1}$、$\overline{INT0}$引脚的低电平,否则就会出现一次真的申请被CPU多次响应。为了避免这种情况发生,$\overline{INT1}$、$\overline{INT0}$一般都采用边沿触发方式。

CPU响应串行口中断后,TI、RI必须由软件清除。

所有产生中断的标志位均可由软件置1或清0,获得与硬件置1或清0同样的效果。

单片机复位后,TCON和SCON各位清0。

(3)　开放中断

IE为中断允许控制寄存器,字节地址为A8H,其结构和各位名称、地址如表2.4所列。

表 2.4　IE 的结构和各位名称、功能

IE	D7	D6	D5	D4	D3	D2	D1	D0
位名称	EA	×	×	ES	ET1	EX1	ET0	EX0
位地址	AFH	AEH	ADH	ACH	ABH	AAH	A9H	A8H
中断源	CPU	—	—	串行口	T1	$\overline{\text{INT1}}$	T0	$\overline{\text{INT0}}$

MCS-51 单片机对中断源的开放或关闭（屏蔽）是由中断允许控制寄存器 IE 控制的,可用软件对各位分别置 1 或清 0,从而实现对各中断源的开放或关断。

EA:CPU 中断总允许控制位。若 EA=1,则 CPU 开中断总允许;若 EA=0,则 CPU 关中断且屏蔽所有中断源。

EX0:外中断 0 中断允许控制位。若 EX0=1,则开中断;若 EX0=0,则关中断。

ET0:定时/计数器 T0 中断允许控制位。若 ET0=1,则开中断;若 ET0=0,则关中断。

EX1:外中断 1 中断允许控制位。若 EX1=1,则开中断;若 EX1=0,则关中断。

ET1:定时/计数器 T1 中断允许控制位。若 ET1=1,则开 T1 中断;若 ET1=0,则关 T1 中断。

ES:串行口中断允许位。若 ES=1,则开中断;若 ES=0,则关中断。

IE 寄存器的使用也可以利用"MOV IE,♯data"或"SETB bit"指令设置。

例 2-2　若允许片内 2 个定时器/计数器中断,禁止其他中断源的中断请求。编写设置 IE 的相应程序段。

解　满足题目要求的程序段如下:

① 用位操作指令来实现。

```
CLR    ES                  ;禁止串行口中断
CLR    EX1                 ;禁止外部中断 1 中断
CLR    EX0                 ;禁止外部中断 0 中断
SETB   ET0                 ;允许定时/计数器 T0 中断
SETB   ET1                 ;允许定时/计数器 T1 中断
SETB   EA                  ;CPU 开中断
```

② 用字节操作指令来实现。

```
MOV    IE,♯8AH
```

或者:

```
MOV    0A8H,♯8AH           ;A8H 为 IE 寄存器字节地址
```

知识链接 3　基本指令 SJMP、RETI、PUSH、POP 的意义及使用

1. 中断返回指令 RETI

```
RETI                ;执行完中断处理程序后返回主程序,以使得 CPU 能从断点处继续执行程序
```

注意:RETI 指令与子程序返回指令 RET 的功能相同,都是从堆栈中取出断点地址送给 PC,并从断点处继续执行程序。它们之间的区别是 RET 应放在一般子程序的末尾,而 RETI 应放在中断服务子程序的末尾;机器执行 RETI 指令后,除返回原程序断点处继续执行外,还将清除相应中断优先级状态位。

2. 堆栈操作指令 PUSH 和 POP

这类指令为数据传送指令中的一部分,与送数指令不同的是,总有一个操作数的地址是特定的。

```
PUSH    direct        ;进栈指令,将直接地址单元中的内容送入栈中
POP     direct        ;出栈指令,将栈中栈顶单元数据弹出送入直接地址单元中
```

进栈(入栈)操作时,首先将栈指针 SP 值加 1,然后将直接地址单元的内容送到栈指针所指的片内 RAM 单元中;出栈操作时,先将栈指针 SP 所指的片内 RAM 单元的内容送入直接地址单元中,然后 SP 值减 1。应当注意的是,进栈和出栈指令的操作数只能用直接寻址方式。对于累加器 A 在采用直接寻址方式时表示为 ACC,对累加器 A 使用栈操作指令时,要写成"PUSH ACC",而写成"PUSH A"是错误的。

例 2-3 进入中断服务子程序时,把程序状态寄存器 PSW、累加器 A、数据指针 DPTR 进栈保护。设当前 SP 为 60H。当中断服务程序结束之前,SP 保持 64H 不变,依次弹出上述值。

解 满足题目要求的程序段如下:

```
PUSH    PSW
PUSH    ACC
PUSH    DPL
PUSH    DPH
```

执行后,SP 内容修改为 64H,而 61H、62H、63H、64H 单元中依次栈入 PSW、A、DPL、DPH 的内容。中断服务程序结束之前,程序(SP 保持 64H 不变)如下:

```
POP     DPH
POP     DPL
POP     ACC
POP     PSW
```

执行之后,SP 内容修改为 60H,而 64H、63H、62H、61H 单元中的内容依次弹出到 DPH、DPL、A、PSW 中。

MCS-51 提供一个向上升的堆栈,因此 SP 设置初值时要充分考虑堆栈的深度,要留出适当的单元空间,满足堆栈的使用。

3. 相对转移指令 SJMP

```
SJMP    rel           ;根据 rel 的数值计算目的地址送 PC,以改变程序的执行方向
```

本条指令中的 rel 是带符号的 8 位二进制数,因此它的转移范围是在以本条指令为基准的 256 字节地址范围内,即当 rel 为负数时,程序向前转移;当 rel 为正数时,程序向后转移。

知识链接 4 AT89C51 单片机中断的应用

中断系统的应用主要是编制应用程序。应用程序包括两部分内容:一部分是中断初始化,另一部分是中断服务子程序。

中断初始化应在产生中断请求前完成,一般要放在主程序中,与主程序的其他初始化内容一起完成设置。中断初始化的步骤如下:

① 设置堆栈指针 SP。因中断设计保护断点 PC 地址和保护现场数据,且均要用堆栈实现

保护,因此要设置适宜的堆栈深度。单片机复位时,SP＝07H,当深度要求不高且工作寄存器组 1～3 组不用时,可维持复位时的状态,深度为 24 字节。因为 20H～2FH 为位寻址区,所以深度大于 24 字节时,会进入该区。当要求有一定深度时,可设置 SP＝60H 或 50H,深度分别为 32 字节和 48 字节。

②　定义外中断触发方式。一般情况下,采用边沿触发为宜。若必须采用电平触发方式,应在硬件电路和中断服务程序中采取撤除中断请求信号的措施,否则,中断会被多次响应。

③　定义中断优先级。根据实际情况,采用轻重缓急原则,划分高优先级和低优先级。

④　开放中断,即同时置位 EA 和需要开发中的中断允许位 EXX。可用字节指令的方式设置即“MOV IE,♯XXH”,也可用位操作的方式设置,即“SETB EA”和“SETB EXX”。

⑤　除上述中断初始化操作外,还应安排好等待中断或中断发生前主程序应完成的操作内容。

例 2 - 4　出租车计价器计程方法是车轮每转一周产生一个负脉冲,从外中断 $\overline{\text{INT1}}$ (P3.3)引脚输入,行驶里程为轮胎周长 X 运转周数,设轮胎周长为 2 m。试实时计算出租车行驶里程(单位 m),数据存储在 32H、31H、30H 中。

解　满足题目要求的参考程序如下:

```
            ORG     0000H
            LJMP    MAIN1
            ORG     0013H              ;INT1中断入口地址
            LJMP    INTT1              ;转INT1中断服务程序
            ORG     0050H
MAIN1：     MOV     SP,♯40H
            MOV     IE,♯84H            ;开INT1中断
            MOV     IP,♯04H            ;置INT1高优先级
            SETB    IT1                ;置INT1边沿触发方式
            MOV     30H,♯0             ;里程数清零
            MOV     31H,♯0
            MOV     32H,♯0
            SJMP    $                  ;等待INT1中断
            ORG     0200H              ;INT1中断服务子程序首地址
INTT1：     PUSH    ACC                ;保护现场
            PUSH    PSW
            MOV     A,30H
            ADD     A,♯2
            MOV     30H,A
            CLR     A
            ADDC    A,31H
            MOV     31H,A
            CLR     A
            ADDC    A,32H
            MOV     32H,A
            POP     PSW                ;恢复现场
            POP     ACC
            RETI                       ;中断返回
```

巩固与提高

一、选择题

1. 主程序调用子程序时,子程序中使用(　　　)指令,执行中断处理程序时,处理程序中使用(　　)指令。

　(A) RETI　　　　　　(B) RET

2. 外部中断1的中断入口地址在(　　　　)。

　(A) 0000H　　　　(B) 0003H　　　　　　(C) 000BH　　　(D) 0013H

3. MCS-51单片机的外部中断0触发方式标志位是(　　　)。

　(A) IE1　　　　　(B) TF0　　　　　　(C) IT0　　　(D) IE0

二、填空题

1. 8051单片机有____个中断源,有____个中断优先级。

2. 8051单片机内部有三个中断源,它们分别是_____,_____和_____。

三、程序分析

下面程序段执行后,说明(A)＝?(B)＝?

```
MOV    SP,#45H
MOV    A,#90H
MOV    B,#23H
PUSH   ACC
PUSH   B
POP    ACC
POP    B
```

四、编程及问答

1. 利用堆栈指令实现片内RAM区80H与37H单元的内容互换。

2. 在MCS-51中与中断有关的特殊功能寄存器有哪几个?其中IE和IP各位的含义是什么?若IP的内容为09H,含义是什么?

3. MCS-51单片机能提供几个中断源、几个中断优先级?各个中断源的优先级怎样确定?在同一优先级中,各个中断源的优先顺序是怎样确定的?

2.1.3　情景设计

1. 硬件设计

本情景中用的是P3口的第二功能,P3口的第二功能各引脚定义如下:

P3.0——串行输入口(RXD);

P3.1——串行输出口(TXD);

P3.2——外部中断0($\overline{INT0}$);

P3.3——外部中断1($\overline{INT1}$);

P3.4——定时/计数器0的外部输入口(T0);

P3.5——定时/计数器1的外部输入口(T1);

P3.6——外部数据存储器写选通($\overline{WR}$);

P3.7——外部数据存储器读选通($\overline{RD}$)。

　　本情景实现模拟紧急状态的处理和报警这一过程,按钮 S1 模拟传感器的输出,正常 $\overline{INT0}$ 引脚为高电平,按下 S1 后 $\overline{INT0}$ 引脚即变为低电平;控制信号以 P1.0 引脚所接的 LED 来指示。即用 P3.2 连接按键,当按下按键时,代表单片机响应了中断,LED 灯亮。综上所述,得到图 2.3 所示的控制电路原理图。

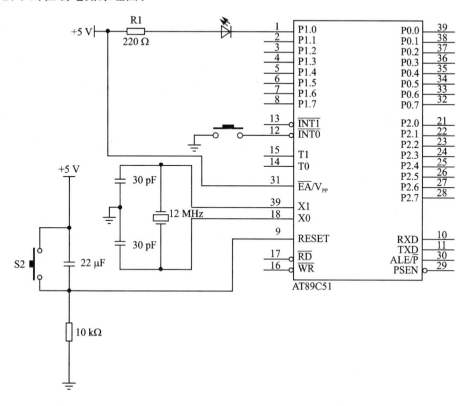

图 2.3　模拟紧急状态处理和报警的电路原理图

通过电路原理图 2.3 可以总结出实现本情景所需的元器件,元器件清单如表 2.5 所列。

表 2.5　元器件清单

序　号	元件名称	元件型号及取值	元件数量	备　注
1	单片机芯片	AT89C51	1 片	DIP 封装
2	晶振	12 MHz	1 只	
3	发光二极管		1 只	普通
4	电容	30 pF	2 只	瓷片电容
		22 μF	1 只	电解电容
5	电阻	220 Ω	1 只	碳膜电阻,可用排阻代替
		10 kΩ	1 只	碳膜电阻
6	按键		2 只	无自锁
			1 只	带自锁

续表 2.5

序　号	元件名称	元件型号及取值	元件数量	备　　注
7	40 脚 IC 座		1 片	安装 AT89C51 芯片
8	导线		若干	
9	电路板		一块	普通型带孔
10	稳压电源	+5 V	一块	

2. 软件流程

本控制要根据按键是否按下来决定 LED 灯是否亮或灭。本情景程序流程如图 2.4 所示。

3. 软件实现

本情景中用到了单片机的外部中断 0,自 $\overline{INT0}$(P3.2)引脚接入单片机芯片。对于单片机的中断来而言,每个中断源都有固定的入口地址,外部中断 0 的入口地址在 0003H。当单片机检测到有外部中断发生后,根据设定情况响应中断:主程序被中断,转向执行中断处理程序。一般中断处理程序较大,占用存储空间较多,因此在 0003H 处存放一条转移指令,转移到中断处理程序处。本情景程序利用指令"LJMP INTT0"实现程序跳转。

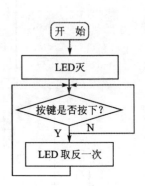

图 2.4　程序流程图

参考程序:

```
        ORG     0000H
        LJMP    MAIN2
        ORG     0003H           ;外部中断 0 的入口地址
        LJMP    INTT0
MAIN2:  SETB    IT0             ;设置外部中断 0 为负跳沿触发
        SETB    EX0             ;打开外部中断 0
        SETB    EA              ;开放总中断
        SETB    P1.0            ;按键未按下,LED 灭
        SJMP    $               ;等待按键按下
INTT0:  PUSH    PSW             ;保护状态寄存器的内容
        CPL     P1.0            ;LED 灯取反
        POP     PSW
        RETI                    ;中断返回
```

本程序的功能很简单,按一次按钮引发一次中断,P1.0 引脚变为低(或高)电平,因此在理论上按一下按钮灯亮(或灭),但在实际做实验时,可能会感觉有时不"灵",即按了按钮但灯没有反应。这种现象产生的原因是键盘抖动。

对于外部中断而言,下降沿触发和低电平触发两种方式是有区别的。实际再做一下这个实验,会发现有如下两个现象:

① 将"SETB IT0"改为"CLR IT0",即改用低电平触发,按住按钮后 LED 肯定是亮的,而用下降沿触发,按下按钮后 LED 可能是亮的,也可能是灭的。本程序是将触发方式设置为下

降沿触发。有人对下降沿触发感到很难理解，一个边沿如何进行触发？其实，所谓下降沿就是指单片机在两次检测中：第一次检测到引脚是高电平，紧接着第二次检测到的是低电平；所以下降沿并不一定如我们所想象的那样是一个非常"陡"的波形，只要在一次检测后到下一次检测之前变为低电平就行。以系统使用 12 MHz 的晶振为例，这段时间"长"达 1 μs。至于在这个 1 μs 期间，$\overline{INT0}$ 引脚上究竟是高还是低甚至由低变高再又高变低都无关紧要。

② 设为低电平触发后，如果按住按钮不放，会发现 LED 的亮度会有所下降。

这两个现象其实说明了一个问题，低电平触发是可重复的。即如果外中断引脚上一直保持低电平，那么在产生 1 次中断返回之后，马上就会产生第二次中断，接着是第三次……如此一直到低电平消失为止。而下降沿触发没有这个问题，一次中断产生后，即使外部中断引脚上仍保持低电平，也不会引起重复中断。实际应用中采用何种触发方式来触发，必须视传感器及工作任务来确定。如果采用低电平触发方式，那么外部电路采用可以及时撤去该引脚上低电平的设计方式。

2.1.4 仿真与调试过程

在 C 盘建立文件夹 PRJ2，表示第二个项目。打开 Keil 软件环境，新建文件，并根据要求输入参考程序源文件，保存文件名为 PRJ2-1. ASM，新建工程 PRJ2，将已编写并保存的程序文件加载到工程项目 PRJ2 中。加载好后，选择 Project→Build Target 项编译文件，直到显示文件编译成功，否则返回编辑状态继续查找程序中的语法错误。程序编译通过后，把 51 系列单片机仿真实验板和 PC 机连接，并且要确保连接无误。用导线连接端口 P1.0 与 LED 灯，P3.2 与按钮 S1。打开工程设置对话框，选择 Debug 标签页，对右侧的硬件仿真功能进行设置。再次选择 Project→Build Target 项链接装载目标文件，选择 Debug→Start/Stop Debug Session 项或按 Ctrl+F5 组合键即可进入调试界面，如图 2.5 所示。

图 2.5 模拟紧急状态处理与报警的 Keil 软件调试界面

进入调试界面后,单击 Debug-Run(连续运行)按钮,观察 LED 灯是否亮。经仿真后程序无误就可以把程序下载到单片机芯片中。正确连接编程器并把 AT89C51 芯片插好,根据选用的编程器型号运行相应的软件,并将编译生成的 *.HEX 文件下载到芯片。将写完程序的单片机芯片正确地安装到焊好的硬件电路中,给电路板通电,观察灯亮的情况是否符合实际情况。

2.1.5 情景讨论与扩展

1. 本项目电路设计中,若用外部中断 1,原理图和程序应如何修改?
2. 外部中断 0 和 1 的中断入口地址为多少?

2.2 外部中断与定时器的组合应用

2.2.1 情景任务

每隔 0.5 s,P1 口的 LED 指示灯左移一位。如果按下 P3.3 键,则 P1 口所有灯停止左移,P1.0 灯亮 3 s,之后继续左移。本情景利用单片机的内中断(定时器)和外中断来实现。

2.2.2 相关知识

知识链接 1　AT89C51 单片机的定时/计数器

在单片机应用系统中,经常需要定时控制或对外部信号进行计数。定时/计数器是MCS-51 单片机的重要模块之一。MCS-51 系统单片机中 51 系列内部有两个定时/计数器(T0 和 T1),它们都是 16 位的。它们既可以工作于定时方式,实现对控制系统的定时或延时控制;又可工作于计数方式,用于对外部事件的计数。

1. 定时/计数器的结构及工作原理

图 2.6 所示是定时/计时器的结构原理图。

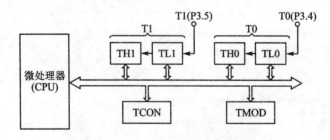

图 2.6　定时/计时器的结构原理图

定时/计数器的实质是加 1 计数器(16 位),由高 8 位和低 8 位两个寄存器组成(T0 由 TH0 和 TL0 组成,T1 由 TH1 和 TL1 组成)。TMOD 是定时/计数器的工作方式寄存器,由它确定定时/计数器的工作方式和功能;TCON 是定时/计数器的控制寄存器,用于控制 T0、T1 的启动和停止以及设置溢出标志。

作为定时/计数器,其输入的计数脉冲有两个来源,一个是由系统的时钟振荡器输出脉冲经 12 分频后送来,另一个是 T0 或 T1 引脚输入的外部脉冲源。每来一个脉冲的下降沿,计数器加 1,当加到计数器为全 1 时,再输入一个脉冲,就使计数器回 0,且计数器的溢出使 TCON 中 TF0 或 TF1 置 1,向 CPU 发出中断请求(定时/计数器中断允许时)。如果定时/计数器工作于定时模式,则表示定时时间已到;如果工作于计数模式,则表示计数值已满。可见,由溢出时计数器的值减去计数初值才是加 1 计数器的计数值。

设置为定时器模式时,加 1 计数器是对内部机器周期计数(1 个机器周期等于 12 个振荡周期,即计数频率为晶振频率的 1/12,12 MHz 为 1 μs、6 MHz 为 2 μs)。计数值乘以机器周期就是定时时间。

设置为计数器模式时,外部事件计数脉冲由 T0(P3.4)或 T1(P3.5)引脚输入到计数器。在每个机器周期的固定时间采样 T0、T1 引脚电平。当某周期采样到一高电平输入,而下一周期又采样到一低电平输入时,则计数器加 1,更新的计数值在下一个机器周期装入计数器。由于检测一个从 1 到 0 的下降沿需要 2 个机器周期,因此要求被采样的电平至少要维持一个机器周期,所以最高计数频率为晶振频率的 1/24。当晶振频率为 12 MHz 时,最高计数频率不超过 1/2 MHz,即计数脉冲的周期大于 2 μs。

不论 T0 或 T1 是工作于定时方式还是计数方式,它们在对内部时钟或外部事件进行计数时,都不占用 CPU 时间,直到定时/计数器产生溢出。如果满足条件,CPU 才会停下当前的操作,去处理"时间到"或"计数满"这样的事件。因此,定时/计数器是与 CPU"并行"工作的,不会影响 CPU 的其他工作。

2. 定时/计数器的控制字

AT89C51 单片机定时/计数器的工作由两个特殊功能寄存器控制。TMOD 用于设置其工作方式,TCON 用于控制其启动和中断申请。

(1) 定时器控制寄存器(TCON)

TCON 寄存器既参与中断控制又参与定时控制,在 2.1 节中已介绍过,在本情景中,只对其定时控制功能加以介绍。TCON 的结构、位名称、位地址和功能如表 2.6 所列。

表 2.6　TCON 的结构、位名称、位地址和功能(字节地址为 88H)

TCON	D7	D6	D5	D4	D3	D2	D1	D0
位名称	TF1	TR1	TF0	TR0	IE1	IT1	IE0	IT0
位地址	8FH	8EH	8DH	8CH	8BH	8AH	89H	88H
功　能	T1 中断标志	T1 运行标志	T0 中断标志	T0 运行标志	—	—	—	—

其中有关定时的控制位共有 4 位:

① 计数溢出标志位 TF0 和 TF1。当计数器计数溢出时,该位自动置 1,使用查询方式时,此位作状态位供查询,但需注意查询有效后应以软件方法及时将该位清零;使用中断方式时,此位作中断标志位,在转向中断服务程序时由硬件自动清零。

② 定时器运行控制位 TR0 和 TR1。TR0(TR1)=0,停止定时/计数器工作;TR0(TR1)=1,启动定时/计数器工作。该位根据需要以软件方法使其置 1 或清 0。

(2) 工作方式控制寄存器(TMOD)

TMOD 寄存器是一个专用寄存器,用于设定两个定时/计数器的工作方式。各位定义如表 2.7 所列。

表 2.7 TMOD 的结构、各位名称及功能(字节地址为 89H)

TMOD	高 4 位控制 T1				低 4 位控制 T0			
位名称	GATE	C/$\overline{\text{T}}$	M1	M0	GATE	C/$\overline{\text{T}}$	M1	M0
位功能	门控位	定时/计数方式选择	工作方式选择		门控位	定时/计数方式选择	工作方式选择	

TMOD 寄存器的低半字节定义定时/计数器 0,高半字节定义定时/计数器 1。

GATE:门控位。GATE=0 时,只要用软件使 TCON 中的 TR0 或 TR1 为 1,就可以启动定时/计数器工作;GATE=1 时,用软件使 TCON 中的 TR0 或 TR1 为 1,同时外中断请求引脚$\overline{\text{INT0}}$或$\overline{\text{INT1}}$也要为高电平,才能启动定时/计数器工作,即此时定时/计数器的启动条件为两个。因此,为了简化设计过程,一般情况下,门控位等于 0。

C/$\overline{\text{T}}$:定时方式或计数方式选择位。C/$\overline{\text{T}}$=0,定时工作模式;C/$\overline{\text{T}}$=1,计数工作模式。

M1M0:工作方式选择位 。定时/计数器有 4 种工作方式,由 M1M0 进行设置,如表 2.8 所列。

表 2.8 定时/计数器工作方式设置表

M1	M0	工作方式	说　明
0	0	方式 0	13 位定时/计数器
0	1	方式 1	16 位定时/计数器
1	0	方式 2	8 位自动重装定时/计数器
1	1	方式 3	T0 分成两个独立的 8 位定时/计数器;T1 此方式停止计数

注意:TMOD 不能进行位寻址,所以只能用字节指令设置定时/计数器的工作方式。

3. 定时/计数器的四种工作方式

(1) 定时工作方式 0

方式 0 是 13 位计数结构的工作方式,其计数器由 TH0 全部 8 位和 TL0 的低 5 位构成。TL0 的高 3 位弃之不用。其定时时间公式为

$$t = (2^{13} - X)t_{机器周期}$$

所以,若晶振频率为 12 MHz,则最小定时时间为 1 μs,最大定时时间为 8 192 μs。

(2) 定时工作方式 1

方式 1 是 16 位计数结构的工作方式,计数器由 TH0 全部 8 位和 TL0 全部 8 位组成。其定时时间公式为

$$t = (2^{16} - X)t_{机器周期}$$

所以,若晶振频率为 12 MHz,则最小定时时间为 1 μs,最大定时时间约为 65 536 μs。

方式 1 与方式 0 的区别在于,方式 0 是 13 位计数器,最大计数值 2^{13}=8 192;方式 1 是 16 位计数器,最大计数值为 2^{16}=65 536。

(3) 定时工作方式 2

方式 2 为自动重新加载工作方式。在这种工作方式下,把 16 位计数器分为两部分,即以 TL 作计数器,以 TH 作预置寄存器。初始化时把初始值分别装入 TL 和 TH 中。所以方式 2 是 8 位计数结构,其定时时间公式为

$$t = (2^8 - X)t_{机器周期}$$

若晶振频率为 12 MHz，则最大定时时间为 256 μs。

（4）定时工作方式 3

在工作方式 3 下，定时/计数器 T0 被拆成两个独立的 8 位计数器 TH0 和 TL0。其中 TL0 既可以计数，又可以定时，而 TH0 只能作为简单的定时器使用。方式 3 仅适用于 T0，此时 T1 只能将输出送至串行口，即作为串行口波特率发生器。方式 3 的定时器长度也是 8 位，所以其最大定时时间同方式 2。

注意：若用于计数，则其计数个数 $N = 2^n - X$，其中 n 代表计数器位数，X 代表计数初值。

例 2-5　若定时器用于计数，计数个数为 100，设用 T1，方式 2，请计算初值。

解　由已知可知

$$X = 2^8 - 100 = 156 = 10011100B = 9CH$$

即

$$TH1 = TL1 = 9CH$$

4. 定时/计数器的应用

在工程应用中，常常会遇到要求系统定时或对外部事件计数等类似问题，若用 CPU 直接进行定时或计数，不但降低了 CPU 的效率，而且会无法响应实时事件。灵活运用定时/计数器，不但可以减轻 CPU 的负担，简化外围电路，而且可以提高系统的实时性，能快速响应和处理外部事件。

由于定时/计数器的功能是由软件编程实现的，所以一般在使用定时/计数器前都要对其进行初始化。所谓初始化，实际上就是确定相关寄存器的值。初始化步骤如下：

① 确定工作方式，对 TMOD 赋值。根据任务性质明确工作方式及类型，从而确定 TMOD 寄存器的值。**注意：**要求定时/计数器 T0 完成 16 位定时功能，TMOD 的值就应为 01H，用指令"MOV TMOD，#01H"即可完成工作方式的设定。4 种工作方式中，方式 0 与方式 1 基本相同。由于方式 0 初值计算复杂，在实际应用中，一般不用方式 0，而采用方式 1。

② 预置定时/计数器的计数初值。依据以上确定的工作方式和要求的计数次数，计算出相应的计数初值。直接将计数初值写入 TH0、TL0 或 TH1、TL1 中。

③ 根据需要开放定时/计数器中断。直接对 IE 寄存器赋值。

④ 启动定时/计数器工作。将 TR0 或 TR1 置 1。GATE＝0，直接由软件置位启动。

例 2-6　假设系统时钟频率采用 6 MHz，要在 P1.0 上输出一个周期为 2 ms 的方波，如图 2.7 所示。

解　方波的周期用 T0 来确定，让 T0 每隔 1 ms 计数溢出 1 次（每 1 ms 产生一次中断），CPU 响应中断后，在中断服务程序中对 P1.0 取反。

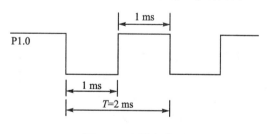

图 2.7　方波示意图

① 计算初值 X。设初值为 X，则有：

$$(2^{16} - X) \times 2 \times 10^{-6} = 1 \times 10^{-3}$$

$$X = 65\,036$$

X 化为十六进制，即 $X = FE0CH = 1111111000001100B$。所以，T0 的初值为：$TH0 = 0FEH$，$TL0 = 0CH$。

② 初始化程序设计。对寄存器 IP、IE、TCON、TMOD 的相应位进行正确设置,将计数初值送入定时器中。

③ 程序设计。中断服务程序除产生方波外,还要注意将计数初值重新装入定时器中,为下一次中断做准备。

中断方式的参考程序如下:

```
        ORG    0000H
RESET:  AJMP   MAIN              ;转主程序
        ORG    000BH             ;T0 的中断入口
        AJMP   ITOP              ;转 T0 中断处理程序 ITOP
        ORG    0100H
MAIN:   MOV    SP,＃60H          ;设堆栈指针
        MOV    TMOD,＃01H        ;设置 T0 为方式 1
        MOV    TL0,＃0CH         ;T0 中断服务程序,T0 重新置初值
        MOV    TH0,＃0FEH
        SETB   TR0               ;启动 T0
        SETB   ET0               ;允许 T0 中断
        SETB   EA                ;CPU 开中断
HERE:   AJMP   HERE              ;自身跳转
ITOP:   MOV    TL0,＃0CH         ;T0 中断服务子程序,T0 置初值
        MOV    TH0,＃0FEH
        CPL    P1.0              ;P1.0 的状态取反
        RETI
```

查询方式的参考程序如下:

```
        MOV    TMOD,＃01H        ;设置 T0 为方式 1
        SETB   TR0               ;接通 T0
LOOP:   MOV    TH0,＃0FEH        ;T0 置初值
        MOV    TL0,＃0CH
LOOP1:  JNB    TF0,LOOP1         ;查询 TF0 标志
        CLR    TF0               ;T0 溢出,关闭 T0
        CPL    P1.0              ;P1.0 的状态求反
        SJMP   LOOP
```

例 2-7 假设系统时钟为 6 MHz,编写定时器 T0 产生 1 s 定时的程序。

解 ① T0 工作方式的确定。定时时间较长,采用哪一种工作方式?

由各种工作方式的特性,可计算出:方式 0 最长可定时 16.384 ms;方式 1 最长可定时 131.072 ms;方式 2 最长可定时 512 μs。

选方式 1,每隔 100 ms 中断一次,中断 10 次为 1 s。

② 计算计数初值。因为

$$(2^{16} - X) \times 2 \times 10^{-6} = 10^{-1}$$

所以

$$X = 15\ 536 = 3CB0H$$
$$TH0 = 3CH,TL0 = B0H$$

③ 10 次计数的实现采用循环程序法。

④ 程序设计。参考程序如下：

```
            ORG     0000H
RESET:  LJMP    MAIN                ;上电,转主程序入口 MAIN
            ORG     000BH               ;T0 的中断入口
            LJMP    ITOP                ;转 T0 中断处理程序 ITOP
            ORG     1000H
MAIN:   MOV     SP,#60H             ;设堆栈指针
            MOV     B,#0AH              ;设循环次数 10 次
            MOV     TMOD,#01H           ;设 T0 工作在方式 1
            MOV     TL0,#0B0H           ;给 T0 设初值
            MOV     TH0,#3CH
            SETB    TR0                 ;启动 T0
            SETB    ET0                 ;允许 T0 中断
            SETB    EA                  ;CPU 开放中断
HERE:   SJMP    HERE                ;等待中断
ITOP:   MOV     TL0,#0B0H           ;T0 中断子程序,重装初值
            MOV     TH0,#3CH
            DJNZ    B,LOOP
            CLR     P1.0
            CLR     TR0                 ;1 s 定时时间到,停止 T0 工作
LOOP:   RETI
```

例 2 - 8　利用定时器 T1 的模式 2 对外部信号计数。要求每计满 150 次,将 P1.0 端取反。

解　① 选择模式。外部信号由 T1(P3.5)引脚输入,每发生一次负跳变,计数器加 1;每输入 150 个脉冲,计数器发生溢出中断,中断服务程序将 P1.0 取反一次。

T1 计数工作方式 2 的模式字为 TMOD=60H。T0 不用时,TMOD 的低 4 位可任取,但不能使 T0 进入模式 3,一般取 0。

② 计算 T1 的计数初值。

$$X = 2^8 - 150 = 256 - 150 = 106 = 6AH$$

因此,TL1 的初值为 6AH,重装初值寄存器 TH1 初值为 6AH。

③ 中断方式参考程序清单如下

```
            ORG     0000H
            LJMP    MAIN
            ORG     001BH               ;定时器 1 的中断服务程序入口
            LJMP    TT1
            ORG     0100H
MAIN:   MOV     TMOD,#60H           ;置 T1 为模式 2 计数工作方式
            MOV     TL1,#6AH            ;赋初值
            MOV     TH1,#6AH
            MOV     IE,#88H             ;定时器 T1 开中断
            SETB    TR1                 ;启动计数器
HERE:   SJMP    HERE                ;等待中断
```

```
TT1：    CPL    P1.0
         RETI
```

巩固与提高

一、选择题

1. 定时器 1 的中断入口地址为(　　　)。

　　(A) 0003H　　　　(B) 000BH　　　　(C) 0013H　　　　(D) 001BH

2. 定时/计数器工作方式 1 是(　　　)。

　　(A) 8 位计数器结构　　　　　　　　(B) 2 个 8 位计数器结构

　　(C) 13 位计数器结构　　　　　　　　(D) 16 位计数器结构

二、问答题

1. 用软件方法设计实现定时 0.5 s 的程序。

2. 利用定时器 1 以方式 1 设计 0.5 s 的定时程序。

3. 利用两个定时器串联的方法实现 1 s 的定时。

4. 利用定时器 1 对外部信号进行计数。

5. 某系统中需要用到 3 个外部中断,而 AT89C51 单片机只有 2 个,那么是否能用定时器 T1 扩充作为外中断源?

2.2.3　情景设计

1. 硬件设计

由情景任务可知,这里用到了单片机的两类中断,一类是外中断($\overline{INT1}$),另一类是内中断(T0)。定时不需要硬件接线,因此,实现本情景的硬件原理图如图 2.8 所示,注意与 2.1 节的硬件原理图的区别。

由图 2.8 分析可得其元器件清单如表 2.9 所列。

表 2.9　元器件清单

序　号	元件名称	元件型号及取值	元件数量	备　　注
1	单片机芯片	AT89C51	1 片	DIP 封装
2	晶振	12 MHz	1 只	
3	发光二极管		8 只	普通
4	电容	30 pF	2 只	瓷片电容
		22 μF	1 只	电解电容
5	电阻	220 Ω	8 只	碳膜电阻,可用排阻代替
		10 kΩ	1 只	碳膜电阻
6	按键		2 只	无自锁
			1 只	带自锁
7	40 脚 IC 座		1 片	安装 AT89C51 芯片
8	导线		若干	
9	电路板		1 块	普通型带孔
10	稳压电源	+5 V	1 块	

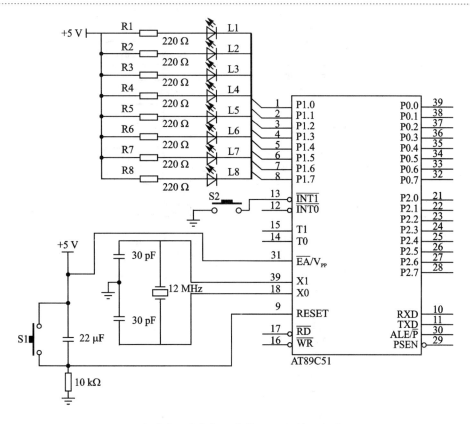

图 2.8 定时器和外中断组成的 LED 灯控制电路原理图

2. 软件流程

本情景的控制流程图是由一个主程序和两个中断服务程序组成的。该控制系统的流程如图 2.9 所示。

3. 软件实现

系统主频为 12 MHz,则机器周期 $T_{cy} = 1\ \mu s$。T0 每隔 50 ms 中断一次,并左移灯;外中断 $\overline{INT1}$ 来了,启动 T1,3 s 亮灯延时,采用查询方式。

T0 初值的计算:50 ms 所需要的脉冲个数

$$N = t/T_{cy} = \frac{50 \times 10^{-3}\ \text{s}}{1 \times 10^{-6}\ \text{s}} = 50\ 000\ \text{个}$$

初始装入值

$$X = 65\ 536 - 50\ 000 = 15\ 536 = 3\text{CB0H}$$

延时次数

$$N = \frac{0.5\ \text{s}}{50\ \text{ms}} = 10\ \text{次}$$

T1 初值计算方法:

$$N = t/T_{cy} = (50 \times 10^{-3}/1 \times 10^{-6})\ \text{次} = 50\ 000\ \text{次}$$
$$X = 65\ 536 - 50\ 000 = 15\ 536 = 3\text{CB0H}$$

总延迟时间

$$50\ \text{ms} \times 60 = 3\ 000\ \text{ms} = 3\ \text{s}$$

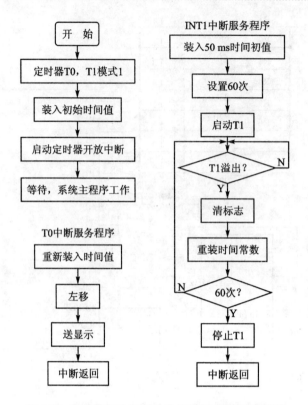

图 2.9 定时器和外中断组成的 LED 灯控制流程图

参考程序如下:

```
            ORG     0000H
            LJMP    MAIN
            ORG     000BH              ;定时器 0 中断入口地址
            LJMP    TT0
            ORG     0013H
            LJMP    INTT1              ;外部中断 1
            ORG     0050H
MAIN：      MOV     TMOD,#11H          ;定时器 T0 和 T1,方式 1,16 位计数
            MOV     TH0,#3CH           ;装入时间常数,50 ms 的初值,注意计算
            MOV     TL0,#0B0H
            MOV     R3,#10
            SETB    TR0                ;启动定时器 0
            SETB    ET0                ;定时器 0 允许中断
            SETB    IT1                ;边沿触发
            SETB    EX1
            SETB    PX1                ;INT1为高优先级
            SETB    EA
            MOV     P1,#0FEH
            MOV     A,P1
            SJMP    $
TT0：       MOV     TH0,#63H
            MOV     TL0,#0C0H
            DJNZ    R3,L1
```

```
        RL      A
        MOV     P1,A
        MOV     R3,#10
L1:     RETI
INTT1:  MOV     P1,#0FEH            ;INT1 中断,L1 灯亮 3 s
        MOV     TH1,#3CH           ;装入 50 ms 时间初值给 T1
        MOV     TL1,#0B0H
        MOV     R7,#60             ;60 次
        SETB    TR1                ;启动 T1
LOOP:   JNB     TF1,LOOP           ;检测 T1 溢出标志,50 ms 延时
        CLR     TF1                ;溢出,清标志
        MOV     TH1,#3CH           ;重装初值
        MOV     TL1,#0B0H
        DJNZ    R7,LOOP            ;判断 60 次时间是否到
        CLR     TR1                ;停止 T1 工作
        RETI
        END
```

2.2.4　仿真与调试过程

建文件,并根据要求输入参考程序源文件,保存文件名为 PRJ2-2.ASM,将已编写并保存的程序文件加载到工程项目 PRJ2 中。加载好后,选择 Project→Build Target 项编译文件,直到显示文件编译成功;否则,返回编辑状态继续查找程序中的语法错误。程序编译通过后,将51 系列单片机仿真实验板和 PC 机连接,并且要确保连接无误,用导线连接端口 P1.0～P1.7与 L1～L8 灯,连接端口 P3.3 和按钮 S1。打开工程设置对话框,选择 Debug 标签页,对右侧的硬件仿真功能进行设置。选择 Project→Build Target 项链接装载目标文件,选择 Debug→Start/Stop Debug Session 项或按 Ctrl＋F5 组合键即可进入调试界面,如图 2.10 所示。

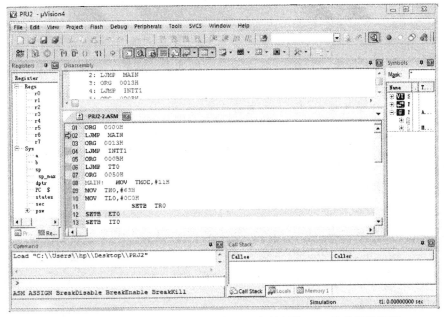

图 2.10　定时器和外部中断组成的 LED 灯控制的 Keil 软件调试界面

进入调试界面后,单击 Debug-Run(连续运行)按钮,L1~L8 左移运行,按下 S2,观察 L1 灯是否亮 2 s,之后进入 L1~L8 左移运行。经仿真后程序无误就可以把程序下载到单片机芯片中。正确连接编程器并把 AT89C51 芯片插好,根据选用的编程器型号运行相应的软件,并将编译生成的 ＊.HEX 文件下载到芯片。将写完程序的单片机芯片正确地安装到焊好的硬件电路中,给电路板通电,观察灯亮的情况是否符合实际情况。

2.2.5 情景讨论与扩展

1. 使用定时器中断实现的延时和用循环语句实现的延时各有什么特点? 应如何选用?
2. 若要求按下 P3.3 灯亮 5 s,那么程序如何修改?
3. 如要使用 $\overline{\text{INT0}}$,则接线和程序都需如何改动?

2.3 海上航标灯系统的实现

2.3.1 情景任务

利用单片机中断知识,完成海上航标灯控制系统的设计。

2.3.2 相关知识

知识连接 1 中断源的优先处理

设想一下,您正在看书,电话铃响了,同时又有人按了门铃,这时该先做哪件事呢? 如果您正在等一个很重要的电话,一般不会理会门铃声;反之,如果您正在等一个重要的客人,则可能就不会去理会电话了。如果不是这两者(既不是在等电话,也不是在等人),那么可能会按您通常的习惯去处理。总之这里存在一个优先级的问题,单片机工作中也是如此,也有优先级的问题。优先级的问题不仅仅发生在两个中断同时产生的情况下,也发生在一个中断已产生,又有一个中断产生的情况下。比如,当您正在接电话,又有人按门铃;或您正开门与人交谈,又有电话响了。计算机是人类世界的模拟,处理这一类事件的方法也与人处理这一类事件类似。在 AT89C51 单片机中有 5 个独立的中断源,它们可通过软件设置成高和低两种不同的优先级,如何设置,可参见 2.1 节的知识链接。若被设置成同一优先级,这 5 个中断源会因硬件的组成而形成不同的内部序号,构成不同的自然优先级,如表 2.10 所列。

对应于 5 个独立中断源,应有相应的中断服务程序。这些程序应当有固定的存放位置,当产生相应的中断以后,即可转到相应的位置去执行,就像听到电话铃、门铃就会分别到电话机、门边去一样。AT89C51 中 5 个中断源所对应的向量地址,如表 2.11 所列。

观察表 2.11 会发现,一个中断向量入口地址到下一个中断向量入口地址之间只有 8 个单元。也就是说,中断服务程序的长度如果超过了 8 字节,就会占用下一个中断的入口地址,导致错误。但一般情况下,很少有一段中断服务程序只占用少于 8 字节的情况,为此可以到中断入口处写一条"LJMP XXXX"指令(3 字节),这样可以把实际处理的程序放到 ROM 的任何一个位置。

表 2.10　AT89C51 单片机中断源优先级排序

中断源	同级内部优先级
外部中断 0	最高
T0 溢出中断	↓
外部中断 1	
T1 溢出中断	
串行口中断	最低

表 2.11　AT89C51 中断源的入口地址

中断源	中断入口向量
外部中断 0	0003H
定时器 T0	000BH
外部中断 1	0013H
定时器 T1	001BH
串行口	0023H

巩固与提高

一、选择题

中断优先级寄存器是(　　)。

(A) IE　　　　　　　(B) TCON　　　　　　(C) IP　　　　　　(D) SCON

二、问答题

1. AT89C51 单片机有几个中断源？中断源的自然优先级是怎样的？

2. AT89C51 单片机的中断系统有几个优先级？如何设定？

2.3.3　情景设计

1. 硬件设计

海上航标灯要求白天不闪烁，晚上闪烁，白天和晚上的判断通过安装在 P3.2 接口上的光敏开关来实现的。从 P3 口的第二功能来看，这恰好是 $\overline{\text{INT0}}$ 的入口，由于 $\overline{\text{INT0}}$ 比定时器 T1 具有更高的优先级，所以这样就可以实现白天停止闪烁而晚上实现闪烁的功能。如图 2.11 所示为航标灯控制的硬件原理图。

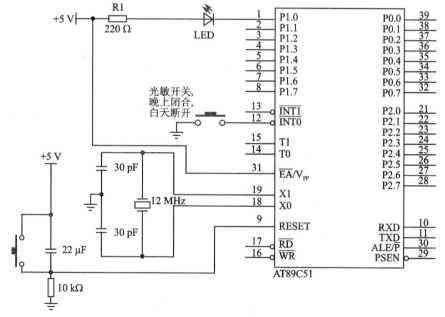

图 2.11　航标灯控制的硬件原理图

由图 2.11 分析可得材料清单如表 2.12 所列。

表 2.12　材料清单

序　号	元件名称	元件型号及取值	元件数量	备　注
1	单片机芯片	AT89C51	1 片	DIP 封装
2	晶振	12 MHz	1 只	
3	LED		1 只	普通
4	电容	30 pF	2 只	瓷片电容
		22 μF	1 只	电解电容
5	电阻	220 Ω	1 只	碳膜电阻,可用排阻代替
		10 kΩ	1 只	碳膜电阻
6	按键		1 只	无自锁
			1 只	带自锁
7	光敏开关		1 只	
8	40 脚 IC 座		1 片	安装 AT89C51 芯片
9	导线		若干	
10	电路板		一块	普通型带孔
11	稳压电源	+5 V	一块	

2. 软件流程

从分析可知,航标灯控制的程序流程如图 2.12 所示,注意两级中断的正确使用。

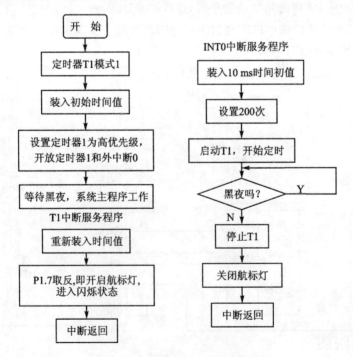

图 2.12　海上航标灯控制流程图

3. 软件实现

以下是航标灯的程序,请仔细理解两级中断的正确使用方法。

参考程序如下:

```
            ORG     0000H
            LJMP    MAIN
            ORG     0003H           ;外部中断 0 入口地址
            AJMP    WBINT           ;白天/晚上的判断
            ORG     001BH           ;定时器 T1 中断入口地址
            AJMP    T1INT           ;2 s 闪烁
            ORG     0100H
MAIN:       MOV     TMOD,#10H       ;T1 定时器方式 1
            MOV     TL1,#0F0H       ;首次装入 10 ms 初值
            MOV     TH1,#0D8H
            SETB    PT1             ;设置 T1 为高优先级
            SETB    ET1             ;T1 允许中断
            SETB    P1.7            ;使航标灯灭
            CLR     IT0             ;选择外部中断 0 为电平触发
            CLR     PX0             ;选择外部中断 0 为低优先级
            SETB    EX0             ;允许中断 0
            SETB    EA              ;开放总中断
            SJMP    $               ;等待外部中断
WBINT:      MOV     TL1,#0F0H       ;重装时间常数
            MOV     TH1,#0D8H
            SETB    TR1             ;启动定时器 T1
            MOV     R7,#0C8H        ;200 次
HERE1:      JNB     P3.2,HERE1      ;黑夜
            CLR     TR1             ;关闭定时器
            SETB    P1.7            ;使航标灯灭
            RETI
T1INT:      MOV     TL1,#0F0H       ;10 ms 定时初值
            MOV     TH1,#0D8H
            DJNZ    R7,EXPORT
            MOV     R7,#0C8H
            CPL     P1.7
EXPORT:     RETI
            END
```

2.3.4　仿真与调试过程

新建文件,并根据要求输入参考程序源文件,保存文件名为 PRJ2-3.ASM,将已编写并保存的程序文件加载到工程项目 PRJ2 中。加载好后,选择 Project→Build Target 项编译文件,直到显示文件编译成功;否则,返回编辑状态继续查找程序中的语法错误。程序编译通过后,将 51 系列单片机仿真实验板和 PC 机连接,并且要确保连接无误,用导线连接端口 P1.0 与 LED 灯,P3.2 和按钮 S1。打开工程设置对话框,选择 Debug 选项卡,对右侧的硬件仿真功能

进行设置。再次选择 Project→Build Targe 项链接装载目标文件,选择 Debug→Start/Stop Debug Session 项或按 Ctrl+F5 组合键即可进入调试界面,如图 2.13 所示。

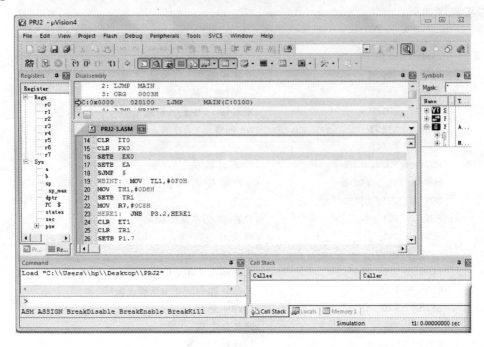

图 2.13 航标灯控制的 Keil 软件调试界面

进入调试界面后,单击 Debug-Run(连续运行)按钮,观察 LED 灯亮的情况。经仿真后程序无误就可以把程序下载到单片机芯片中。正确连接编程器并把 AT89C51 芯片插好,根据选用的编程器型号运行相应的软件,并将编译生成的 *.HEX 文件下载到芯片。将写完程序的单片机芯片正确地安装到焊好的硬件电路中,给电路板通电,观察灯亮的情况是否符合实际情况。

2.3.5 情景讨论与扩展

如果光敏管坏了,这个航标灯还能正常工作吗? 应该采取什么样的措施来保证航标灯的安全?

项目 3　双机通信

一个单片机的功能是有限的,将数个单片机按照特定的组织规律连接在一起可以实现功能更强的系统。本项目从两个单片机之间的串行通信入手,实现将指定的一组数据从一个单片机内存传入到另一个单片机的内存中,原来只是将数据在本单片机内存中传送,而现在可以将数据在不同的计算机中传送,这是一个重要的进步。两个单片机系统串行数据传送,这如何实现? 在数据处理和过程控制应用领域,通常需要一台 PC 机,由它来管理一台或若干台以单片机为核心的智能测量控制仪表,这就需要将单片机与 PC 机连接起来。怎样连接? 这就是本项目——双机通信。项目中安排了单片机与单片机的通信、单片机与 PC 机的通信两个不同的学习情景,并为每个情景配置了相应的知识点。

【知识目标】

1. 理解串行通信与并行通信两种方式。
2. 理解 AT89C51 串行通信的接口电路。
3. 理解 AT89C51 单片机串行口的工作方式。
4. 掌握 AT89C51 串行口的使用方法。
5. 理解双机通信的设计方法。
6. 理解单片机与 PC 机的通信的设计。

【能力目标】

通过单片机与单片机之间的通信以及单片机与 PC 机之间的通信设计、仿真、制作,让学生认识单片机串行口的使用方法,学生学做结合,培养学生的创新能力、实际动手操作能力以及团队合作能力。

3.1　单片机与单片机的通信

3.1.1　情景任务

本情景要求用两片单片机完成以下任务:

① 开关 K1～K8 作为甲单片机输入端"发送"数据,乙单片机"接收"数据并输出给 8 个 LED 发光二极管。

② 开关 W1～W8 作为乙单片机输入端"发送"数据,甲单片机"接收"数据并输出给另外 8 个 LED 发光二极管。

3.1.2　相关知识

知识链接 1　AT89C51 单片机串行口概述

1. 通信方式

计算机的 CPU 与外部设备之间、计算机与计算机之间的信息交换称为数据通信。基本的数据通信方式有两种,即并行通信和串行通信。

(1) 并行通信

并行通信是指数据的各位同时进行传送(发送或接收)的通信方式。当CPU与外设采用并行通信方式进行通信时,需要通过并行口来实现。AT89C51单片机内部的P0口、P1口、P2口和P3口就是并行口。例如,P1口作为输出口时,CPU执行"MOV P1,♯01H"指令后,数据00000001就会通过引脚P1.7~P1.0并行地同时输出给外设;而当P1口作为输入口时,CPU执行"MOV A,P1"指令后,外设的数据将会通过引脚P1.7~P1.0同时输入到A中。并行通信的优点是数据传送速度快,缺点是数据有多少位,就需要多少根传送线。图3.1(a)为并行通信的连接方法。

(2) 串行通信

串行通信是指数据的各位一位一位地按顺序传送的通信方式。当CPU与外设采用串行通信方式进行通信时,需要通过串行口来实现。AT89C51单片机内部有一个串行口,可与外设的串行数据进行通信。串行通信的优点是数据传送线少(最少只需一根,利用电话线就可作为传送线),因此传输成本低,特别适用于远距离通信;串行通信的缺点是传送速度慢,如果并行传送 N 位数据需要的时间为 T,则串行传送 N 位数据的时间至少是 NT,而实际上总是大于 NT。图3.1(b)为串行通信的连接方法。

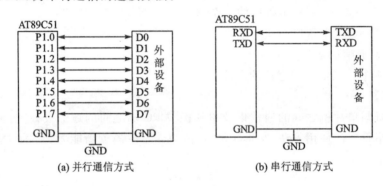

(a) 并行通信方式   (b) 串行通信方式

图3.1 两种基本通信方式

2. 传送制式

(1) 串行通信中数据的传输方式

串行通信中数据的传输方式有单工、半双工和全双工传输方式。

单工传输方式:数据只能单方向地从一端向另一端传送,即通信双方中一方固定为发送端,另一方则固定为接收端,信息只能沿着一个方向传输。单工方式的串行通信,只需要一根数据线。

半双工传输方式:允许数据向两个方向中的任一方向传送,但每次只允许向一个方向传送。不能同时实现双向传输,只能交替地接收或发送,因此半双工方式既可以使用一根数据线,也可以使用两根数据线。

全双工传输方式:允许数据同时双向传送。通信双方中任何一方可以同时发送和接收数据。全双工方式使用两根相互独立的数据线,通信效率最高,适用于计算机之间的通信。

(2) 串行通信的两种基本通信方式

按照串行数据的时钟控制方式,串行通信有两种基本通信方式,即同步通信方式和异步通信方式。

1）同步通信

在同步通信中,发送器和接收器由同一个时钟控制。同步传送时,字符与字符之间没有间隙,也不使用起始位和停止位,只在要传送的数据块开始传送前,用同步字符 SYNC 来指示,其数据格式如图3.2所示。

同步传送的优点是可以提高传送速率,通常可达 56 kb/s 或更高,缺点是要求发送时钟和接收时钟必须保持严格同步,硬件比较复杂。由于 AT89C51 单片机中没有同步串行通信的方式,所以这里不详细介绍。

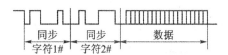

图 3.2　同步通信字符帧格式

2）异步通信

在异步通信中,发送器和接收器均有各自的时钟控制。数据通常是以字符为单位组成字符帧传送的。字符帧由发送端一帧一帧地发送,每一帧数据均是低位在前,高位在后,通过传输线被接收端一帧一帧地接收。发送端和接收端可以由各自独立的时钟来控制数据的发送和接收,这两个时钟彼此独立,互不同步。在异步通信中,接收端是依靠字符帧格式来判断发送端是何时开始发送以及何时结束发送的。字符帧格式是异步通信的一个重要指标。

字符帧也叫数据帧,在帧格式中,一个字符由 4 个部分组成:起始位、数据位、奇偶校验位和停止位。每一串行帧的数据格式如图3.3所示。

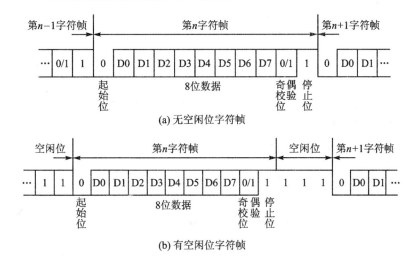

图 3.3　异步通信字符帧格式

起始位:位于字符帧开关,只占一位,为逻辑 0 低电平,用于向接收设备表示发送端开始发送一帧信息。

数据位:紧跟起始位之后,用户根据情况可取 5 位、6 位、7 位或 8 位,低位在前,高位在后。

奇偶校验位:位于数据位之后,仅占一位,用来表征串行通信中采用奇校验还是偶校验,由用户决定。

停止位:位于字符帧最后,为逻辑 1 高电平,通常可取 1 位、1.5 位或 2 位,用于向接收端表示一帧字符信息已经发送完,也为发送下一帧做准备。

在串行通信中,两相邻字符帧之间可以没有空闲位,也可以有若干空闲位,这由用户来决定,图3.3(b)为有3个空闲位的字符帧格式,即首先是一个起始位"0",然后是数据位(规定低位在前,高位在后),接下来是奇偶校验位(可省略),最后是停止位"1"。

3. 波特率

在串行通信中,数据是按位进行传送的,每秒传送二进制数的位数就是波特率。单位是位/秒,用 b/s 表示。例如,某串行通信系统的波特率为 9 600 b/s,也就是说,该串行通信系统每秒能够传送 9 600 个二进制位。如果每个字符格式包含 10 个代码位(1 个起始位、1 个停止位和 8 个数据位),则该串行通信系统每秒可传送 960 个字符。

注意：波特率是串行通信的重要指标,用于表征数据传输速度。波特率越高,说明数据的传输速度越快。异步传送方式的波特率一般为 50~9 600 b/s,同步传送方式的波特率可达 56 kb/s,或更高。

知识链接2　AT89C51 串行口

AT89C51 单片机内有一个可编程的全双工异步串行通信接口,它通过数据接收引脚 RXD(P3.0)和数据发送引脚 TXD(P3.1)与外设进行串行通信,可以同时发送和接收数据。这个串行口既可以实现异步通信,也可以用于网络通信,还可以作为移位寄存器使用。

1. 工作原理

AT89C51 单片机串行口由串行控制器电路、发送电路、接收电路三部分组成。其结构如图3.4 所示。接收、发送缓冲器 SBUF 是物理上完全独立的两个 8 位缓冲器,发送缓冲器只能写入,不能读出;接收缓冲器只能读出,不能写入。两个缓冲器占用同一个地址(99H)。

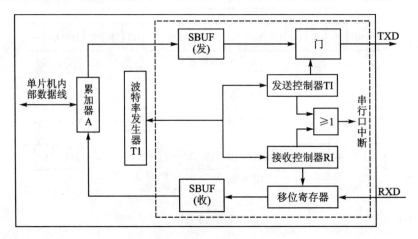

图3.4　串行接口的结构原理示意图

(1) 发送电路

串行口的发送电路包括发送缓冲器 SBUF、发送控制器和输出门电路等。在发送时,CPU 只需执行一条以 SBUF 为目的操作数的指令(如"MOV SBUF,A")就可以将欲发送的字符写入发送缓冲器 SBUF 中,然后发送控制器自动在发送字符的前、后添加起始位和停止位,并在发送脉冲控制下通过输出门电路一位一位地向 TXD 线上串行发送一帧字符。当一帧字符发送完后,发送控制器使标志位 TI 置 1,以便通知 CPU 可以准备发送下一帧字符。

(2) 接收电路

串行口的接收电路包括接收缓冲器 SBUF、接收控制器和输入移位寄存器等。接收控制器会在接收脉冲的作用下,不断对 RXD 线进行检测,当确认 RDX 线上出现了起始位后,就连续接收一帧字符并自动去掉起始位,同时把有效字符逐位送到输入寄存器中,最后再由输入移位寄存器将数据送入接收缓冲器 SBUF 中。与此同时,接收控制器使标志位 RI 置 1,以便通知 CPU 可以获取数据。CPU 可以通过"MOV A,SBUF"指令把接收到的字符送入累加器 A 中。与此同时,接收端口接收下一帧数据。

2. 串行口控制字

与串行通信有关的控制寄存器有串行控制寄存器 SCON、电源控制寄存器 PCON 及中断允许寄存器 IE 等。

(1) 串行控制寄存器 SCON

SCON 寄存器的字节地址为 98H,可位寻址,位地址为 98H～9FH。SCON 用于设定串行接口工作方式、接收发送控制及设置状态标志。SCON 的字节地址为 98H,其格式如表 3.1 所列。

表 3.1　SCON 寄存器

D7	D6	D5	D4	D3	D2	D1	D0
SM0	SM1	SM2	REN	TB8	RB8	TI	RI
9F	9E	9D	9C	9B	9A	99	98

SCON 中的各位含义如下:

① SM0、SM1 为串行口的工作方式选择位。其功能见表 3.2。

表 3.2　串行口工作方式

SM0	SM1	工作方式	功能说明	波特率
0	0	0	移位寄存器方式(同步半双工)	$f_{osc}/12$
0	1	1	10 位异步收发方式(UART)	由 T1 控制
1	0	2	11 位异步收发方式(UART)	$f_{osc}/32$ 或 $f_{osc}/64$
1	1	3	11 位异步收发方式(UART)	由 T1 控制

注:12,32,64 是波特率因子,表示传送一个数据位所需脉冲个数,单位为个/位。

② SM2 为多机通信控制位。在方式 2 或方式 3 中,如果 SM2=1,则接收到的第 9 位数据(RB8)为 0 时不激活 RI,接收到的数据丢失;只有当收到的第 9 位数据(RB8)为 1 时才激活 RI,向 CPU 申请中断。如果 SM2=0,则不论收到的第 9 位数据(RB8)为 1 还是为 0,都会将接收的前 8 位数据装入 SBUF 中。在方式 1 时,如果 SM2=1,则只有收到有效的停止位时才会激活 RI;若没有接收到有效的停止位,则 RI 清零。在方式 0 中,SM2 必须为 0。

③ REN 允许串行接收控制位。当软件置位时允许接收,当软件清零时禁止接收。

④ TB8 为发送数据位。在方式 2 和方式 3 时,为要发送的第 9 位数据。根据需要由软件置位和复位。在多机通信时,TB8 的状态用来表示主机发送的是地址还是数据,通常协议规定,"0"表示数据,"1"表示地址。

⑤ RB8 为接收数据位。在方式 2 和方式 3 时,为接收到的第 9 位数据。RB8 和 SM2、TB8 一起,常用于通信控制。在方式 1 时,如果 SM2=0,则 RB8 接收到的是停止位。在方式 0 时,不使用 RB8。

⑥ TI为发送完成标志位。由片内硬件在方式0串行发送第8位结束时置位,或在其他方式串行发送停止位的开始时置位。必须由软件清零。

例3-1 当SBUF发送完一个完整的数据帧时,TI=1。如果串口中断是开放的,则TI=1时会自动引发中断。用户可以通过中断服务程序向SBUF发送下一个要发送的数据。

```
MOV  SBUF,A
```

也可以使用查询的方式对TI进行检测,如果TI=1则执行"MOV SBUF,A"指令,否则等待。

⑦ RI为接收完成标志。由片内硬件在方式0串行接收到第8位结束时置位,或在其他方式串行接收到停止位的中间时置位。必须由软件清零。

例3-2 当SBUF从RXD接收完一个完整的数据帧时,RI=1。如果串口中断是开放的,则RI=1时会自动引发中断。用户可以通过中断服务程序将SBUF中的数据取出,送累加器A。

```
MOV  A,SBUF
```

也可以使用查询的方式对RI进行检测,如果RI=1则执行"MOV A,SBUF"指令,否则等待。

图3.5是采用查询方式进行数据发送和接收的流程图。

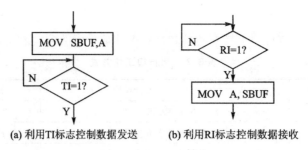

(a) 利用TI标志控制数据发送　　(b) 利用RI标志控制数据接收

图3.5　采用查询方式进行数据发送和接收流程图

注意:单片机复位时,SCON的所有位都被清0;接收/发送数据无论是否采用中断方式工作,每接收/发送一个数据都必须用指令对RI/TI清0,以备下一次接收/发送。

(2) 电源控制寄存器PCON

电源控制寄存器PCON能够进行电源控制,其D7位SMOD是串行口波特率设置位。寄存器PCON的字节地址为87H,没有位寻址功能。PCON与串行通信有关的格式如表3.3所列。

表3.3　PCON寄存器

D7	D6	D5	D4	D3	D2	D1	D0
SMOD	—	—	—	CF1	CF0	PD	IDL

PCON寄存器的D7位为SMOD,称为波特率倍增位。当SMOD=1时,波特率加倍;当SMOD=0时,波特率不加倍。

通过软件可设置SMOD=0或SMOD=1。因为PCON无位寻址功能,所以,要想改变SMOD的值,可通过执行以下指令来完成:

```
ANL    PCON,#7FH                    ;使 SMOD=0
ORL    PCON,#80H                    ;使 SMOD=1
```

注意：单片机复位时，SMOD 位被清 0。

CF1 和 CF0 是通用标志位，可由指令置 1 或清 0。

PD 是掉电方式控制位，PD＝1 时进入掉电方式，单片机停止一切工作，只有硬件复位可以恢复工作。

IDL＝1 时进入待机方式，可以由中断唤醒。

（3）中断允许控制寄存器 IE

IE 寄存器控制中断系统各中断的允许与否。其中与串行通信有关的位有 EA 和 ES 位，当 EA＝1 且 ES＝1 时，串行中断允许。关于中断允许控制寄存器 IE 各位的含义详见项目 2 的知识链接，此处不再赘述。

3. 工作方式

串行接口的工作方式有四种，由 SCON 中的 SM0 和 SM1 来定义。在这四种工作方式中，异步串行通信只使用方式 1、方式 2、方式 3。方式 0 是同步半双工通信，经常用于扩展并行输入/输出口。

（1）方式 0

串行口工作于方式 0 下，串行口为 8 位同步移位寄存器输入/输出口，其波特率固定为 $f_{osc}/12$。数据由 RXD(P3.0)端输入或输出，同步移位脉冲由 TXD(P3.1)端输出，发送、接收的是 8 位数据，不设起始位和停止位，低位在先，高位在后。其帧格式如图 3.6 所示。

① 发送。SBUF 中的串行数据由 RXD 逐位移出；TXD 输出移位时钟，频率＝$f_{osc}/12$；每送出 8 位数据，TI 就自动置 1；需要用软件清 0 TI。

方式 0 的发送与串入并出移位寄存器（如 74LS164、CD4094 等）一起使用扩展并行输出口。

···	D0	D1	D2	D3	D4	D5	D6	D7	···

图 3.6　方式 0 数据帧格式

② 接收。串行数据由 RXD 逐位移入 SBUF 中；TXD 输出移位时钟，频率＝$f_{osc}/12$；每接收 8 位数据，RI 就自动置 1；需要用软件清 0 RI。

方式 0 的接收与并入串出移位寄存器（如 74LS165、CD4014 等）一起使用扩展并行输入接口。

注意：在方式 0 中，TB8 位没有用，SM2 位（多机通信控制位）必须为 0；复位时，SCON 已经被清 0，默认值为方式 0；接收前，务必先置位 REN＝1，允许接收数据。

③ 方式 0 的波特率。

$$波特率＝f_{osc}/12$$

方式 0 工作时，多用查询方式编程。

发送时程序如下：

```
MOV    SBUF,A
JNB    TI,$
CLR    TI
```

接收时程序如下：

```
JNB    RI,$
```

```
CLR     RI
MOV     A,SBUF
```

（2）方式 1

方式 1 是 10 位为一帧的全双工异步串行通信方式,包括 1 个起始位、8 个数据位(低位在先)和 1 个停止位。TXD 为发送端,RXD 为接收端,波特率可变。其数据帧格式为图 3.7 所示。

① 发送。串行口在方式 1 下进行发送时,数据由 TXD 端输出,CPU 执行一条写入 SBUF 的指令就会启动串行口发送,发送完一帧数据信息时,发送中断标志 TI 置 1;需要用软件清零 TI。

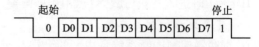

图 3.7　方式 1 的数据帧格式

② 接收。接收数据时,SCON 应处于允许接收状态(REN=1)。接收数据有效时,装载 SBUF,停止位进入 RB8,RI 置 1。中断标志 RI 必须由软件清零。

注意： 方式 1 接收数据有效需同时满足：RI=0;SM2=0 或接收到的停止位为 1。

③ 方式 1 的波特率。使用定时器 T1 作为串行口方式 1 和方式 3 的波特率发生器,定时器 T1 常工作于方式 2,波特率计算公式如下：

$$波特率 = \frac{2^{SMOD}}{32} \times \frac{f_{osc}}{12 \times (256 - X)}$$

其中,X 是定时器的初值。

在实际应用中,一般是先按照所要求的通信波特率设定 SMOD,然后再算出定时器 T1 的时间常数。定时器 T1 的时间常数计算公式如下：

$$X = 2^8 - 2^{SMOD} \times f_{osc}/(12 \times 32 \times 波特率)$$

例 3-3　某 AT89C51 单片机控制系统,晶振频率为 12 MHz,要求串行口发送数据为 8 位,波特率为 1 200 b/s,编写串行口的初始化程序。

解　设 SMOD=1,则定时器 T1 的时间常数 X 的值为

$$X = 2^8 - 2^{SMOD} \times f_{osc}/(384 \times 波特率) =$$
$$256 - 2 \times 12 \times 10^6/(384 \times 1200) =$$
$$256 - 52.08 = 203.92 \approx 0CCH$$

串行口初始化程序如下：

```
MOV     SCON, #50H          ;串行口工作于方式 1
ORL     PCON, #80H          ;SMOD = 1
MOV     TMOD, #20H          ;T1 工作于方式 2,定时方式
MOV     TH1, #0CCH          ;设置时间常数初值
MOV     TL1, #0CCH
SETB    TR1                 ;启动 T1
```

执行上面的程序后,即可使串行口工作于方式 1,波特率为 1 200 b/s。

如果允许中断需设中断允许标志位;如果是接收数据,仍要先将 REN 置位 1。

通常为避免复杂定时器初值计算,将波特率和定时器 T1 初值的关系列成表,以便查询,表 3.4 表示常用波特率和定时器 T1 初值关系。

表 3.4　常用波特率和定时器 T1 初值关系表

波特率 方式 1、3	$f_{osc}=6\,\text{MHz}$			$f_{osc}=12\,\text{MHz}$			$f_{osc}=11.059\,\text{MHz}$		
	SMOD	T1 方式	初值	SMOD	T1 方式	初值	SMOD	T1 方式	初值
62.5k				1	2	FFH			
19.2k							1	2	FDH
9.6k							0	2	FDH
4.8k				1	2	F3H	0	2	FAH
2.4k	1	2	F3H	1	2	F3H	0	2	F4H
1.2k	1	2	E6H	0	2	E6H	0	2	E8H
600	1	2	CCH	0	2	CCH	0	2	D0H
300	0	2	CCH	0	2	98H	0	2	A0H
137.5	1	2	1DH	0	2	1DH	0	2	2EH
110	0	2	72H	0	1	FEEBH	0	1	FEFFH

（3）方式 2

串行口工作于方式 2，为波特率固定 11 位异步通信口；发送和接收的一帧信息由 11 位组成，即 1 位起始位、8 位数据位（低位在先）、1 位可编程位（第 9 位）和 1 位停止位；TXD 为发送端，RXD 为接收端。发送时可编程位（TB8）根据需要设置为"0"或"1"（TB8 既可作为多机通信中的地址数据标志位又可作为数据的奇偶校验位）；接收时，可编程位的信息被送入 SCON 的 RB8 中。其数据帧格式如图 3.8 所示。

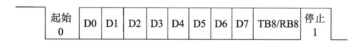

图 3.8　方式 2 数据帧格式

① 发送。在方式 2 发送时，数据由 TXD 端输出，附加的第 9 位数据为 SCON 中的 TB8，CPU 执行一条写 SBUF 的指令后，便立即启动发送器发送，送完一帧信息后，TI 被置 1。在发送下一帧信息之前，TI 必须由中断服务程序（或查询程序）清零。

② 接收。当 REN＝1 时，允许串行口接收数据。数据由 RXD 端输入，接收 11 位信息。接收数据有效，8 位数据装入 SBUF，第 9 位数据装入 RB8，并置 RI 为 1。

③ 方式 2 的波特率。

$$波特率＝(2^{\text{SMOD}}/64)\times f_{osc}$$

（4）方式 3

串行口工作于方式 3，为波特率可变的 11 位异步通信方式，除了波特率外，方式 3 和方式 2 相同。方式 3 的波特率和方式 1 的波特率计算方法相同。

巩固与提高

一、填空题

1. 异步串行数据通信的帧格式由 _____ 位、_____ 位、_____ 位和 _____ 位组成。

2. 异步串行数据通信有_____、_____ 和_____ 共三种传送方向形式。

3. 单片机复位后,SBUF 的内容为_____。

4. 单片机串行接口有 4 种工作方式,这可在初始化程序中用软件填写_____ 特殊功能寄存器加以选择。

5. 使用定时器 T1 设备作为串行通信的波特率发生器时,应把定时器 T1 设定为工作模式_____。

6. 要串口为 10 位 UART,工作方式应选为_____。

7. 在串行通信中,收、发双方对波特率的设定应该是_____。

8. 要启动串行口发送一个字符只需执行一条_____指令。

9. 在多机通信中,主机发送从机地址呼叫从机时,其 TB8 位为_____;各从机此前必须将其 SCON 中的 REN 位和_____位设置为 1。

二、选择题

1. 串行通信传送速率的单位是波特,而波特的单位是( )。
    (A) 字节/秒   (B) 位/秒   (C) 帧/秒   (D) 字符/秒

2. 在单片机的串行通信方式中,帧格式为 1 位起始位、8 位数据位和 1 位停止位的异步串行通信方式是( )。
    (A) 方式 0   (B) 方式 1   (C) 方式 2   (D) 方式 3

3. 控制串行接口工作方式的寄存器是( )。
    (A) TCON   (B) PCON   (C) SCON   (D) TMOD

三、判断并改正。(下列命题你认为正确的在括号内打"√",错误的打"×",并说明理由。)

1. 要进行多机通信,单片机串行接口的工作方式应选为方式 1。( )

2. 单片机上电复位时,SBUF=0FH。( )

3. 单片机的串行接口是全双工的。( )

4. 异步通信方式比同步通信方式传送数据的速度快。( )

5. 在串行通信中,收、发双方的波特率可以不一样。( )

四、简答题

1. 串行通信和并行通信相比各自有何特点?

2. 简述串行接口接收和发送数据的过程。

3. 单片机串行口有几种工作方式? 有几种帧格式? 各工作方式的波特率如何确定?

4. 单片机中 SCON 的 SM2、TB8、RB8 有何作用?

5. 为何 T1 用作串行口波特率发生器时常用模式 2? 若 $f_{osc}=6$ MHz,试求出 T1 在模式 2 下可能产生的波特率的变化范围。

五、编程题

1. 单片机以方式 2 进行串行通信,假定波特率为 1 200,要做奇偶校验,以中断方式发送,请编写程序。

2. 设计一个单片机的双机通信系统,并编写通信程序。将甲机外部 RAM 1000H～103FH 存储区的数据块通过串行口传送到乙机外部 RAM 1000H～103FH 存储区中去。

3.1.3　情景设计

1. 硬件设计

两片单片机都承担"发送"和"接收"任务。将开关 K1～K8、W1～W8 按顺序与各自的 P1 口连接,用来从 P1 口输入 8 位二进制数,将 LED 发光二极管按顺序与各自的 P0 口连接,用来显示从串行口接收的数据。

注意:发送方的 TXD 接到接收端的 RXD,而接收端的 TXD 连接到发送端的 RXD 端,双方的 GND 线相连。

由上述分析可得,两片 AT89C51 串行通信的硬件电路原理图如图 3.9 所示。

图 3.9 中所用的材料清单,同学们可以根据项目 1 和项目 2 的准备方法,自己准备,在此不再赘述。

2. 软件流程

满足 3.1 节的软件程序流程如图 3.10 所示。

两片单片机通信是串行通信中最简单同时也是基本的通信方法,然而,即使是这样一个基于单向数据传送的通信也涉及许多的概念和方法。 例如,通信方式的初始化、联络信号的发送/接收以及数据的校验等,掌握好这样的程序设计也是实现更复杂通信过程的基础。

3. 软件实现

(1) 1 号机参考源程序

```
        ORG    0000H
        LJMP   START
        ORG    0100H
START:  MOV    TMOD,#20H       ;设定定时器 T1 为方式 2
        MOV    TL1,#0E8H       ;送定时初值,波特率为 1200 Hz
        MOV    TH1,#0E8H
        MOV    PCON,#00H       ;PCON 中的 SMOD = 0
        SETB   TR1             ;启动定时器 T1
LOOP1:  MOV    SCON,#50H       ;设定串行口为方式 1,允许接收
        MOV    P1,#0FFH
        MOV    A,P1            ;从 P1 口输入数据
        MOV    SBUF,A          ;数据送 SBUF 发送
LOOP2:  JNB    TI,LOOP2        ;判断数据是否发送完毕?
        CLR    TI              ;发送完一帧后清发送标志
LOOP3:  JNB    RI,LOOP3        ;判断是否接收到数据?
        CLR    RI              ;接收到数据后清接收标志
        MOV    A,SBUF          ;数据送累加器 A
        MOV    P0,A            ;从 P0 口输出
        SJMP   LOOP1           ;返回继续
        END
```

主程序开始首先设置串口的工作方式以及设置定时器的工作方式,并可中断。然后预置时间常数并选择通信波特率,接着启动定时器,开始取出要发送的数据并发送即可。

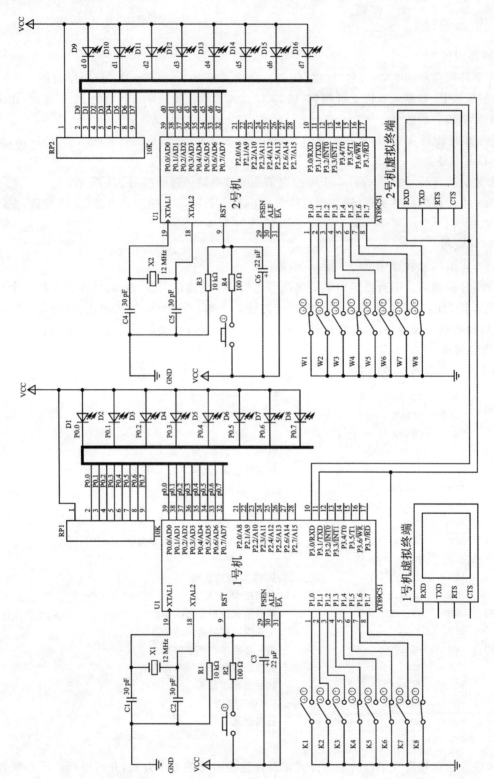

图 3.9 单片机双机通信硬件原理图

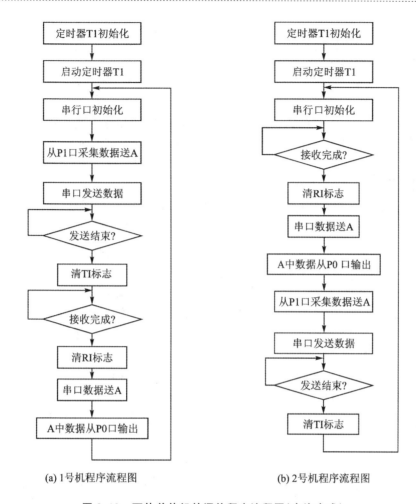

(a) 1号机程序流程图   (b) 2号机程序流程图

图 3.10 两片单片机的通信程序流程图(查询方式)

(2) 2 号机参考源程序

```
        ORG     0000H
        LJMP    START
        ORG     0100H
START:  MOV     TMOD,#20H        ;选定 T1 为模式 2(自动重装)
        MOV     TL1,#0E8H        ;设定初值,波特率为 1200 Hz
        MOV     TH1,#0E8H        ;同上
        MOV     PCON,#00H        ;PCON 的 SMOD = 0
        SETB    TR1              ;启动 T1 定时器
LOOP1:  MOV     SCON,#50H        ;设定串行口为方式 1(允许接收)
LOOP2:  JNB     RI,LOOP2         ;判断是否接收到数据?
        CLR     RI               ;接收到数据后清接收标志
        MOV     A,SBUF           ;数据送累加器 A
        MOV     P0,A             ;从 P0 口输出
        MOV     P1,#0FFH
        MOV     A,P1             ;从 P1 口输入数据
```

```
        MOV     SBUF,A          ;数据送 SBUF 发送
LOOP3:  JNB     TI,LOOP3        ;判断数据是否发送完毕？
        CLR     TI              ;发送完一帧后清发送标志
        SJMP    LOOP1           ;返回继续
        END
```

主程序开始首先设置串口的工作方式以及设置定时器的工作方式，并开中断；然后，预置时间常数并选择通信波特率；接着，启动定时器，开始接收数据并送 P0 口，显示至结束即可。

3.1.4　仿真与调试过程

在 C 盘下新建文件夹 PRJ3，表示第 3 个项目。打开 Keil 软件环境，依次新建两个文件，并根据要求输入 1 号机和 2 号机的参考程序源文件，分别保存文件名为 PRJ3-11. ASM 和 PRJ3-12. ASM。新建工程 PRJ3，并且也保存在文件夹 PRJ3 中。将已编写并保存的两个程序文件 PRJ3-11. ASM 和 PRJ3-12. ASM 加载到工程项目 PRJ3 中。加载好后，选择 Project→Build Target 项编译文件，直到显示文件编译成功；否则，返回编辑状态继续查找程序中的错误。程序编译通过后，将 51 系列单片机仿真实验板和 PC 机连接，并且要确保连接无误。打开工程设置对话框，选择 Debug 标签页，对右侧的硬件仿真功能进行设置。选择 Project→Build Target 项链接装载目标文件，用通信线将 1 号机 AT89C51 串行口交叉（TXD↔RXD）连到 2 号机 AT89C51 串行口，两台实验机必须共地，在两台 Dais 实验系统处于"P."状态下，按"0→F1→4→F2→0→EV/UN"。再次选择 Project→Build Target 项链接装载目标文件，选择 Debug→Start/Stop Debug Session 项或按 Ctrl＋F5 组合键即可进入调试界面，如图 3.11 所示。

进入调试界面后，单击 Debug-Run（连续运行）按钮，当 1 号机按下按钮时，观察 2 号机上对应的 LED 灯是否亮，然后反过来按 2 号机的按钮，观察 1 号机对应的 LED 灯是否亮。经仿真后程序无误就可以把程序分别下载到 1 号和 2 号单片机芯片中。正确连接编程器并把 AT89C51 芯片插好，根据选用的编程器型号运行相应的软件，并将编译生成的 *.HEX 文件下载到芯片。将写完程序的单片机芯片正确地安装到焊好的硬件电路中，给电路板通电，观察数据传送的情况。

3.1.5　情景讨论与扩展

1. 上述任务是以查询方式编程的，若用中断方式应如何编程？
2. 多个单片机之间如何进行串行通信？

设有一个多机分布式系统，1 个主机，n 个从机，系统如图 3.12 所示。主机的 RXD 端与所有从机的 TXD 端相连，主机的 TXD 端与所有从机的 RXD 端相连（为增大通信距离，各机之间还要配接 RS-232C 或 RS-485 标准接口）。

多机通信原理，在多机通信中为了保证主机与所选择的从机实现可靠的通信，必须保证通信接口具有识别功能，可以通过控制单片机的串行口控制寄存器 SCON 中的 SM2 位来实现多机通信的功能，其原理简述如下：利用单片机串行口方式 2 或方式 3 及串行口控制寄存器 SCON 中的 SM2 和 RB8 的配合可完成主从式多机通信。串行口以方式 2 或方式 3 接收时，若 SM2 为 1，则仅当从机接收到的第 9 位数据（在 RB8 中）为 1 时，数据装入接收缓冲器

图 3.11　两片单片机的串行通信的 Keil 软件调试界面

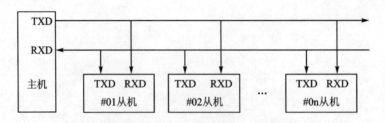

图 3.12　AT89C51 主从式多机通信系统

SBUF,并置 RI＝1 向 CPU 申请中断;如果接收到第 9 位数据为 0,则不置位中断标志 RI,信息将丢失。而 SM2 为 0 时,则接收到一个数据字节后,不管第 9 位数据是 1 还是 0,都产生中断标志 RI,接收到的数据装入 SBUF。应用这个特点,便可实现多个单片机之间的串行通信。

多个单片机通信过程可约定如下:

① 所有从机串行口初始化为工作方式 2 或方式 3,SM2 置位,串行中断允许。各从机均有编址。

② 主机首先发送一帧地址信息,其中包括 8 位地址,第 9 位为地址置位,表示发送的为地址。

③ 所有从机均接收主机发送的地址,并进入各自中断服务程序,与各自的地址进行比较。

④ 被寻址的从机确认后,把自身 SM2 清零,并向主机返回地址供主机核对。对于地址不符的从机,仍保持 SM2＝1 状态。

⑤ 主机核对地址无误后,再向被寻址的从机发送命令,命令从机是进行数据接收还是数据发送,第 9 位清零。

⑥ 主从机之间进行数据传送,其他从机检测到主机发送的是数据而非地址,则不予理睬,直到接收主机发送新的地址后。

⑦ 数据传输完毕后,从机将 SM2 重新置位。

⑧ 重复②~⑦过程。

请讨论分析:在多机通信中 TB8/RB8、SM2 各起什么作用?

3.2　单片机与 PC 机的通信

3.2.1　情景任务

将 PC 机键盘的输入发送给单片机,单片机收到 PC 机发来的数据后,回送一数据给 PC 机,并在屏幕上显示出来,具体要求如下:

① PC 机与单片机通信正常,屏幕上显示的字符与所键入的字符相同。

② 通信协议:波特率 2 400 b/s;信息格式为 8 个数据位,1 个停止位,无奇偶校验位。

3.2.2　相关知识

知识链接 1　串行通信接口

串行接口电路的种类和型号很多,能够完成异步通信的硬件电路称为 UART,即通用异步接收器/发送器(Uninersal Asychronous Receiver/Transmitter);能够完成同步通信的硬件电路称为 USRT(Uninersal Sychronous Receiver/Transmitter);既能够完成异步又能完成同步通信的硬件电路称为 USART(Uninersal Sychronous Asychronous Receiver/Transmitter)。从本质上说,所有的串行接口电路都是以并行数据形式与 CPU 接口,以串行数据形式与外部逻辑接口的。它们的基本功能都是从外部逻辑接收串行数据,转换成并行数据后传送给 CPU;或从 CPU 接收并行数据,转换成串行数据后输出到外部逻辑。

在单片机应用系统中,数据通信主要采用异步串行通信。在设计通信接口时,必须根据需要选择标准接口,并考虑传输介质、电平转换等问题。采用标准接口后,能够方便地把单片机和外设、测量仪器等有机地连接起来,从而构成一个测控系统。例如,当需要单片机和 PC 机通信时,通常采用 RS-232 接口进行电平转换。

异步串行通信接口主要有三类:RS-232C 接口,RS-449、RS-422 和 RS-485 接口,以及 20 mA 电流环。

1. RS-232C 接口

RS-232C 是使用最早、应用最多的一种异步串行通信总线标准。它是美国电子工业协会(EIA)1962 年公布,1969 年最后修订而成的。其中,RS 表示 Recommended Standard,232 是该标准的标识号,C 表示最后一次修订。

RS-232C 主要用来定义计算机系统的一些数据终端设备(DTE)和数据电路设备(DCE)之间的电气性能。例如打印机与 CPU 的通信大都采用 RS-232C 接口,MCS-51 单片机与 PC 机的通信也采用这种类型的接口。由于 NCS-51 系列单片机本身有一个全双工的串行接口,因此该系统单片机使用 RS-232C 串行接口总线非常方便。

RS-232C 串行接口总线的适用条件:设备之间的通信距离不大于 15 m,传输速率最大为 20 kb/s。

(1) RS-232C 信息格式标准

RS-232C 采用串行格式,如图 3.13 所示。该标准规定:信息的开始为起始位,信息的结束为停止位;信息本身可以是 5、6、7、8 位再加一位奇偶校验位。如果两个信息之间无信息,则写"1",表示空。

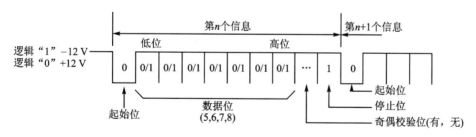

图 3.13　RS-232C 信息格式

(2) RS-232C 电平转换器

RS-232C 规定了自己的电气标准,因为它是在 TTL 电路之前研制的,所以它的电平不是+5 V 和地,而是采用负逻辑,即逻辑 0(+5～+15 V)、逻辑 1(-5～-15 V)。因此,RS-232C 不能和 TTL 电平直接相连,使用时必须进行电平转换,否则会把 TTL 电路烧坏,实际应用时必须注意! 常用的电平转换集成电路是传输线驱动器 NC1488 和传输线接收器 MC1489。

MC1488 内部有三个与非门和一个反相器,供电电压为 ±12 V,输入为 TTL 电平,输出为 RS‑232C 电平。

MC1489 内部有 4 个反相器,供电电压为±5 V,输入为 RS‑232C 电平,输出为 TTL 电平。

另一种常用的电平转换电路是 MAX232,图 3.14 为 MAX232 的引脚图。

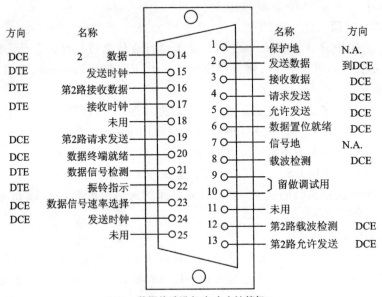

图 3.14　MAX232 的引脚图

(3) RS‑232C 总线规定

RS‑232C 标准总线为 25 根,采用标准的 D 型 25 芯插头座(或者 9 芯插头座),25 芯和 9 芯的主要信号线相同。以 25 芯的 RS‑232C 为例,各引脚的排列如图 3.15 所示。

方向	名称			名称	方向
DCE	2 数据	14	1	保护地	N.A.
DTE	发送时钟	15	2	发送数据	到DCE
DTE	第2路接收数据	16	3	接收数据	DCE
DTE	接收时钟	17	4	请求发送	DCE
	未用	18	5	允许发送	DCE
DCE	第2路请求发送	19	6	数据置位就绪	DCE
DCE	数据终端就绪	20	7	信号地	N.A.
DTE	数据信号检测	21	8	载波检测	DCE
DTE	振铃指示	22	9	留做调试用	
DCE	数据信号速率选择	23	10		
DCE	发送时钟	24	11	未用	
	未用	25	12	第2路载波检测	DCE
			13	第2路允许发送	DCE

DTE—数据终端设备(如个人计算机);
DCE—数据电路终接设备(如调制解调器)

图 3.15　RS‑232C 引脚图

在最简单的全双工系统中,仅用发送数据、接收数据和信号地三根线即可。对于 MCS‑51 单片机,利用其 RXD(串行数据接收端)线、TXD(串行数据发送端)线和一根地线,就可以构成符合 RS‑232C 接口标准的全双工通信接口。

2. RS‑449、RS‑422 和 RS‑485 接口

RS‑232C 虽然应用广泛,但因为推出较早,所以在现代通信系统中应用时存在以下缺点:数据传输速率慢,传输距离短,未规定标准的连接器,接口处各信号间易产生串扰。鉴于此,EIA 制定了新的标准 RS‑449,该标准除了与 RS‑232C 兼容外,在提高传输速率、增加传输距离、改善电气性能等方面有了很大改进。

(1) RS‑449 接口

RS‑449 是 1977 年公布的标准接口,在很多方面可以代替 RS‑232C 使用。RS‑449 与 RS‑232C 的主要差别在于信号在导线上的传输方法不同:RS‑232C 是利用传输信号与公共地的电压差,RS‑449 是利用信号导线之间的信号电压差,在 1219.2 m 的 24-AWG 双绞线上进行数字通信的。RS-449 规定了两种接口标准连接器,一种为 37 脚,一种为 9 脚。

RS-449 可以不使用调制解调器,它比 RS-232C 传输速率高,通信距离长,且因为 RS-449 系统利用平衡信号差传输高速信号,所以噪声低,又可以多点通信或者使用公共线通信,故 RS-449 通信电缆可与多个设备并联。

（2）RS-422A、RS-423A 接口

RS-422A 文本给出了 RS-449 中对于通信电缆、驱动器和接收器的要求,规定双端电气接口形式,其标准是双端线传送信号。它通过传输线驱动器,将逻辑电平变换成电位差,完成任务发送端的信息传递;通过传输线接收器,把电位差变换成逻辑电平,完成接收端的信息接收。RS-422A 比 RS-232C 传输距离长、速度快,传输速率最大可达 10 Mb/s。在此速率下,电缆的允许长度为 12 m。如果采用低速率传输,最大距离可达 1 200 m。

RS-422A 和 TTL 进行电平转换最常用的芯片是传输线驱动器 SN75174 和传输线接收器 SN75175,这两种芯片的设计都符合 EIA 标准 RS-422A,均采用+5 V 电源供电。

RS-422A 的接口电路如图 3.16 所示,发送器 SN75174 将 TTL 电平转换为标准的 RS-422A 电平;接收器 SN75175 将 RS-422A 接口信号转换为 TTL 电平。

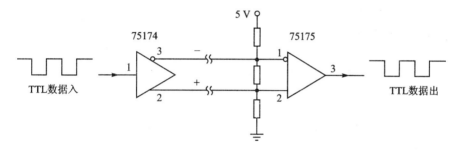

图 3.16　RS-422A 接口电平转换电路

RS-423A 和 RS-422A 文本一样,也给出了 RS-499 中对于通信电缆、驱动器和接收器的要求,但它给出的是不平衡信号差的规定,而 RS-422A 给出的是平衡信号差的规定。

RS-423A 和 TTL 之间也需要进行电平转换,常用的驱动器和接收器为 3691 和 26L32。其接口电路如图 3.17 所示。

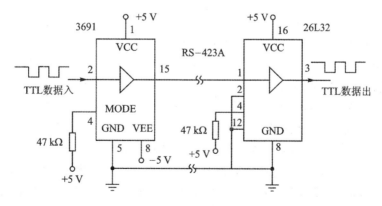

图 3.17　RS-423A 接口电平转换电路

(3) RS-485 接口

在许多工业过程控制中,往往要求用最少的信号线来完成通信任务。目前广泛应用的 RS-485 串行接口总线就是为适应这种需要应运而生的。它实际就是 RS-422A 总线的变型,RS-485 与 RS-422A 标准极为类似,也只有电气特性的定义。RS-485 利用平衡驱动、差分接收的方法,从根本上消除了信号地线,有很强的抗干扰能力,适用于高速、长距离的通信场合。在 RS-485 总线上,信号可以分为两种:地址或数据,使用时,可预先设定各通信站的地址号,各通信站的地址号不能相同,在通信时先传送地址,然后再进行命令与数据的双向传送。一般而言,在 RS-422A 的环境下,可以很容易以一个 RS-485 的元件设备来取代原先的 RS-422A 元件设备,二者不同之处在于:

① RS-422A 为全双工,而 RS-485 为半双工;

② RS-422A 采用两对平衡差分信号线,RS-485 只需其中的一对。

RS-485 更适合于多站互连,一个发送驱动器最多可连接 32 个负载设备。负载设备可以是被动发送器、接收器或组合收发器。电路结构是在平衡连接电缆两端有终端电阻,在平衡电缆上挂发送器、接收器或组合收发器。

图 3.18 为 RS-485 连接电路,在此电路中,某一时刻只能有一个站可以发送数据,而另一个站只能接收。因此,其发送电路必须由使能站加以控制。

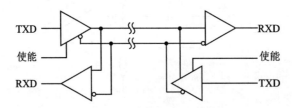

图 3.18　RS-485 总线的接口连接

RS-485 与 RS-422A 这两种标准最大的不同在于 RS-485 很少使用硬件控制,大部分都是采用软件协定的方式来完成数据交换的目的。在一个 RS-485 的通信环境中,每个独立的设备都有一个属于自己地址的 ID,以区分数据来源或去处。在一个 RS-485 的网络中,用一对线便可连接多达 32 个传送或接收的通信设备。

(4) 20 mA 电流环串行接口

20 mA 电流环是目前串行通信中广泛使用的一种接口电路。电流环串行通信接口的最大优点是低阻传输线对电气噪声不敏感,而且易实现光电隔离,因此在长距离通信时要比 RS-232C 优越得多。图 3.19 是一个实用的 20 mA 电流环接口电路。它是一个加上光电隔离的电流环传送和接收电路。在发送端,该电路将 TTL 电平转换为环路电流信号;在接收端,它又将环路电流信号转换成 TTL 电平。

在计算机进行串行通信而要选择接口标准时,必须注意以下两点:

① 通信速度和通信距离。通常的标准串行接口都要满足可靠传输时的最大通信速度和传送距离指标,但这两个指标具有相关性,适当降低传输速度,可以提高通信距离,反之亦然。例如,采用 RS-232 标准进行单向数据传输时,最大的传输速度为 20 kb/s,最大的传输距离为 15 m。而采用 RS-422A 标准时,最大的传输速度可达 10 Mb/s,最大的传输距离为 300 m,适当降低传输速度,传输距离可达 1200 m。

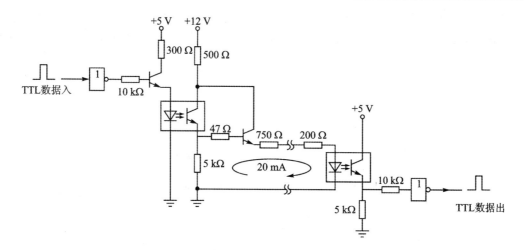

图 3.19 20 mA 电流环接口电路

② 抗干扰能力。通常选择的标准接口在保证不超过其使用范围时都有一定的抗干扰能力,以保证可靠的信号传输。但在一些工业测控系统中,通信环境十分恶劣,因此在选择通信介质、标准接口时,要充分考虑抗干扰能力,并采取必要的抗干扰措施。例如,在长距离传输时,使用 RS - 422A 标准能有效地抑制共模信号干扰,使用 20 mA 电流环技术能大大降低对噪声的敏感程度;在高噪声污染的环境中,通过使用光纤介质可减少噪声的干扰,通过光电隔离可以提高通信系统的安全性。

巩固与提高

一、选择题

1. 单片机的输出信号为(   )电平。

  (A) RS - 232C   (B) TTL   (C) RS - 499   (D) RS - 422A

2. 单片机和 PC 机连接时,往往要采用 RS - 232C 接口,其主要作用是(   )。

  (A) 提高传输距离   (B) 提高传输速度

  (C) 进行电平转换   (D) 提高驱动能力

3. 芯片 MAX232 的作用是(   )。

  (A) A/D 转换器件   (B) 提高串行口的驱动能力

  (C) 完成 TTL 和 RS - 232C 电平的转换   (D) 提高口线的驱动电流

二、简答题

1. 为什么要推出 RS - 422A 和 RS - 485 串行通信总线标准?

2. RS - 232C、RS - 422A 和 RS - 485 各有什么特点?

3.2.3 情景设计

1. 硬件设计

AT89C51 单片机输入、输出电平为 TTL 电平,即:小于或等于 0.5 V 表示逻辑 0;大于或等于 2.4 V 表示逻辑 1。PC 机配置的是 RS - 232C 总线标准逻辑电平,即 +5~+15 V 表示逻辑 0;-15~-5 V 表示逻辑 1。因为两者的电气规范不同,所以 AT89C51 单片机与 PC 机间点对点异步通信要加电平转换电路,目前比较常用的方法是直接用现成的 RS - 232 接口芯片。图3.20给出了采用MAX232芯片的PC机和单片机串行通信接口电路,采用9芯标准插座与PC机相连。图中的芯片MAX232实现电平转换功能,它可以将单片机TXD端输出的TTL电平转换成标准的RS-232C标准电平。

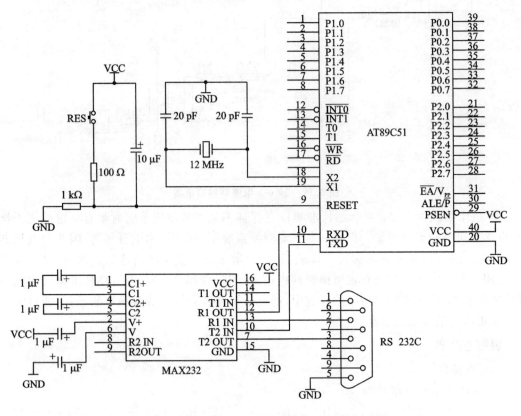

图3.20 单片机与PC机串行通信接口电路原理图

2. 软件流程

当单片机和PC机通信时,PC机方面的通信程序可以用汇编语言编写,也可以用其他高级语言来编写。最方便的方法是从网上下载现有的通信程序,该应用程序可直接使用,无需自己再编写程序。如图3.21所示为一个串口调试助手程序界面,单片机和PC机间的串行通信程序流程如图3.22所示。

3. 软件实现

AT89C51通过中断方式接收PC机发送的数据并回送。单片机串行口工作在方式1,晶振频率为11.059 2 MHz,波特率为2 400 b/s,定时器T1按方式2工作,经计算定时器预置值为0F4H,SMOD=0。

参考程序如下:

```
ORG     0000H
LJMP    CSH              ;转初始化程序
ORG     0023H
LJMP    INTS             ;转串行口中断程序
ORG     0050H
```

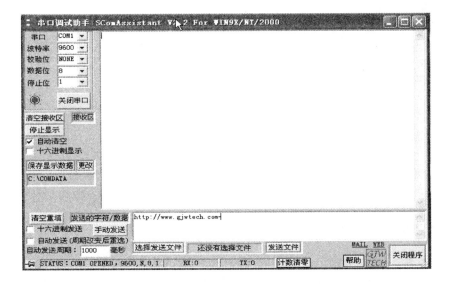

图 3.21　串口调试助手程序界面

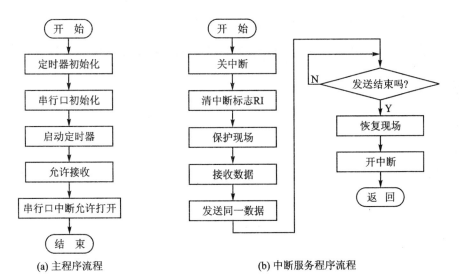

(a) 主程序流程　　　　　　　　　　　　(b) 中断服务程序流程

图 3.22　单片机和 PC 机间的串行通信流程

```
CSH:    MOV     TMOD,#20H           ;设置定时器 1 为方式 2
        MOV     TL1,#0F4H           ;设置预置值
        MOV     TH1,#0F4H
        SETB    TR1                 ;启动定时器 1
        MOV     SCON,#40H           ;串行口初始化
        SETB    REN                 ;允许接收数据
        SETB    EA                  ;允许串行口中断
        SETB    ES
        LJMP    $                   ;等待中断
INTS:   CLR     EA                  ;关中断
        CLR     RI                  ;清串行口中断标志
```

```
        PUSH    DPL                     ;保护现场
        PUSH    DPH
        PUSH    ACC
WAIT:   JNB     TI,WAIT                 ;等待发送
        CLR     TI
        POP     ACC                     ;发送完,恢复现场
        POP     DPH
        POP     DPL
        SETB    EA                      ;开中断
        RETI                            ;返回
        END
```

3.2.4　仿真与调试过程

在网上下载一个"串口调试助手 SComAssistant"作为 PC 机的串行通信软件,里面只有一个程序文件和一个说明文件,无须安装,只有直接运行主程序即可。运行后串口调试助手界面如图 3.23 所示,设定好 PC 机所连接的串口 COM1,将波特率的值改为 2 400,其余采用默认状态。发送数据时,采用十六进制数,手动发送,接收端采用十六进制显示。

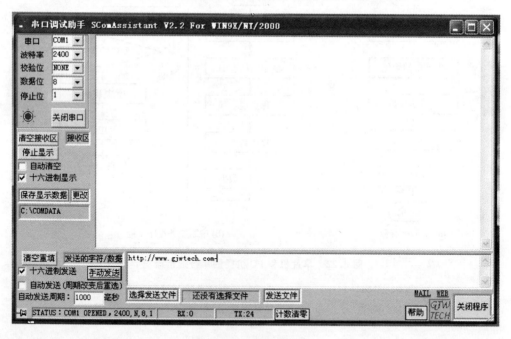

图 3.23　PC 机设定参数

新建文件,输入参考程序源文件,保存文件名为 PRJ3-2. ASM,将已编写并保存的程序文件加载到工程项目 PRJ3 中。加载好后,选择 Project→Build Target 项编译文件,直到显示文件编译成功;否则,返回编辑状态继续查找程序中的语法错误。程序编译通过后,将 51 系列单片机仿真实验板和 PC 机连接,并且要确保连接无误,打开工程设置对话框,打开 Debug 选项卡,对右侧的硬件仿真功能进行设置。设置好后,再次选择 Project→Build Target 项链接装载目标文件,选择 Debug→Start/Stop Debug Session 项或按 Ctrl+F5 组合键即可进入调试界

面,如图 3.24 所示。进入调试界面后,单击 Debug-Run(连续运行)按钮。

经仿真后程序无误就可以把程序下载到单片机芯片中。正确连接编程器并把 AT89C51 芯片插好,根据选用的编程器型号运行相应的软件,并将编译生成的 *.HEX 文件下载到芯片。将写完程序的单片机芯片正确地安装到焊好的硬件电路中,给电路板通电,正确连接电路板与 PC 机,从 PC 机输入数据,判断单片机能否正确接收。

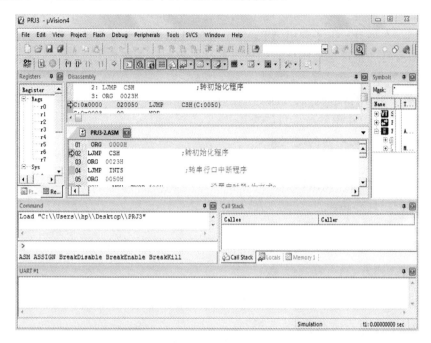

图 3.24 单片机串行通信的 Keil 调试界面

3.2.5 情景讨论与扩展

1. PC 机与多个单片机之间如何进行串行通信?

提示:图 3.25 表示一台 PC 机与多个单片机间的串行通信电路。这种通信系统一般为主从结构,PC 机为主机,单片机为从机。主从机间的信号电平转换由 MAX232 芯片实现。

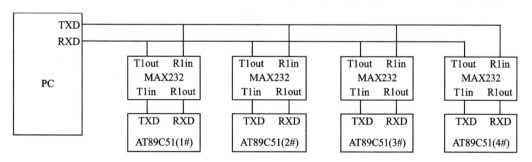

图 3.25 PC 机与多个单片机串行通信电路

请参考 PC 机与两片单片机的串行通信电路。

项目 4　交通灯

我们生活的城市,道路纵横交错,四通八达。随着人们生活水平的提高,随着车辆的增加,加剧了城市交通的负担。为了使我们生活的环境井然有序,街头随处可见的交通信号灯起到了重要的作用。本项目安排了利用 AT89C51 单片机和 8255A 并行接口芯片模拟实现正常情况下的交通信号灯和特殊车辆通过时交通信号灯的控制两个情景。

【知识目标】

1. 掌握单片机并行接口扩展方法。
2. 掌握 8255A 可编程并行接口的应用。
3. 进一步学习外部中断的使用。

【能力目标】

通过 8255A 可编程并行接口芯片,对 AT89C51 进行输入/输出口的扩展,让学生认识单片机系统扩展的设计思路。

4.1　利用 8255A 并行接口芯片实现交通灯

4.1.1　情景任务

应用 AT89C51 单片机和 8255A 并行接口扩展芯片,模拟交通信号灯控制过程。学习 51 系列单片机 I/O 扩展技术,掌握 8255A 芯片结构及编程方法,能够分析并编写控制程序。

4.1.2　相关知识

知识链接 1　并行 I/O 接口扩展

虽然单片机本身具有 I/O 端口,但其数量有限,在工程应用时往往要扩展外部 I/O 端口。扩展 I/O 口的方法有 3 种:简单 I/O 端口扩展、可编程并行 I/O 端口扩展以及利用串行口进行 I/O 端口扩展。8255A 可编程并行 I/O 接口芯片,通过编程决定其功能,通过软件决定硬件功能的应用发挥,因此,在并行 I/O 接口扩展中应用较广。这里介绍 8255A 芯片及其实际应用。

知识链接 2　8255A 并行接口芯片

8255A 是 Intel 公司生产的通用可编程并行 I/O 接口芯片,AT89C51 与其相连可为外设提供三个 8 位 I/O 端口,即具有两个 8 位(A 口和 B 口)和两个 4 位(C 口高/低 4 位)并行输入/输出端口,C 口可按位操作。可采用同步、查询和中断方式传送 I/O 数据。

1. 8255A 的结构和引脚功能

8255A 是一个单+5 V 电源供电,40 个引脚的双列直插式组件,其外部引线和内部结构如图 4.1 所示。

8255A 的 40 个引脚定义如下:

D7~D0:双向数据线。CPU 通过它向 8255A 发送命令、数据;8255A 通过它向 CPU 回

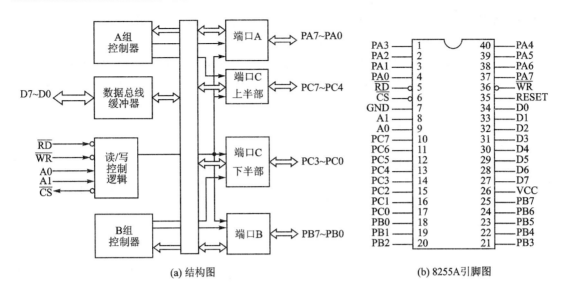

(a) 结构图　　　　　　　　　　(b) 8255A引脚图

图 4.1　8255A 外部引线和内部结构

送状态、数据。

$\overline{\text{CS}}$：片选信号线，该信号低电平有效，由系统地址总线经 I/O 地址译码器产生。CPU 通过发高位地址信号使它变成低电平时，才能对 8255A 进行读/写操作。当 CS 为高电平时，切断 CPU 与芯片的联系。

A1、A0：芯片内部端口地址信号线，与系统地址总线低位相连。该信号用来寻址 8255A 内部寄存器。两位地址，可形成片内 4 个端口地址。

$\overline{\text{RD}}$：读信号线，该信号低电平有效。CPU 通过执行 IN 指令，发读信号将数据或状态信号从 8255A 读至 CPU。

$\overline{\text{WR}}$：写信号线，该信号低电平有效。CPU 通过执行 OUT 指令，发写信号将命令代码或数据写入 8255A。

RESET：复位信号线，该信号高电平有效。当复位时，8255A 的 A、B、C 3 个端口均置为输入方式；输出寄存器和状态寄存器被复位，并且屏蔽中断请求；24 条面向外设的信号线呈现高阻悬浮状态。这种状态一直维持，直到用方式命令才能改变，使其进入用户所需的工作方式。

PA0～PA7：端口 A 的输入/输出线。

PB0～PB7：端口 B 的输入/输出线。

PC0～PC7：端口 C 的输入/输出线。

8255A 的内部结构如图 4.1(a)所示，它由以下 4 个部分组成。

（1）数据总线缓冲器

这是一个三态双向 8 位缓冲器，它是 8255A 与 CPU 系统数据总线的接口。所有数据的发送与接收，以及 CPU 发出的控制字和 8255A 来的状态信息都是通过该缓冲器传送的。

（2）读/写控制逻辑

读/写控制逻辑由读信号$\overline{\text{RD}}$、写信号$\overline{\text{WR}}$、选片信号$\overline{\text{CS}}$以及端口选择信号 A1、A0 等组成。读/写控制逻辑控制了总线的开放与关闭和信息传送的方向，以便把 CPU 的控制命令或输出数据送到相应的端口,或把外设的信息或输入数据从相应的端口送到 CPU。

(3) 数据端口 A、B、C

8255A 包括 3 个 8 位输入/输出端口(PA、PB、PC)。每个端口都有一个数据输入寄存器和一个数据输出寄存器,输入时端口有三态缓冲器的功能,输出时端口有数据锁存器的功能。在实际应用中,PC 口的 8 位可以分为两个 4 位端口(方式 0 下),也可以分成一个 5 位端口和一个 3 位端口(方式 1 下)来使用。

(4) A 组和 B 组控制电路

控制 A、B 和 C 3 个端口的工作方式,A 组控制 A 口和 C 口的上半部(PC7~PC4),B 组控制 B 口和 C 口的下半部(PC3~PC0)的工作方式和输入/输出。A 组、B 组的控制寄存器还接收按位控制命令,以实现对 PC 口的按位置位/复位操作。

2. 8255A 的工作方式

8255A 具有 3 种工作方式。

方式 0——基本输入/输出方式。在这种方式下,三个端口都可以由程序来设置为输入或者输出,不需要任何选通信号。其基本功能概括如下:

➤ 可具有两个 8 位端口(A、B)和两个 4 位端口(PC0~PC3,PC4~PC7);

➤ 任何一个端口都可设置为输入或输出;

➤ 作为输出口时,输出数据锁存;作为输入口时,输入数据不锁存。

在这种工作方式下,CPU 可通过简单的指令对任一个端口进行读或写操作,这样各端口就可作为查询输入/输出接口。

方式 1——选通输入/输出。工作方式 1 是一种选通式输入/输出工作模式。在这种模式下,选通信号输入/输出数据一起传送,由选通信号对数据进行选通。其基本功能概括如下:

➤ 三个端口分为 A 和 B 两组;

➤ 两组的每一组包括一个 8 位数据端口和一个 4 位的控制状态端口;

➤ 4 位端口作为 8 位数据端口的控制/状态信号端口。

方式 2——双向选通输入/输出。按照工作方式 2 工作时,A 口成为双向数据总线端口,既可以发送数据,又可以接收数据。其主要功能概括如下:

➤ 有一个 8 位双向数据输入/输出端口 A 和一个 5 位控制端口 C;

➤ 输入、输出均锁存;

➤ 5 位控制信号端口作为 8 位双向数据输入、输出端口 A 的控制信号端口;

➤ 工作方式 2 只适用于 A 口。

这些工作方式的设定都通过向 8255A 的控制寄存器中写入适当的控制字的方式来实现。

3. 8255A 的控制字

8255A 的编程命令包括工作方式控制字和 PC 口的按位置位、复位控制字两个命令,它们是用户使用 8255A 来组建各种接口电路的重要工具。由于这两个命令都是送到 8255A 的同一个控制端口,为了让 8255A 能识别是哪个命令,故采用特征位的方法。若写入的控制字的最高位 D7=1,则是工作方式控制字;若写入的控制字 D7=0,则是 PC 口的按位置位/复位控制字。

(1) 工作方式控制字

该控制字作用是指定 3 个并行端口(PA、PB、PC)是作输入还是作输出端口以及选择

8255A 的工作方式。由图 4.2 可看出 A 口可工作于方式 0、1、2;B 口只能工作于方式 0、1。

注意:在方式 1、2 下,C 口分别作为 A 口和 B 口的联络信号线使用,但 0 对 C 口的定义(输入或输出)不会影响 C 口的作用。

8255A 工作方式控制字格式及每位的定义如图 4.2 所示。

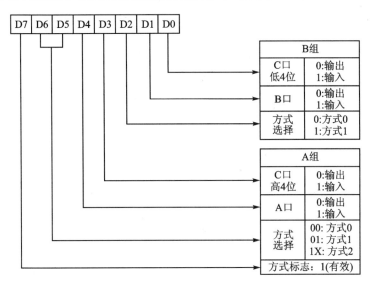

图 4.2　8255A 控制字格式

(2) C 口按位置位/复位控制字

C 口按位置位/复位控制字可对 C 口 8 位中的任一位置 1 或清 0,用于位控。各位含义如图 4.3 所示。

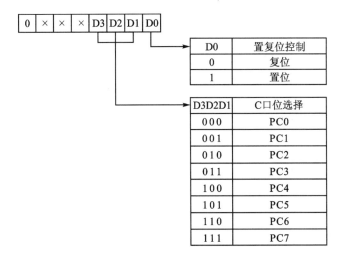

图 4.3　C 口按位置位/复位控制字格式

按位置位/复位命令产生的输出信号,可作为控制开关的通/断、继电路的吸合/释放、马达的启/停等操作的选通信号。

例 4-1　把 A 口指定为方式 1,输入;C 口上半部定为输出;B 口指定为方式 0,输出;C 口下半部定为输入。试编写对 8255A 的初始化程序段。

解 由题意可知,工作方式字是 10110001B 或 B1H。若将此控制字的内容写到 8255A 的控制寄存器,即实现了对 8255A 工作方式的指定,或叫做完成了对 8255A 的初始化。初始化的程序段如下:

```
MOV    A,#0B1H              ;初始化(工作方式字)
MOV    DPTR,#7FFFH          ;8255A 控制口地址
MOVX   @DPTR,A
```

例 4-2 把 C 口的 PC2 置 1,试编写对 8255A 的初始化程序段。

解 由题意可知,命令字应该为 00000101B 或 05H。将该命令字的内容写入 8255A 的命令寄存器,就实现了将 PC 口的 PC2 引脚置位的操作。初始化的程序段如下:

```
MOV    DPTR,#7FFFH          ;8255A 控制口地址
MOV    A,#05H               ;使 PC2=1 的控制字
MOVX   @DPTR,A              ;送到控制字
```

知识链接 3　MOVX 和 CJNE 指令的意义及使用

1. 累加器 A 与片外 RAM 之间传递数据指令 MOVX

MSC-51 内部有 128 字节的 RAM(52 系列有 256 字节),在某些应用场合片内 RAM 不够用,需要进行数据存储器扩展,扩展容量可达 64 KB。MSC-51 使用专门的指令与外部数据存储器联系,它们分别是:

```
读操作:MOVX    A,@Ri            ;i=0,1
写操作:MOVX    @Ri,A            ;i=0,1
```

以上两条指令可寻址片外 256 字节数据存储器单元。(DPL)由 P0 口输出,Ri 内容(8 位地址)由 P0 口输出。

```
读操作:MOVX    A,@DPTR
写操作:MOVX    @DPTR,A
```

以上两条指令可寻址片外 64 KB 数据存储器单元。高 8 位地址(DPH)由 P2 口输出,低 8 位地址(DPL)由 P0 口输出。读外部 RAM 存储器或 I/O 中的一个字节,或把 A 中一个字节的数据写到外部 RAM 存储器或 I/O 中。

注意:$\overline{RD}$或$\overline{WR}$信号有效。

例 4-3 设(P2)=20H,现将 A 中数据存储到 20FFH 单元中去。

解 满足题目要求的参考程序如下:

```
MOV    R1,#0FFH             ;(R1)←0FFH
MOVX   @R1,A                ;(20FFH)←(A)
```

也可用下述程序实现:

```
MOV    DPTR,#20FFH          ;(DPTR)←20FFH
MOVX   @DPTR,A              ;((DPTR))←(A),(20FF←(A)
```

例 4-4 AT89C51 与 8255A 的接口,在 AT89C51 单片机的 I/O 上扩展 8255A 芯片。

解 在 AT89C51 单片机的 I/O 上扩展 8255A 芯片,其接口逻辑相当简单,如图 4.4 所示。

图 4.4 中,8255A 的片选信号 $\overline{\text{CS}}$ 与 P2.7 相连,地址信号 A0、A1 由 P0.0、P0.1 通过 74HC373 锁存器后提供,因此,8255A 的 A、B、C 及控制器字节的地址为 7FFCH、7FFDH、7FFEH 和 7FFFH,8255A 的 RESET 端可直接与单片机的 RESET 端相连共同采用 AT89C51 的复位电路。

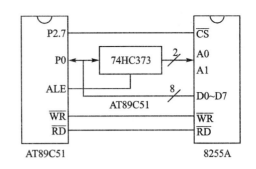

图 4.4　AT89C51 与 8255A 的接口

在实际应用中,必须根据外围设备的类型选择 8255A 的操作方式,并在初始化时把相应的控制字写入相应的控制口。由图 4.4 可知,各端口的地址为:A 口地址,7FFCH;B 口地址,7FFDH;C 口地址,7FFEH;控制字地址,7FFFH。

假设要求 8255A 工作在方式 0 状态,且 A 口作为输出,输出 3FH,B 口、C 口作为输入,输入的数据存放在 30H、31H 单元内。由图 4.2 查得其控制字应为:D7=1,置方式有效;D6D5=00,方式选择(方式 0);D4=0,A 口输出;D3=1,C 口输入;D2=0,方式 0;D1=1,B 口输入;D0=1,C 口输入。所以为 10001011B 即 8BH。

参考程序如下:

```
          ORG    0000H          ;上电复位程序入口
          AJMP   MAIN           ;转移到以 MAIN 为标号的程序入口
          ORG    0040H          ;主程序存放在以 0040H 单元开始的空间内
MAIN:     MOV    SP,#60H        ;将堆栈调至 60H 单元处
          MOV    DPTR,#7FFFH    ;将 8255A 的控制字节地址赋给数据指针
          MOV    A,#8BH         ;将数据 8B 传给 A
          MOVX   @DPTR,A        ;由 A 将 8BH 这个控制字写入 8255A 的控制单元
          MOV    DPTR,#7FFCH    ;数据指针指向 A 端口
          MOV    A,#3FH         ;将 3FH 这个数传给 A
          MOVX   @DPTR,A        ;由 A 将数据传送到 DPTR 指定的字节地址
          MOV    DPTR,#7FFDH    ;将 B 口地址传给数据指针
          MOVX   A,@DPTR        ;将 B 口的数据传给 A
          MOV    30H,A          ;通过 A 将 B 口内的数据传送到 30H 单元内
          MOV    DPTR,#7FFEH    ;把端口 C 的地址赋予给数据指针
          MOVX   A,@DPTR        ;把 C 内的数据传送给 A
          MOV    31H,A          ;通过 A 把数据传送到 31H 单元内
          END                   ;整个程序结束
```

2. 比较转移指令 CJNE

比较转移指令是条件转移指令的一类指令,通过比较给出的两个操作数是否相同,判断程序的执行方向。这类指令在比较时,会影响 CY 的值。

```
CJNE    A,direct,rel      ;(A)=(direct),程序顺序执行;(A)≠(direct),程序转移
CJNE    A,#data,rel       ;(A)=data,程序顺序执行;(A)≠data,程序转移
CJNE    Rn,#data,rel      ;(Rn)=data,程序顺序执行;(Rn)≠data,程序转移
CJNE    @Ri,#data,rel     ;((Ri))=data,程序顺序执行;((Rn))≠data,程序转移
```

巩固与提高

一、填空题

8255A 并行接口芯片有_____个____位的并行 I/O 接口,有____、____和____ 3 种工作方式。

二、问答与编程题

1. 说明 MOV 与 MOVX 指令的区别。

2. 要求将 8255A 设为方式 0,而 A 口为输入,B 口、C 口为输出,对 8255A 进行初始化编程。

3. 假设 8255A 的 PA 口接一组开关,PB 口接一组指示灯,如果要将 AT89C51 的寄存器 R2 的内容送指示灯显示,则将开关状态读入 AT89C51 累加器 A,请写出 8255A 初始化和输入/输出程序。(设 8255A 各端口的工作方式设置为 A 口方式 0 输入,B 口方式 1 输出。)

4.1.3 情景设计

1. 硬件设计

本设计通过 8255A 可编程的通用并行接口芯片,对 AT89C51 进行输入/输出口的扩展,其中 8255A 的每个功能寄存器口地址就相当于一个 RAM 存储单元,单片机可以像访问外部存储器一样访问 8255A 的接口芯片。单片机芯片 AT89C51 和 8255A 连接时,8255A 的 $\overline{RD}$(读)、$\overline{WR}$(写)引脚分别与 AT89C51 的 $\overline{RD}$、$\overline{WR}$ 引脚对应连接;采用线选法寻址 8255A,即 AT89C51 的 P2.7 接 8255A 的 $\overline{CS}$,作为 8255A 的片选信号,AT89C51 的 P0 口作为地址线时,低两位地址连线连 8255A 的端口选择线 A1、A0,所以 8255A 的 PA 口、PB 口、PC 口、控制口的地址分别为 7FFCH(0111111111111100B,P2.7=0,8255A 工作;A1A0=00,选择 8255A 的 PA 口)、7FFDH、7FFEH、7FFFH。交通信号灯电路选用 12 只发光二极管模拟信号灯,分别有红、黄、绿三种颜色。为了进一步理解 8255A 各功能口的使用,选择 PA 口以及 PB 口的 PB.0~PB.3 共 12 个引脚,分别对 12 只发光二极管进行亮灭的控制。AT89C51 芯片的 RE-SET 引脚与 8255A 的 RESET 引脚连接,以保证系统可靠复位。ALE 引脚与 74HC373 锁存器的允许端 G 连接。单片机的控制电路连接方法如下:

① $\overline{EA}/V_{PP}$ 引脚:本设计选用 AT89C51 单片机芯片,使用片内程序存储器,因此 $\overline{EA}/V_{PP}$ 引脚接高电平。

② RESET 引脚:AT89C51 单片机芯片的 RESET 引脚与 8255A 的 RESET 引脚连接,以保证系统可靠复位。

③ ALE 引脚:本项目中使用此引脚的"地址锁存允许信号"功能,ALE 引脚与 74HC373 锁存器的允许端 G 连接。

④ $\overline{RD}$、$\overline{WR}$ 引脚:作为读/写控制引脚,与 8255A 的对应引脚连接。

综合以上设计,得到图 4.5 所示的交通灯模拟控制电路原理图。

由图 4.5 可以得到实现交通灯控制项目所需的元器件,如表 4.1 所列。

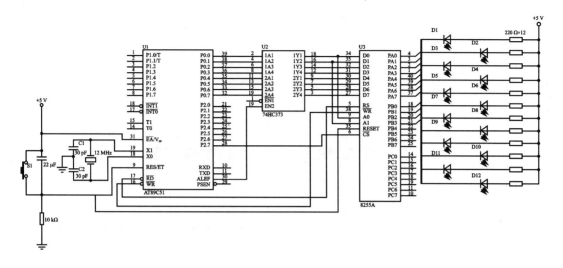

图 4.5 AT89C51 单片机与 8255A 的硬件连接原理图

表 4.1 元器件清单

序 号	元件名称	元件型号及取值	元件数量	备 注
1	单片机芯片	AT89C51	1 片	DIP 封装
2	锁存器	74HC373	1 片	DIP 封装
3	并行接口芯片	8255A	1 片	DIP 封装
4	发光二极管	Φ5	12 只	普通型,红、绿、黄各 4 只
5	晶振	12 MHz	1 只	
6	电容	30 pF	2 只	瓷片电容
		22 μF	1 只	电解电容
7	电阻	220 Ω	8 只	碳膜电阻,可用排阻代替
		10 kΩ	1 只	碳膜电阻
8	按键		1 只	无自锁
			1 只	带自锁
9	40 脚 IC 座		2 片	安装单片机及 8255A 芯片
10	20 脚 IC 座		1 片	安装锁存器芯片
11	导线		若干	
12	直流电源	+5 V	1 块	
13	电路板		1 块	普通型带孔

2. 软件流程

交通灯一般分为红、黄、绿三种颜色,红灯作为禁止通行的信号标志,本项目中禁行的时间设为 30 s;绿灯作为允许通行的信号标志,黄灯作为通行与禁行切换时的间隔信号标志,黄灯亮时间为 5 s,绿灯亮时间为 25 s。

交通时序图如图 4.6 所示。

信号灯的控制状态与 8255A 输出数据如表 4.2 所列。

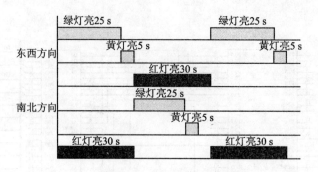

图 4.6 交通时序图

表 4.2 信号灯状态对应数据表

方 向	北			西			南			东			代 码
灯	绿	黄	红	绿	黄	红	绿	黄	红	绿	黄	红	
引脚	PB.3	PB.2	PB.1	PB.0	PA.7	PA.6	PA.5	PA.4	PA.3	PA.2	PA.1	PA.0	
初始 全红灯	1	1	0	1	1	0	1	1	0	1	1	0	B:0DH A:B6H
东西绿 南北红	1	1	0	0	1	1	1	1	0	0	1	1	B:0DH A:B6H
东西黄 南北红	1	1	0	1	0	1	1	1	1	0	0	1	B:0DH A:75H
东西红 南北绿	0	1	1	1	1	0	0	1	1	1	1	0	B:07H A:9EH
东西红 南北黄	1	0	1	1	1	0	1	0	1	1	1	0	B:0BH A:AEH

注:1—不亮,0—亮。

交通灯管理程序流程如图 4.7 所示。

3. 软件实现

主程序首先对 8255A 芯片进行初始化,在本项目中选择工作方式为:A 口方式 0 输出,B 口方式 0 输出,其控制字为 10000000H,即 80H。START1、START2、START3、START4 四个子程序主要完成 A 口和 B 口的输出以控制发光二极管的亮灭,从而控制交通路口的信号。其中,A 口、B 口、C 口、D 口的地址分别是 7FFCH、7FFDH、7FFEH 和 7FFFH,所以在程序中多次使用了加 1 指令。

参考程序清单:

```
ORG     0000H
LJMP    MAIN9
ORG     000BH
```

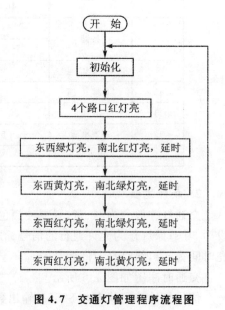

图 4.7 交通灯管理程序流程图

	LJMP	INTT0	;定时器 0 的中断入口地址
	ORG	0900H	
MAIN9:	LCALL	DELAY	;为了使单片机可靠复位,先延时一段时间
	MOV	SP,＃60H	;设堆栈指针
	MOV	DPTR,＃7FFFH	
	MOV	A,＃80H	
	MOVX	@ DPTR,A	;定义 8255A 工作方式
	MOV	DPTR,＃7FFCH	;A 口地址
	MOV	A,＃0B6H	
	MOVX	@ DPTR,A	
	INC	DPTR	;B 口地址
	MOV	A ,＃0DH	
	MOVX	@DPTR,A	;4 个红灯全亮
	LCALL	DELAY	;延时进入控制程序
	MOV	TMOD,＃01H	
	MOV	TH0,＃3CH	
	MOV	TL0,＃0B0H	;定时器初始化
START:	MOV	R1,＃20	;定义 1 s 的循环次数
	MOV	R2,＃25	;定义绿灯亮的时间
START1:	MOV	DPTR,＃7FFCH	
	MOV	A,＃75H	
	MOVX	@DPTR,A	
	INC	DPTR	
	MOV	A,＃0DH	
	MOVX	@DPTR,A	;东西绿灯亮,南北红灯亮
	SETB	EA	
	SETB	ET0	
	SETB	TR0	
	CJNE	R2,＃00H,START1	;绿灯亮的时间是否到
	MOV	R2,＃5	;定义黄灯亮的时间
START2:	MOV	DPTR,＃7FFCH	
	MOV	A,＃75H	
	MOVX	@DPTR,A	
	INC	DPTR	
	MOV	A,＃0DH	
	MOVX	@DPTR,A	;东西黄灯亮,南北红灯亮
	CJNE	R2,＃00H,START2	;黄灯亮的时间是否到
	MOV	R2,＃25	
START3:	MOV	DPTR,＃7FFCH	
	MOV	A,＃9EH	
	MOVX	@DPTR,A	
	INC	DPTR	
	MOV	A,＃07H	
	MOVX	@DPTR,A	;南北绿灯亮,东西红灯亮
	CJNE	R2,＃00H,START3	

```
            MOV     R2,#5
    START4: MOV     DPTR,#7FFCH
            MOV     A,#0AEH
            MOVX    @DPTR,A
            INC     DPTR
            MOV     A,#08H
            MOVX    @DPTR,A          ;南北黄灯亮,东西红灯亮
            CJNE    R2,#00H,START4
            LJMP    START
    INTT0:  MOV     TH0,#3CH
            MOV     TL0,#0B0HH
            DJNZ    R1,FH
            MOV     R1,#20
            DJNZ    R2,FH
            MOV     R2,#00H
    FH:     RETI
            ORG     0F00H
    DELAY:  MOV     R7,#10
    L2:     MOV     R6,#250
    L1:     DJNZ    R6,L1
            DJNZ    R7,L2
            RET
            END
```

程序开始,在0000H～0002H单元中存放跳转指令,使程序转移到主程序(MAIN9)执行。使用单片机的定时/计数器进行时间控制,在000BH开始的单元存放跳转指令,在发生定时中断时,可以转移到中断处理程序执行。

主程序首先对8255A芯片进行初始化,在本项目中选择工作方式为:A口方式0输出,B口方式0输出,其控制字为10000000B,即80H。START1、START2、START3、START4四个子程序主要完成A口和B口的输出控制发光二极管的亮和灭,从而控制交通路口的信号。

4.1.4　仿真与调试过程

在C盘建立文件夹PRJ4,表示第四个项目。新建文件,并根据要求输入参考程序源文件,保存到文件夹PRJ4中,其文件名为PRJ4-1.ASM。新建工程PRJ4.uvproj,也保存到文件夹PRJ4中,将已编写好并保存的程序文件加载到工程项目PRJ4中。加载好后,选择Project→Build Target项编译文件,如果程序没有语法错误,可以显示文件编译成功;否则,返回编辑状态继续查找错误。程序编译通过后,用通信线将Keil 51仿真实验箱和PC机连接,并且要确保连接无误,用导线将8255A的PA0～PA7、PB0～PB3接发光二极管L1～L8、L9～L12。打开工程设置对话框,选择Debug标签页,对右侧的硬件仿真功能进行设置。如果Keil C51软件仿真环境不能进入,检查通信电缆是否连接好,电源开关是否打开以及实验箱上的功能开关是否在正确位置。再次选择Project→Build Target项链接装载目标文件,选择Debug→Start/Stop Debug Session项或按Ctrl+F5组合键即可进入调试界面,如图4.8所示。

进入调试界面后,单击Debug-Run(连续运行)按钮,观察灯的亮灭情况,是否符合要求,

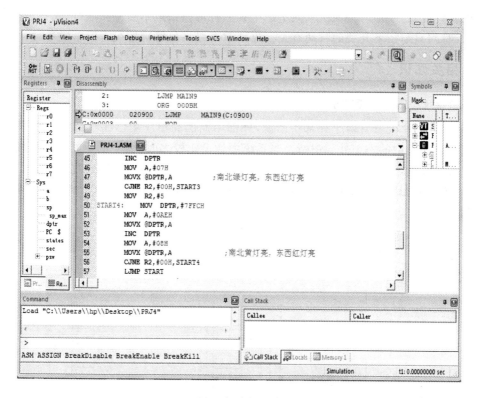

图 4.8　交通灯控制的 Keil 软件调试界面

若不符合,则需修改程序和检查连线是否正确,直至符合要求为止。结合实际生活中交通灯的控制现象,修改源程序,重新保存文件、编译。经仿真后程序无误,并符合实际交通灯的现象就可以把程序下载到自己制作的交通灯控制的单片机芯片中。正确连接编程器并把 AT89C51 芯片插好,根据选用的编程器型号运行相应的软件,并将编译生成的 ∗.HEX 文件下载到芯片。将写完程序的单片机芯片正确地安装到焊好的硬件电路中,给电路板通电,观察灯亮的情况是否符合要求。

4.1.5　情景讨论与扩展

1. 在此项目中,从红灯变为绿灯的时间是如何实现的?
2. 若采用 DJNZ 指令来实现延时,程序如何修改?
3. 若让黄灯闪烁,0.5 s 亮,0.5 s 灭,那么该如何实现?

4.2　特殊车辆通过时交通信号灯的控制

4.2.1　情景任务

4.1 节中提到的交通信号灯控制在正常情况下是合适的,然而在有些情况下,比如当有特殊车辆(例如医院救护车、消防车等)需要通过该路口而又恰逢处于红灯状态时,如何让特殊车辆及时通过就是控制系统需要考虑的,甚至有时需要超出原设置时间而让某个方向的车辆通行。这里就要设置一组开关,当按下其中一个开关时可以强迫东西方向通行,或者是南北方向通行,通行时间只与按下开关的时间有关。这样就可以满足特殊情况下的车辆通行。

4.2.2 相关知识

知识链接1 外部中断的扩展

AT89C51单片机只有两个外部中断源,外部中断的简单应用已在项目2中作了介绍,应用时每次都只用其中的一个外部中断。当系统中外设比较多时,需要的中断源就比较多,2个中断输入端往往就不够用。这里给大家介绍一些简单的方法扩展外部中断。

例4-5 假如系统中需要5个中断源IR0A~IR4A,可以按照图4.9所示的电路进行外部中断的扩展。

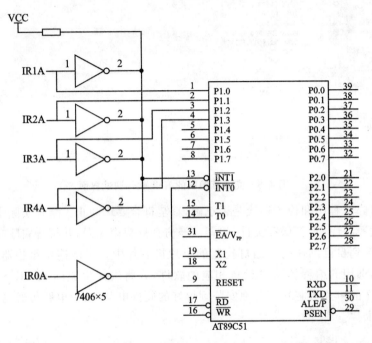

图4.9 外部中断源扩展

解 在扩展时,根据中断优先级,将优先级最高的中断源IR0接到$\overline{INT0}$上,其他4个中断源通过4个非门(7406)连接到$\overline{INT1}$上,同时还与P1.0~P1.3连接。查询P1口状态即可知道IR1A~IR4A中哪一个有中断请求,并且,通过改变查询顺序,可以改变IR1A~IR4A的中断优先级。假设IR1A优先级最高,IR4A优先级最低,则参考程序如下:

```
        ORG     0000H
        LJMP    MAIN
        ORG     0003H
        LJMP    INTRP0              ;外部中断0的服务程序入口地址
        ORG     0013H
        LJMP    INTRP1              ;外部中断1的服务程序入口地址
        ORG     0500H
```

```
MAIN：      MOV       IE,♯85H              ;CPU 开放总中断,开放INT0和INT1
           SETB      IT0
           SETB      IT1
           SJMP      $
INTRP0：    PUSH      PSW
           PUSH      ACC
           ……                             ;装置 0 的中断服务程序
           POP       ACC
           POP       PSW
           RETI
INTRP1：    PUSH      PSW
           PUSH      ACC
           JB        P1.0, IR1A
           JB        P1.1, IR2A
           JB        P1.0, IR1A
           JB        P1.0, IR1A
EXIT：      POP       ACC
           POP       PSW
           RETI
IR1A：      ……                             ;装置 1 的中断服务程序
           AJMP      EXIT
IR2A：      ……                             ;装置 2 的中断服务程序
           AJMP      EXIT
IR3A：      ……                             ;装置 3 的中断服务程序
           AJMP      EXIT
IR4A：      ……                             ;装置 4 的中断服务程序
           AJMP      EXIT
```

巩固与提高

一、填空题

AT89C51 单片机有_____个外部中断源,其入口地址分别为_____和_____。

二、问答题

1. 在单片机中,中断能实现哪些功能?

2. 简述中断处理过程。

4.2.3　情景设计

1. 硬件设计

交通灯布置图上有 12 个灯,由于东西方向或南北方向上同颜色的灯采用了同一个通道,故这里只采用了 6 个灯,这样做可以节省资源,逻辑关系也比较简单些,注意和 4.1 节的区别。由于所需要的 LED 灯比较少,因此就不需要采用 8255A 并行接口扩展芯片,节约了资源,同时程序的设计也会简单。为了满足特殊情况下的车辆通行,采用了外部中断 0 和外部中断 1 来实现这样的功能,综合分析,可得电路原理图如图 4.10 所示。

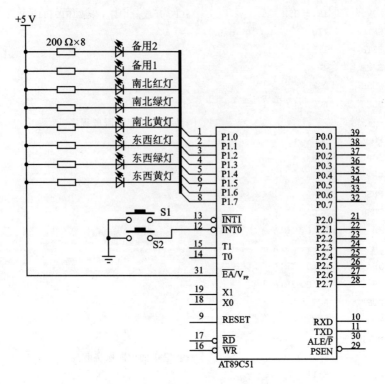

图 4.10   特殊情况交通信号灯控制电路原理图

注意：单片机工作的复位电路、晶振电路和电源电路在图 4.10 中省略，但在实际的工作电路中必须要接，接法与前面一样。

由图 4.10 原理图可以得到实现交通灯控制项目所需的元器件，如表 4.3 所列。

表 4.2   元器件清单

序　号	元件名称	元件型号及取值	元件数量	备　　注
1	单片机芯片	AT89C51	1 片	DIP 封装
2	发光二极管	Φ5	12 只	普通型，红、绿、黄各 4 只
3	晶振	12 MHz	1 只	
4	电容	30 pF	2 只	瓷片电容
		22 μF	1 只	电解电容
5	电阻	200 Ω	8 只	碳膜电阻，可用排阻代替
		10 kΩ	1 只	碳膜电阻
6	按键		3 只	无自锁
			1 只	带自锁
7	40 脚 IC 座		1 片	安装 AT89C51 单片机
8	导线		若干	

2. 软件流程

根据情景任务可得实现本情景的程序流图，如图 4.11 所示，和图 4.7 相比，增加了中断服务程序,用于实现特殊车辆的通行。

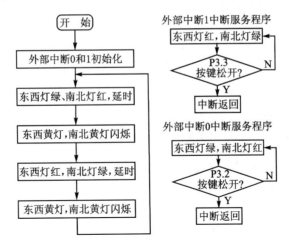

图 4.11　特殊情况交通灯控制程序流程图

3. 软件实现

参考程序清单:

```
            ORG      0000H
            LJMP     MAIN
            ORG      0003H          ;外部中断 0 入口地址
            LJMP     INT_0          ;东西灯绿,南北灯红
            ORG      0013H          ;外部中断 1 入口地址
            LJMP     INT_1          ;东西灯红,南北灯绿
            ORG      0100H
MAIN:       MOV      IE,#85H        ;开放总中断,外部中断 0 和 1
            SETB     IT0            ;外部中断 0 下降沿中断请求
            SETB     IT1            ;外部中断 1 下降沿中断请求
LOOP:       MOV      P1,#10111011B  ;东西灯绿,南北灯红
            MOV      A,#2FH         ;时间常数
            LCALL    DELAY
            ACALL    YELL
            MOV      P1,#11010111B  ;东西灯红,南北灯绿
            MOV      A,#2FH
            LCALL    DELAY
            ACALL    YELL
            SJMP     LOOP
YELL:       MOV      P1,#01101111B
            MOV      R1,#8          ;黄灯闪烁控制
YL:         CPL      P1.4
            CPL      P1.7
            MOV      A,#3           ;时间常数
            LCALL    DELAY
            DJNZ     R1,YL
```

```
                RET
     INT_0:     MOV      P1,#10111011B          ;INT0东西灯绿,南北灯红
                JNB      P3.2,INT_0
                RETI
     INT_1:     MOV      P1,#11010111B          ;INT1东西灯红,南北灯绿
                JNB      P3.3,INT_1
                RETI
     DELAY:     MOV      R5,A                   ;延时
     DE3:       MOV      R6,#0FFH
     DE2:       MOV      R7,#0FFH
     DE1:       DJNZ     R7,DE1
                DJNZ     R6,DE2
                DJNZ     R5,DE3
                RET
                END
```

本程序的结构并不复杂,灯的亮灭控制采用立即数寻址,实现起来非常方便。程序开始后,首先执行东西灯绿,南北灯红的程序,这时东西方向车辆正常通行,南北车辆禁止通行,经过适当的延时后,黄灯进行闪烁,通知两个控制方向即将转换,待黄灯闪烁结束后,程序开始按照东西灯红,南北灯绿的方式执行,这时东西方向车辆禁止通行,南北方向车辆正常通行,经过适当延时后,黄灯再次闪烁,提示控制方向又要转换了,以后重复上述过程,这样就实现了正常情况下的十字路口交通灯控制。值得一提的是,在上述交通灯执行过程中,有可能会遇到特殊车辆急需通过,这时只要按下按键强制改变交通灯的状态,就可实现。

4.2.4　仿真与调试过程

新建文件,并根据要求输入参考程序源文件,其文件名为 PRJ4-2. ASM,将已编写并保存的程序文件加载到工程项目 PRJ4 中。加载好后,选择 Project→Build Target 项编译文件,直到显示文件编译成功;否则,返回编辑状态继续查找程序中的语法错误。程序编译通过后,把51 系列单片机仿真实验板和 PC 机连接,并且要确保连接无误,用导线连接端口 P1.0～P1.7 与 L1～L8 灯,P3.2 和按钮 S1,P3.3 和按钮 S2。打开工程设置对话框,打开 Debug 选项卡,对右侧的硬件仿真功能进行设置。再次选择 Project→Build Targe 项链接装载目标文件,选择 Debug→Start/Stop Debug Session 项或按 Ctrl+F5 键即可进入调试界面,如图 4.12 所示。

进入调试界面后,选择 Debug-Run(连续运行),观察灯的亮灭情况是否符合要求。若不符合要求,则需修改程序和检查连线是否正确,直至符合要求为止,结合实际生活中交通灯的控制现象,修改源程序,重新保存文件、编译。经仿真后程序无误,并符合实际交通灯的现象,就可以把程序下载到自己制作的交通灯控制的单片机芯片中。正确连接编程器并把AT89C51 芯片插好,根据选用的编程器型号运行相应的软件,并将编译生成的 *. HEX 文件下载到芯片。将写完程序的单片机芯片正确地安装到焊好的硬件电路中,给电路板通电,观察灯亮灭的情况是否符合要求。

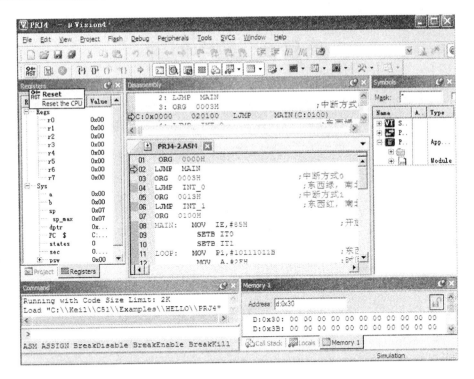

图 4.12　特殊情况交通信号灯控制的 Keil 软件调试界面

4.2.5　情景讨论与扩展

1. 这里的延时控制是否可以修改？如何修改？
2. 如何设计一个能够根据交通流量自动调整车流方向的交通信号灯控制程序？

项目 5   数字时钟

在单片机控制系统中,常用数码(LED)显示器来显示各种数字或符号。这种显示器显示清晰,亮度高,接口方便,广泛应用于各种控制系统中。本项目安排了 LED 数码管显示 0～9 和动态显示"时、分、秒"两个情景来学习数码管显示的相关知识。

【知识目标】

1. 了解数码管显示原理。
2. 掌握数码管静态显示电路及编程方法。
3. 掌握数码管动态显示电路及编程方法。

【能力目标】

进一步培养学生的编程能力和动手操作能力。

5.1   LED 数码管显示 0～9

5.1.1   情景任务

设计一个简单秒表的显示电路,显示内容从 0 开始,每隔 1 s 显示内容加 1,秒值到 9 后自动清 0,依次循环显示。

5.1.2   相关知识

知识链接 1   LED 显示器

发光二极管简称 LED(Light Emitting Diode)。由 LED 组成的显示器,是单片机系统中常用的输出设备。LED 显示器件的种类很多,但都是由单个的 LED 发光二极管组成的。从颜色上来划分,可以有红、橙红、黄、绿、蓝等颜色的 LED 显示器;从 LED 的发光强度来划分,可分为普通亮度、高亮度、超高亮度等;从 LED 器件的外观来划分,可分为"8"字形的七段数码管、米字形数码管、点阵块、矩形平面显示器、数字笔画显示器等。其中数码管又可从结构上分为单、双、三、四位字;从尺寸上又可分为 0.3 英寸(1 英寸 = 2.54 cm)、0.36 英寸、0.4 英寸、…、5.0 英寸等类型。常用的 LED 数码管尺寸为 0.5 英寸。将若干 LED 按不同的规则进行排列,可以构成不同的 LED 显示器,常见的有 LED 数码管显示器和 LED 点阵模块显示器等。

1. LED 数码管显示器

如果要显示十进制或十六进制数字及某些简单字符,可选用数码管显示器。这种显示器能显示的字符较少,形状有些失真,但控制简单,使用方便。

(1) 显示原理

1) 数码管结构

数码管由 8 个发光二极管(以下简称字段)构成,通过不同的组合可显示数字 0～9,字符 A～F、H、P、R、U、Y,符号"-"及小数点"."。数码管的外形结构如图 5.1 所示。

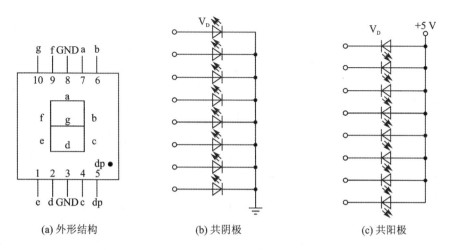

图 5.1　数码管结构图

2）数码管工作原理

共阳极数码管的 8 个发光二极管的阳极（二极管的正端）连接在一起，通常接高电平（电源），其他引脚接段驱动电路输出端。当某段驱动电路的输出端为低电平时，该端所连接的字段导通并点亮，根据发光字段的不同组合可显示出各种数字或字符。此时，要求段驱动电路能吸收额定的段导通电流，还需根据外接电源及额定段导通电流来确定相应的限流电阻。

共阴极数码管的 8 个发光二极管的阴极（二极管的负端）连接在一起，通常接低电平（地），其他引脚接段驱动电路输出端。当某段驱动电路的输出端为高电平时，该端所连接的字段导通并点亮，根据发光字段的不同组合可显示出各种数字或字符。此时，要求段驱动电路能吸收额定的段导通电流，还需根据外接电源及额定段导通电流来确定相应的限流电阻。

3）数码管字型编码

要使数码管显示出相应的数字或字符，必须使段数据口输出相应的字型编码。假设在单片机系统中，用 P0 口接 LED 数码管的段，其中 P0.0 接 a，P0.1 接 b，P0.2 接 c，P0.3 接 d，P0.4 接 e，P0.5 接 f，P0.6 接 g，P0.7 接 dp，如果使用共阳极数码管，则数据 0 表示对应字段亮，数据 1 表示对应字段暗；如果使用共阴极数码管理，则相反。例如，要显示"0"，共阳极数码管的字型编码应为 11000000B（即 C0H），共阴极数码管的字型编码应为 00111111B（即 3FH）。以此类推可求得数码管字型编码，如表 5.1 所列。

表 5.1　数码管字型编码

显示字符	字型	共阳极									共阴极								
		dp	g	f	e	d	c	b	a	字型码	dp	g	f	e	d	c	b	a	字型码
0	0	1	1	0	0	0	0	0	0	C0H	0	0	1	1	1	1	1	1	3FH
1	1	1	1	1	1	1	0	0	1	F9H	0	0	0	0	0	1	1	0	06H
2	2	1	0	1	0	0	1	0	0	A4H	0	1	0	1	1	0	1	1	5BH
3	3	1	0	1	1	0	0	0	0	B0H	0	1	0	0	1	1	1	1	4FH
4	4	1	0	0	1	1	0	0	1	99H	0	1	1	0	0	1	1	0	66H
5	5	1	0	0	1	0	0	1	0	92H	0	1	1	0	1	1	0	1	6DH

续表 5.1

显示字符	字型	共阳极								字型码	共阴极								字型码
		dp	g	f	e	d	c	b	a		dp	g	f	c	d	c	b	a	
6	6	1	0	0	0	0	0	1	0	82H	0	1	1	1	1	1	0	1	7DH
7	7	1	1	1	1	1	0	0	0	F8H	0	0	0	0	0	1	1	1	07H
8	8	1	0	0	0	0	0	0	0	80H	0	1	1	1	1	1	1	1	7FH
9	9	1	0	0	1	0	0	0	0	90H	0	1	1	0	1	1	1	1	6FH
A	A	1	0	0	0	1	0	0	0	88H	0	1	1	1	0	1	1	1	77H
B	B	1	0	0	0	0	0	1	1	83H	0	1	1	1	1	1	0	0	7CH
C	C	1	1	0	0	0	1	1	0	C6H	0	0	1	1	1	0	0	1	39H
D	D	1	0	1	0	0	0	0	1	A1H	0	1	0	1	1	1	1	0	5EH
E	E	1	0	0	0	0	1	1	0	86H	0	1	1	1	1	0	0	1	79H
F	F	1	0	0	0	1	1	1	0	8EH	0	1	1	1	0	0	0	1	71H
H	H	1	0	0	0	1	0	0	1	89H	0	1	1	1	0	1	1	0	76H
L	L	1	1	0	0	0	1	1	1	C7H	0	0	1	1	1	0	0	0	38H
P	P	1	0	0	0	1	1	0	0	8CH	0	1	1	1	0	0	1	1	73H
R	R	1	1	0	0	1	1	1	0	CEH	0	0	1	1	0	0	0	1	31H
U	U	1	1	0	0	0	0	0	01	C1H	0	0	1	1	1	1	1	0	3EH
Y	Y	1	0	0	1	0	0	0	1	91H	0	1	1	0	1	1	1	0	6EH
—	—	1	0	1	1	1	1	1	1	BFH	0	1	0	0	0	0	0	0	40H
.	.	0	1	1	1	1	1	1	1	7FH	1	0	0	0	0	0	0	0	80H
熄灭	灭	1	1	1	1	1	1	1	1	FFH	0	0	0	0	0	0	0	0	00H

(2) 显示方式

LED 显示器有静态显示和动态显示两种方式。

1) 静态 LED 显示

静态显示就是每一个 LED 使用不同的段位驱动线和公共驱动线。在显示字符时,相应的段一直导通,或一直截止,直到显示另一个字符为止。例如,8 段显示器的 a、b、c 恒定导通,其余段和小数点恒定截止时,显示"7";当显示字符"8"时,显示器的 a、b、c、d、e、f、g 段恒定导通,dp 段恒定截止。

LED 显示器工作于静态显示方式时,各位的共阴极公共端接地;若为共阳极则接 +5V 电源。每位的段选线(a～dp)分别与一个 8 位锁存器的输出口连接,显示器中的各位相互独立,而且各位显示字符一经确定,相应锁存的输出将维持不变。正因为如此,静态显示方式用较小的电流即可获得较高的亮度,且占用 CPU 时间少,编程容易,使用简单,显示便于监测和控制。但其占用的单片机 I/O 口资源较多,硬件电路复杂,成本高,因此只适用于显示位数较少的场合。两位的 LED 数码管静态显示可采用图 5.2 所示的电路。

2) 动态 LED 显示

动态显示方式是指逐位轮流点亮每位显示器(称为扫描),即每个数码管的位选被轮流选中,多个数码管公用一组段选,段选数据仅对位选选中的数码管有效。对于每一位显示器来

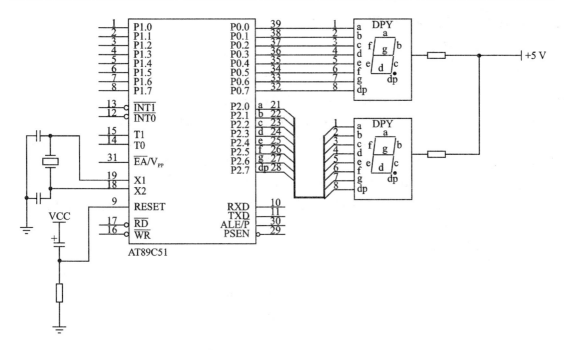

图 5.2　两位的 LED 数码管静态显示示意图

说,每隔一段时间点亮一次。显示器的亮度既与导通电流有关,也与点亮时间和间隔时间的比例有关。通过调整电流和时间参数,可以实现既保证亮度,又保证显示。若显示器的位数不大于 8 位,则显示器的公共端只需一个 8 位 I/O 口进行动态扫描(称为扫描口)。控制每位显示器所显示的字形也需一个 8 位口(称为段码输出)。

动态显示任意时刻虽然只有一个数码管在显示数据,但只要相邻两个数码管的工作时间小于人眼视觉残留阈值时间(约为 0.2 s),则数码管中显示的内容就是连续的。若每位数码管显示的持续时间大于人眼视觉残留阈值时间,则数码管中显示的内容就是不连续的。此时可缩短每位数码管导通持续时间。同时,每位数码管显示持续时间决定其发光亮度,若显示亮度不够,则说明数码管导通持续时间过短,应加大。在实际中,通常通过调用延时或使用定时/计数器来确定每位数码显示持续时间,应反复调整,既不使数码管闪烁,又能保证其有一定的发光亮度。

2. LED 的驱动接口

单个 LED 实际上是一个压降为 1.2～1.5 V 的发光二极管(某些型号的 LED 电压可达 3 V),相同型号的 LED 显示管的压降基本相同,通过 LED 的电流决定了它的发光强度。图 5.3 为单个 LED 的驱动接口电路。

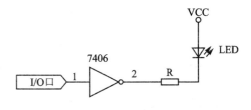

图 5.3　单个 LED 的驱动接口电路

注意:适当减小限流电阻可以增加 LED的工作电流,使 LED 的显示效果更好。但工作电流不宜过大,一方面,工作电流继续增大不会增加显示亮度;另一方面,过大的工作电流会对驱动器件造成损害。

当前 LED 照明使用的驱动往往是专用的芯片。

知识链接 2　基本指令的学习和使用

1. 16 位数传指令

MOV　DPTR,♯data16　　　;将 16 位立即数送入 DPTR 寄存器中

这是 51 单片机指令系统中唯一的一条 16 位数传送指令,指令中的数据指针 DPTR 可以看作两个 8 位的寄存器 DPH、DPL。该指令功能是把 16 位立即数♯data16 送入 DPTR 中,其中高 8 位(D15~D8)送 DPH,低 8 位(D7~D0)送 DPL。这条指令用于将程序存储器或数据存储器的地址送入 DPTR,以实现对程序存储器或数据存储器的访问。

例 5-1　说明指令"MOV DPTR,♯236AH"的含义。

解　"MOV DPTR,♯236AH"是将立即数 236AH 传送到 DPTR 中,指令执行后,(DPH)=23H,(DPL)=6AH。

2. 程序存储器读指令

MOVC　A,@A+DPTR　　　;将(A)+(DPTR)计算得到的 16 位数作为程序存储器的单元地址,
　　　　　　　　　　　　;将此地址单元中的内容取出送入 A 中
MOVC　A,@A+PC　　　　;将(A)+(PC)计算得到的 16 位数作为程序存储器的单元地址,
　　　　　　　　　　　　;将此地址单元中的内容取出送入 A 中

这两条指令的功能都是把程序存储器某单元的内容传送到累加器 A。对程序存储器的访问只能采用变址寻址方式。指令执行后不改变基址寄存器的内容。这两条指令通常也被称为查表指令,常用此指令来查找一个已存放在 ROM 中的表格。

MOV 指令与 MOVC 指令的使用特点:

① MOV 和 MOVC 指令都属于送数指令,都可以实现赋值和数据传送功能,但不同的是,MOV 指令传送的数据在片内数据存储器内部进行,既可以用此指令向片内数据存储器的单元或某些位"写"数据,又可以将片内数据存储器的单元或某些位的内容"读"出去,数据的传送是"双向"的;MOVC 指令是将程序存储器的单元中的数据"读"到片内数据存储器中进行相关的操作,由于程序存储器存储的程序只能由烧写器或下载线写入,因此 MOVC 指令是"单向"的。

② MOV 指令操作的数据既可以是特定的,也可以是随机的;但是 MOVC 指令读取的数据是根据程序的执行需要事先设定好的,否则程序执行的结果就会出错。

3. 位控制转移指令

JC　　rel　　　　　;若(C)=1,则转移到(PC)+2+rel 处执行
　　　　　　　　　;若(C)=0,则顺序执行下一条指令
JNC　　rel　　　　;若(C)=0,则转移到(PC)+2+rel 处执行
　　　　　　　　　;若(C)=1,则顺序执行下一条指令

4. 伪指令 DB 的含义及使用

指令格式:

〔标号:〕　DB　8 位数据表

定义字节伪指令 DB,把字节形式的数据表中的数据,依次存放到以标号为起始地址的程序存储器的存储单元中,数据表中的数可以是一个 8 位二进制数,或者是用逗号分开的一组

8 位二进制数,数据的给出形式可以是二进制、十六进制、十进制和 ASCII 码等多种形式表示。

巩固与提高

一、填空题

1. 静态 LED 显示的优点是_____。

2. 动态 LED 显示的优点是_____。

3. 单个 LED 的工作电压一般在_____之间。

二、选择题

1. 不属于显示器的是(　　　)。

　　(A) LCD 显示器　　　　　(B) LED 数码管

　　(C) 高亮度发光二极管　　(D) 高灵敏光敏三极管

2. (　　　)显示方式编程较简单,但占用 I/O 口线多,一般适用于显示位数较少的场合。

　　(A) 静态　　　　　　(B) 动态　　　　　　(C) 静态和动态　　　　　　(D) 查询

三、判断题(下列命题你认为正确的在括号内打"√",错误的打"×",并说明理由)。

1. 单个 LED 的工作电流都在 1 mA 之下。(　　　)

2. LED 数码管显示器只能显示 0～9 这十个数字。(　　　)

3. LED 数码管显示器的工作方式有静态显示方式和动态显示方式两种。(　　　)

4. LED 数码管显示器的译码方式有硬件译码方式和软件译码方式两种。(　　　)

5. LCD 显示比 LED 显示省电。(　　　)

四、简答题

1. 说明动态扫描显示能看到稳定字符的原因和实现的要点。

2. 说明 LED 数码动态扫描显示的驱动电路中,对位驱动器和段驱动器的驱动能力要求。

5.1.3　情景设计

1. 硬件设计

根据任务要求,综合分析设计,可设计出单个 LED 数码管显示控制的硬件电路,如图 5.4 所示。

通过分析图 5.4 可以总结所需的元器件清单,见表 5.2 所列。

表 5.2　元器件清单

序　号	元件名称	元件型号及取值	元件数量	备　注
1	单片机芯片	AT89C51	1 片	DIP 封装
2	数码管	ArkSM42050	1 只	共阳极
3	晶振	12 MHz	1 只	
4	电容	30 pF	2 只	瓷片电容
		22 μF	1 只	电解电容
5	电阻	200 Ω	8 只	碳膜电阻,可用排阻代替
		10 kΩ	1 只	碳膜电阻

续表 5.2

序 号	元件名称	元件型号及取值	元件数量	备 注
6	按键		1只	无自锁
			1只	带自锁
7	40脚IC座		1片	安装AT89C51芯片
8	导线		若干	
9	电路板		1块	普通型带孔
10	稳压电源	+5 V	1块	

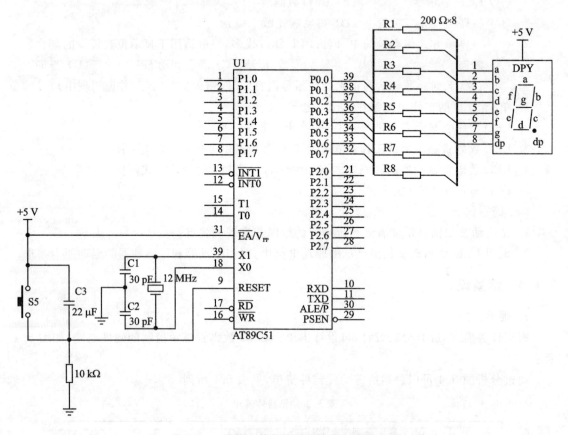

图 5.4 1位数码管数字显示控制电路原理图

2. 软件流程

本情景中要显示的数字的段码在编写程序时给出,故使用查表程序结构形式实现。查表程序是一种常用程序。它广泛应用于 LED 显示控制、打印机控制、数据补偿、数值计算、转换等功能程序中。这类程序具有结构简单、执行速度快等优点。

查表程序的关键是定义表格。所谓表格,是指在程序中定义的一串有序的常数,如平方表、字形码表、键码表等。因为程序都是固化在程序存储器(通常是只读存储器 ROM 类型)中的,因此,可以说表格中的内容是预先定义在程序的数据区中,然后和程序一起固化在 ROM 中的一串常数。

所谓查表法,是以要查的自变量值为单元地址,相应的函数值为该地址单元中的内容。编程序时只需要通过查表找到要显示的数字或符合的字形码数据,然后通过 P0 口送出,控制 LED 数码管就能实现要求。简单秒表显示软件流程见图 5.5 所示。

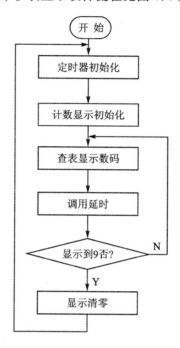

图 5.5 简单秒表显示流程图

3. 软件实现

参考源程序设计如下:

```
        ORG     0000H
        AJMP    MAIN
        ORG     0030H
MAIN:   MOV     TMOD,♯10H          ;定时器 T1 工作在方式 1
        MOV     TH1,♯3CH           ;T1 置 50 ms 计数初值
        MOV     TL1,♯0B0H
START:  MOV     R1,♯00H            ;计数显示初始化
        MOV     DPTR,♯0100H
DISP:   MOV     A,R1
        MOVC    A,@A+DPTR          ;查表得显示的字型码
        MOV     P0,A               ;数码管显示 0
        ACALL   DELAY              ;调用延时
        INC     R1                 ;计数值加 1
        CJNE    R1,♯10,DISP        ;秒值不到 10,继续显示,否则清 0
        MOV     R1,♯00H            ;计数值清 0
        SJMP    DISP               ;循环
        ORG     0100H
TAB     DB      0C0H,0F9H,0A4H     ;0,1,2
        DB      0BH,99H,92H        ;3,4,5
```

```
              DB      82H,0F8H,80H          ;6,7,8
              DB      90H                   ;9
DELAY：      MOV     R3,＃14H              ;置 50 ms 计数循环初值
              SETB    TR1                   ;启动 T1
LP1：        JBC     TF1,LP2               ;查询计数溢出
              SJMP    LP1                   ;未到 50 ms 继续计数
LP2：        MOV     TH1,＃3CH             ;重新置定时器初值
              MOV     TL1,＃0B0H
              DJNZ    R3,LP1               ;未到 1 s 继续循环
              RET                           ;返回主程序
              END
```

5.1.4 仿真与调试过程

在 C 盘建立文件夹 PRJ5,表示第五个项目。新建文件,并根据要求输入参考程序源文件,保存到文件夹 PRJ5 中,其文件名为 PRJ5-1. ASM。新建工程 PRJ5,也保存到文件夹 PRJ5 中,对已编写好并保存的程序文件,需加载到工程项目 PRJ5 中。加载好后,才能选择 Project→Build Target 项编译文件,如果程序没有语法错误,可以显示文件编译成功,否则返回编辑状态继续查找程序错误,直至文件编译成功。打开工程设置对话框,选择 Debug 标签页,对右侧的硬件仿真功能进行设置。用通信线把 Keil 51 仿真实验箱和 PC 机连接,并且要确保连接无误,如果 Keil C51 软件仿真环境不能进入,检查通信电缆是否连接好,电源开关是否打开以及实验箱上的功能开关是否在正确位置。用导线将单片机的 P0.0～P0.7 接数码管的 a～dp 8 段,再次选择 Project→Build Target 项链接装载目标文件,选择 Debug→Start/Stop Debug Session 项或按 Ctrl＋F5 组合键即可进入调试界面,如图 5.6 所示。

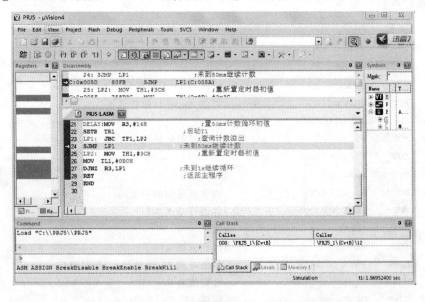

图 5.6 单个数码管循环显示的 Keil 软件调试界面

进入调试界面后,单击 Debug-Run(连续运行)按钮,观察数码管是否循环显示 0～9 十个数。经仿真后程序无误,正确连接编程器并把 AT89C51 芯片插好,根据选用的编程器型号,

运行相应的软件并将编译生成的 ∗.HEX 文件下载到芯片。把写有程序的单片机放入到实际
电路的对应位置,送电运行,观察实际效果。

5.1.5　情景讨论与扩展

在 5.1.1 小节的基础上,设计独立式按键和一位数码显示,要求如下:

① 8 个按键,分别对应一个子程序,按 1 号键,执行第一个子程序,按 2 号键执行第二个子
程序,以此类推。

② 每个子程序的功能是在一位数码管上显示键号。

③ 分析电路,准备材料,按图连接电路。

④ 分析任务,编写程序,并仿真调试。

⑤ 要求用散转指令实现多分支。

说明: "JMP @A+DPTR"这条指令用于实现程序的多分支结构,目标地址是将累加器 A
的 8 位无符号数和数据指针 DPTR 中的 16 位数相加后形成的。执行该指令时,将相加后形
成的目标地址送给 PC,使程序产生转移。在指令执行过程中对 DPTR、A 和标志位的内容均
无影响。这条指令的特点是便于实现多分支转移,只要把 DPTR 的内容固定,而给 A 赋予不
同的值,即可实现多分支转移。

参考电路见图 5.7。

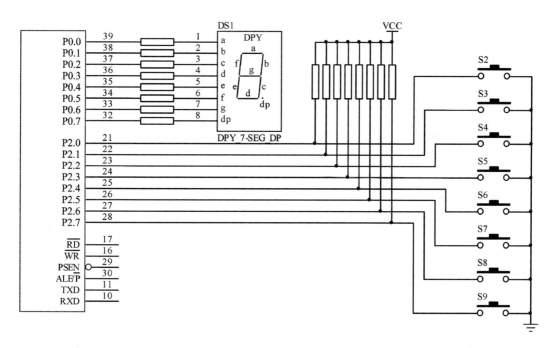

图 5.7　参考电路图

注意: 图 5.7 省略了单片机的复位和晶振电路,实际连接时必须加上。

参考程序如下:

```
M1:     LCALL   ANJIAN
        MOV     A,R7
```

```
                JZ      M1
                MOV     20H,A
                RL      A
                ADD     A,20H
                MOV     DPTR,#TAB1
                JMP     @A+DPTR
        TAB1:   LJMP    PRG0
                LJMP    PRG1
                LJMP    PRG2
                LJMP    PRG3
                LJMP    PRG4
                LJMP    PRG5
                LJMP    PRG6
                LJMP    PRG7
                LJMP    PRG8
                LJMP    M1
        PRG0:   LJMP    M1
        PRG1:   LCALL   DISP
                LJMP    M1
        PRG2:   LCALL   DISP
                LJMP    M1
        PRG3:   LCALL   DISP
                LJMP    M1
        PRG4:   LCALL   DISP
                LJMP    M1
        PRG5:   LCALL   DISP
                LJMP    M1
        PRG6:   LCALL   DISP
                LJMP    M1
        PRG7:   LCALL   DISP
                LJMP    M1
        PRG8:   LCALL   DISP
                LJMP    M1
                ORG     0080H
        ANJIAN: MOV     R7,#0
                MOV     A,P2
                CPL     A
                JZ      ANJIANE
                MOV     R6,#8
        ANJIANL:CLR     C
                RRC     A
                INC     R7
                JC      ANJIANE
                DJNZ    R6,ANJIANL
        ANJIANE:RET
```

```
          NOP
          ORG    0100H
DISP:     MOV    DPTR,#TAB
          MOV    A,20H
          MOVC   A,@A+DPTR
          MOV    P0,A
          RET
TAB:      DB 3FH,06H,5bH,4FH,66H,6DH   ;0,1,2,3,4,5,
          DB 7DH,07H,7FH,06FH          ;6,7,8,9
          DB 77H,7CH,39H,5EH,79H,71H   ;A,B,C,D,E,F
```

5.2 数字钟设计

5.2.1 情景任务

通过一个 6 位时钟显示系统的设计,能够使用动态显示方法进行电路设计,进一步学习 MCS - 51 系列单片机的编程方法。具体要求如下:

① 从左往右每两位 LED 分别显示"时、分、秒",并可正常计数、进位。

② 上电后首先显示"00 00 00",表示从 00 时 00 分 00 秒开始计时,当时间显示到"23 59 59"后 6 位显示都清 0,从头开始。

5.2.2 相关知识

知识链接 1 多位显示原理

1. 静态显示

实际使用的 LED 显示器通常有多位,多位 LED 的控制包括字段控制(显示什么字符)和字位控制(哪一位或哪几位亮)。N 位 LED 显示器包括 $8 \times N$ 根字段控制线和 N 根字位控制线。

由 LED 显示原理可知,要使 N 位 LED 显示器的某一位显示出某个字符,必须要将此字符转换为相应的字段码,同时进行字位的控制,这要通过一定的接口来实现。N 位 LED 显示器的接口形式与字段、字位控制线的译码方式以及 LED 显示方式有关。字段、字位控制线的译码方式有软件译码和硬件译码两种。硬件译码可以简化程序,减少依赖 CPU;软件译码则能充分发挥 CPU 功能,简化硬件装置。

例 5 - 2 图 5.8 所示为 3 位 LED 通过 8255A 与 AT89C51 单片机的连接电路,将 AT89C51 片内存储器 30H、31H、32H 单元的数值(十六进制数 0~F)分别显示于 1#、2#、3# LED 显示器上。8255A 工作于方式 0 输出,A 口、B 口、C 口和控制口的控制地址为 7F00H~7F03H。

解 由于每一位 LED 分别由一个 8 位输出口控制其字段码,因此每一位 LED 能独立显示字符。只要在该位 LED 的字段线上保持某字段码电平,该位就能稳定地显示相应的字符,在同一时刻每一位 LED 显示的字符可以不同。图 5.8 中 LED 为共阳极结构,注意 LED 各段都接有限流电阻。

参考程序如下:

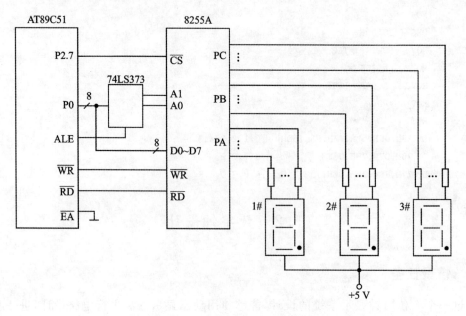

图 5.8　3 位 LED 静态显示电路

```
DISP1: MOV    P2,#7FH
       MOV    R0,#03H              ;指向 8255A 控制口
       MOV    A,#80H
       MOVX   @R0,A               ;写入方式控制字
       MOV    R0,#00H             ;指向 8255A 的 A 口
       MOV    R1,#30H             ;显示单元指针
       MOV    DPTR,#TAB           ;字段码表首址
LP:    MOV    A,@R1
       MOVC   A,@A+DPTR           ;查字段码
       MOVX   @R0,A               ;将字段码送 I/O 口
       INC    R0                  ;改 I/O 口地址
       INC    R1                  ;改显示单元地址
       CJNE   R1,33H,LP           ;判断是否结束
       RET
TAB:   DB     0C0H,0F9H,0A4H,0B0H ;"0","1","2","3"
       DB     99H,92H,82H ,0F8H   ;"4","5","6","7"
       DB     80H,90H,88H,83H     ;"8","9","A","B"
       DB     0C6H,0A1H,86H,8EH   ;"C","D","E","F"
```

　　当 AT89C51 单片机的并行口都已被占用而串行口未用时,可使串行口工作于方式 0 以扩展并行 I/O 口,作为 LED 显示器静态显示的接口。图 5.9 所示为利用串行口扩展口的 LED 静态显示电路。

　　74LS164 是串行输入、并行输出的移位寄存器,其引脚功能如下:

　　DSA、DSB:串行输入口。

　　$Q_0 \sim Q_7$:并行输入口。

　　$\overline{Cr}$:清除端。当 $\overline{Cr}=0$ 时,使输出端清 0。

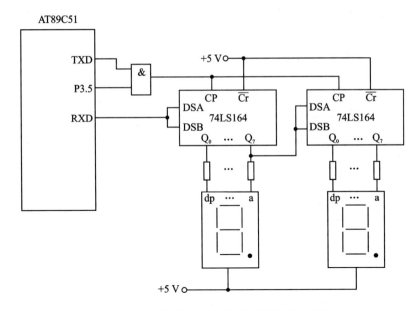

图 5.9　利用串行扩展口的 LED 静态显示电路

CP：时钟脉冲输入端。在脉冲上升沿实现移位；当 CP＝0、$\overline{Cr}$＝1 时，输出保持不变。

例 5 - 3　在图 5.9 所示的电路中，将 AT89C51 内存单元 50H、51H 的内容（BCD 码），从右到左显示于 LED 上。

解　图 5.9 中两片 74LS164 串联，能供给两位 LED 静态显示。每扩展一片 74LS164，可增加一位 LED，$\overline{CR}$ 接＋5 V。用 P3.5 控制 CP 信号，用 P3.5 作为 AT89C51 串行口的输出控制。当 P3.5＝1 时，CP 端有移位脉冲，允许从 RXD 端输出数据，更新显示。当 P3.5＝0 时，CP＝0，串行口不能输出数据，显示内容不变。

显示程序如下：

```
DISP2： SETB   P3.5                    ;允许串行口输出
        MOV    R7,＃02H                ;设置显示位数
        MOV    R0,＃50H                ;置显示缓冲区首地址
        MOV    DPTR,＃TAB              ;置字段码表首地址
LP：    MOV    A,@R0                   ;取显示数码
        MOVC   A,@A＋DPTR             ;查字段码表
        MOV    SUBF,A                  ;送出字段码
        JNB    TI,$                    ;等待串行传送结束
        CLR    TI                      ;清串行中断标志
        INC    R0                      ;显示缓冲区地址加1
        DJNZ   R7,LP                   ;判断显示数码是否取完
        CLR    P3.5                    ;停止串行口输出
        RET
TAB     DB     0C0H,0F9H,0A4H,0B0H    ;"0","1","2","3"
        DB     99H,92H,82H ,0F8H      ;"4","5","6","7"
        DB     80H,90H,88H,83H        ;"8","9","A","B"
        DB     0C6H,0A1H,86H,8EH      ;"C","D","E","F"
```

静态显示方式编程简单,但占用 I/O 口线多,适合于显示器位数较少的场合。

2. 动态显示

当 LED 显示器位数较多时,为了简化电路,降低成本,将所有位的字段线对应并联,由一个 8 位 I/O 口控制,而共阴极点或共阳极点另由相应的 I/O 口线控制。每一个时刻只选通其中一个 LED,同时在段选口送出该位 LED 的字型码,并保持一段延时时间,然后选通下一位,直到所有位扫描完。这样用两个 8 位 I/O 口能控制 8 位 LED 显示器。

当单片机的 I/O 不够用时,亦可用 8255A 等并行接口芯片来实现。

例 5-4 利用 8255A 设计 6 位动态显示片内 RAM 中 79H~7EH 的内容(数值为 00H~0FH)。

解 图 5.10 所示为使用 8255A 的 6 位 LED 动态显示电路。

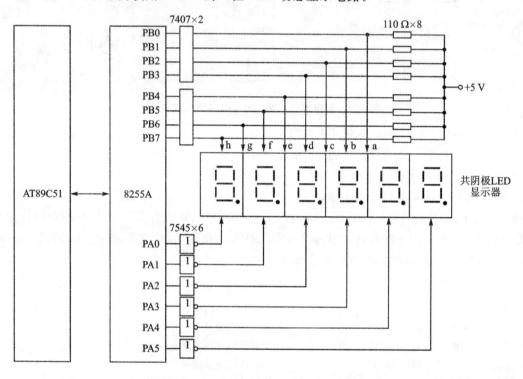

图 5.10 8255A 实现 6 位动态显示器接口

图 5.10 中,6 位 LED 由 8255A 的 2 个 8 位 I/O 口控制。PB 口经过驱动器后作为 6 位 LED 的字段线,称为字段码口。PA 口经过驱动器后作为 LED 的字位线,称为字位码口。由于 6 位 LED 的字段码都由一个 I/O 口控制,因此,如果其字位控制允许各位 LED 导通,则 6 位 LED 只能显示相同的字符。要想每位显示不同的字符,必须采用扫描显示方式。即在某一瞬间,只让某一位的字位线处于选通状态,其他各位的字位线处于开断状态;同时字段线上输出相应位要显示字符的字段码。这样在每一瞬时,6 位 LED 中只有选通的那一位 LED 显示出字符,而其他 5 位则是熄灭的。同样,在下一瞬间,只显示下一位 LED。如此继续,等 6 位 LED 都依次显示完毕后,循环进行。

虽然这些字符是在不同的瞬时轮流显示出来的,但是由于人眼的视觉残留效应,看到的是 6 位稳定显示的字符。

注意：由于字位码口的驱动器是反相器，因此 8255A 的 PA 口送出的应为其反码。如果 LED 的显示是从最左位开始，逐位向右，则字位码的变化是依次右移。

程序流程见图 5.11。

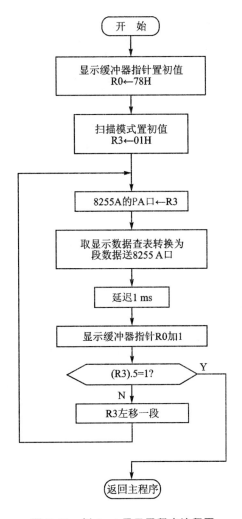

图 5.11　例 5－4 显示子程序流程图

参考程序如下：

DIR:	MOV	R0,♯79H	;显示缓冲区首地址送 R0
	MOV	R3,♯01H	;使显示器最左边位亮
	MOV	A,R3	
LD0:	MOV	DPTR,♯0101H	;扫描值送 PA 口(假设 8255 的 PA 口地址为 0101H)
	MOVX	@DPTR,A	;字位控制字送 8255A 的 PA 口
	INC	DPTR	;指向 PB 口
	MOV	A,@R0	;取显示数据
	ADD	A,♯12H	;加上偏移量
	MOVC	A,@A + PC	;取出字形
	MOVX	@DPTR,A	;把要显示的字段码送 8255A 的 PB 口
	ACALL	DL1	;调用延时

```
        INC    R0                          ;缓冲区地址加1
        MOV    A,R3
        JB     ACC.5,LD1                   ;扫描到第6个显示位了吗?
        RL     A                           ;R3左环移一位,扫描下一个显示位
        MOV    R3,A
        AJMP   LD0                         ;显示下一位数据
LD1:    RET
TAB:    DB     3fH, 06H, 5bH,4fH           ;"0","1","2","3"
        DB     66H ,6dH,7dH ,07H           ;"4","5","6","7"
        DB     7fH,6fH,77H, 7cH            ;"8","9","A","B"
        DB     39H,5eH,79H, 71H            ;"C","D","E","F"
DL1:    MOV    R7,#02H                     ;延时子程序
DL:     MOV    R6,#0FFH
DL6:    DJNZ   R6,DL6
        DJNZ   R7,DL
        RET
```

对于动态扫描显示,由于各数码管大部分时间不亮,只有一小部分时间亮,因此在设计实际的硬件电路时,并不一定需要加限流电阻,可以将单片机输出段码的I/O直接接到LED的8个发光二极管的各引出端。

采用多位动态显示比较节省I/O口,硬件电路也简单,但其亮度不如静态显示;而且当显示位数较多时,CPU要依次扫描,占用CPU较多的时间。我们已经知道,一旦程序中用了软件延时,在CPU执行延时程序的时候,不能干别的事情,这样势必会降低CPU的效率。在实际应用中,可以借助于定时器,定时时间一到,产生中断,更换下一数码点亮,然后马上返回;此次点亮的数码管就会一直亮到下一次定时时间到。这段时间内不执行延时程序,可以留给主程序。到下一次定时时间到,则点亮下一个数码管。

巩固与提高

一、选择题

1. LED数码管显示若用动态显示,须(   )。

   (A) 将各位数码管的位选线并联   (B) 将各位数码管的段选线并联

   (C) 将位选线用一个8位输出口控制   (D) 将段选线用一个8位输出口控制

   (E) 输出口加驱动电路

2. 在共阳极数码管使用中,若要仅显示小数点,则其相应的字段码是(   )。

   (A) 80H   (B) 10H   (C) 40H   (D) 01H

二、简答题

1. 在动态扫描显示电路中,为什么可以不接限流电阻?

2. 对于动态扫描显示电路,怎样才能使显示时看不出闪烁?

3. 如何显示LED的小数位?

5.2.3 情景设计

1. 硬件设计

单片机采用AT89C51,数码管采用共阳极LED,单片机P0口接到数码管的各段,当P0

口线输出"0"时,驱动数码管发光。单片机 P2 口线经过限流电阻后接至数码管的公共端,当
P2 线输出"1"时,选通相应位的数码管发光。综合分析,图 5.12 为时分秒循环显示的硬件电
路原理图。

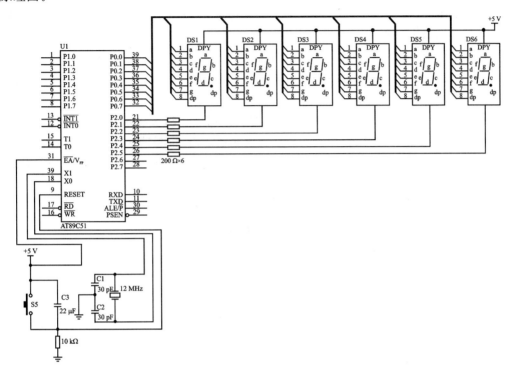

图 5.12　时分秒循环显示的硬件电路原理图

通过分析可得,实现本情景所需的元器件如表 5.3 所列。

表 5.3　元器件清单

序　号	元件名称	元件型号及取值	元件数量	备　注
1	单片机芯片	AT89C51	1 片	DIP 封装
2	数码管	ArkSM42050	6 只	共阳极
3	晶振	12 MHz	1 只	
4	电容	30 pF	2 只	瓷片电容
		22 μF	1 只	电解电容
5	电阻	200 Ω	6 只	碳膜电阻,可用排阻代替
		10 kΩ	1 只	碳膜电阻
6	按键		1 只	无自锁
			1 只	带自锁
7	40 脚 IC 座		1 片	安装 AT89C51 芯片
8	导线			
9	电路板		1 块	普通型带孔
10	稳压电源	+5 V	1 块	

2. 软件流程

整体程序主要分为三部分:主程序、显示子程序和定时器中断程序。主程序主要是初始化部分和不断调用动态显示子程序部分。动态显示子程序完成6位LED的轮流位扫描,它被主程序不断调用,以保证稳定可靠的显示。显示时间的刷新由定时器中断产生,定时器每50 ms中断一次,当中断20次(即1 s)后,对时间单元(秒计数单元、分计数单元、时计数单元)进行更新,然后通过拆字子程序将时间单元里面的十六进制数拆开为两个BCD码,并送到显示缓冲区。返回主程序后显示缓冲区的等显示数据被刷新一次,数码管相应的显示数值也就随之发生变化。

由单片机的P2口控制位码输出,P0口控制段码输出。动态显示程序中,在单片机内部RAM中设置等显示数据缓冲区,由查表程序完成显示译码,将缓冲区内待显示数据转换成相应的段码,再将段码通过P0口输出,位码数据由累加器循环左移指令产生,再通过P2口输出。

片内RAM的地址分配如表5.4所列。该程序的流程图如图5.13所示。

表5.4　RAM资源分配表

名　称	地址分配	用　途	初始化值
MSEC	20H	定时器50 ms计数单元	14H
SECOND	21H	秒计数单元	00H
MIN	22H	分计数单元	00H
HOUR	23H	小时计数单元	00H
30H～35H	显示缓冲区 30H:秒的个位 31H:秒的十位 32H:分的个位 33H:分的十位 34H:小时的个位 35H:小时的十位	00H	
	40H以上	堆栈区	

3. 软件实现

参考源程序如下:

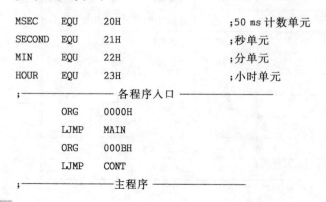

```
MSEC      EQU    20H              ;50 ms计数单元
SECOND    EQU    21H              ;秒单元
MIN       EQU    22H              ;分单元
HOUR      EQU    23H              ;小时单元
;——————— 各程序入口 ———————
          ORG    0000H
          LJMP   MAIN
          ORG    000BH
          LJMP   CONT
;——————— 主程序 ———————
```

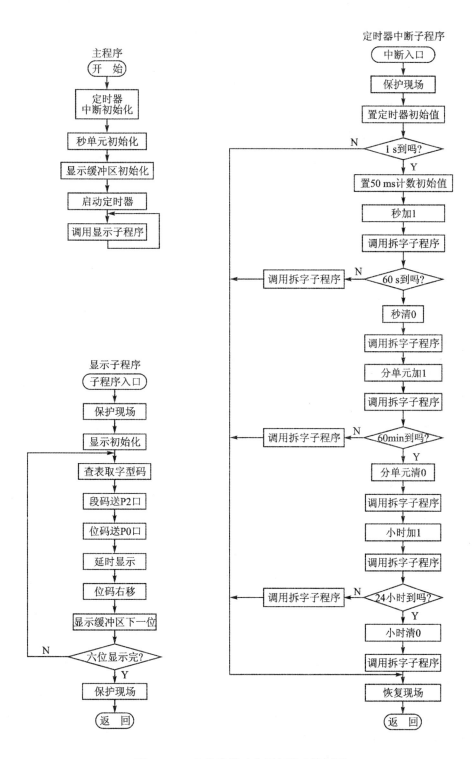

图 5.13 6 位数码管动态显示程序流程图

```
MAIN:     MOV     SP,♯3FH
          MOV     TMOD♯01H              ;设置定时器0工作方式
          MOV     TH0,♯3CH             ;设置定时器初始值TH0
          MOV     TL0,♯0B0H            ;设置定时器初始值TL0
          MOV     IE,♯82H              ;定时器中断允许
          MOV     SECOND,♯00H          ;秒单元初始值
          MOV     MIN,♯00H             ;分单元初始值
          MOV     HOUR,♯00H            ;小时单元初始值
          MOV     MSEC,♯14H            ;设置定时器溢出次数初始值20
          MOV     35H,♯00H             ;显示缓冲区清0
          MOV     34H,♯00H
          MOV     33H,♯00H
          MOV     32H,♯00H
          MOV     31H,♯00H
          MOV     30H,♯00H
          SETB    TR0                   ;启动定时器
START:    LCALL   DISP                  ;调显示子程序
          SJMP    START                 ;跳动START,不断调显示子程序
;——————————LED动态显示子程序——————————
;功能:动态扫描6个数码管
;入口:显示缓冲区30H~35H中等显示的6个数据
DISP:     MOV     R0,♯30H              ;显示缓冲区的首地址
          MOV     R7,♯00H              ;设定每位显示延时时间
          MOV     R2,♯06H              ;显示个数
          MOV     R3,♯20H              ;共阳管的位码初始值,从右端先亮
          MOV     A,@R0                 ;取显示缓冲区的一个数据
DISP1:    MOV     DPTR,♯TAB            ;查表首地址送DPTR
          MOVC    A,@A+DPTR             ;查表得到显示字符的字型码
          MOV     P0,A                  ;将字型码送P0口
          MOV     A,R3                  ;位选码给A
          MOV     P2,A                  ;位码送P2口
          DJNZ    R7,$                  ;延时
          DJNZ    R7,$                  ;延时
          RR      A                     ;位选码右移,选中下一个LED
          MOV     R3,A                  ;位选码送R3
          INC     R0                    ;指向显示缓冲区的下一位
          MOV     A,@R0                 ;取显示缓冲区的下一个数据
          DJNZ    R2,DISP1              ;6个LED轮流显示一遍吗?若没有则继续查表显示
                                        ;否则返回主程序
          RET                           ;返回主程序
TAB:      DB      0C0H,0F9H,0A4H,0B0H,99H
          DB      92H,82H,0F8H,80H,90H
;——————————定时器中断子程序——————————
;功能:50 ms执行一次,完成秒、分、小时单元的刷新并拆开放到显示缓冲区
;出口:显示缓冲区30H~35H中存放的待显示的6个数据
```

```
CONT:     PUSH     ACC                    ;保护现场
          MOV      TH0,#3CH               ;重置定时器初始值
          MOV      TL0,#0B0H
          DJNZ     MSEC,RN                ;判断到 20 次吗？若未到说明没有到 1 s,直接返回主程序
          MOV      MSEC,#14H              ;到 1 s,重置定时器溢出次数初始值 20 次
          INC      SECOND                 ;秒单元内容加 1
          MOV      A,SECOND               ;秒单元送给 A
          MOV      R1,#31H                ;指向显示缓冲区的 31H 单元
          LCALL    BINBCD                 ;调拆字子程序,将秒计数单元拆开为十位、个位,分别
                                          ;放到缓冲区 31H 单元和 30H 单元
          MOV      A,SECOND               ;秒单元送给 A
          CJNE     A,#60,RN               ;判断到 60 s 吗？若未到则返回主程序
          MOV      A,#00H                 ;到 60 s,则秒单元清 0
          MOV      SECOND,A
          MOV      R1,31H                 ;指向显示缓冲区的 31H 单元
          LCALL    BINBCD                 ;调拆字子程序
          MOV      A,MIN                  ;分单元内容加 1
          INC      A
          MOV      MIN,A
          MOV      R1,#33H                ;R1 指向显示缓冲区的 33H 单元
          LCALL    BINBCD                 ;调拆字子程序,将分计数单元拆开为十位、个位,分别放到
                                          ;缓冲区 33H 单元和 32H 单元
          MOV      A,MIN                  ;分单元送给 A
          CJNE     A,#60,RN               ;判断到 60 分吗？若未到则返回主程序
          MOV      A,#00H                 ;到 60 分,则分单元清 0
          MOV      MIN ,A
          MOV      R1,#33H                ;R1 指向显示缓冲区的 31H 单元
          LCALL    BINBCD                 ;调拆字子程序,
          MOV      A,HOUR                 ;小时单元内容加 1
          INC      A
          MOV      HOUR,A
          MOV      R1,#35H                ;R1 指向显示缓冲区的 35H 单元
          LCALL    BINBCD                 ;调拆字子程序,将小时计数单元拆开为十位、个位,分别
                                          ;放到缓冲区 35H 单元和 34H 单元
          MOV      A,HOUR                 ;小时单元送给 A
          CJNE     A,#24,RN               ;判断到 24 小时吗？若未到则返回主程序
          MOV      A,#00H                 ;到 24 小时,则小时单元清 0
          MOV      HOUR,A
          MOV      R1,#35H                ;R1 指向显示缓冲区的 35H 单元
          LCALL    BINBCD                 ;调拆字子程序
RN:       POP      ACC
          RETI
;————— 十六进制转 BCD 码拆字子程序 —————
;入口参数：A 累加器(待拆开的十六进制数)
;          R1(拆开后 BCD 码所存放的末地址)
```

```
;功能：将 A 中的十六进制数拆开为两个 BCD 码,分别存放到 R1 指向的两个缓冲单元中
BINBCD:  MOV    B,#10
         DIV    AB                    ;除以 10,得到时间值的十位和个位
         MOV    @R1,A                 ;十位送相应的显示缓冲区
         DEC    R1                    ;指向显示缓冲区的个位
         MOV    A,B                   ;个位送给 A,
         MOV    @R1,A                 ;个位送相应的显示缓冲区
         RET
         END
```

5.2.4 仿真与调试过程

新建文件,根据要求输入参考程序源文件,其文件名为 PRJ5-2. ASM,保存到文件夹 PRJ5 中。对已编写好并保存的程序文件,需加载到工程项目 PRJ5 中。加载好后,才能选择 Project→ Build Target 项编译文件,如果程序没有语法错误,可以显示文件编译成功,否则返回编辑状态继续查找错误,直至文件编译成功。打开工程设置对话框,打开 Debug 选项卡,对右侧的硬件仿真功能进行设置。将通信线把 Keil 51 仿真实验箱和 PC 机连接,并且要确保连接无误,如果 Keil C51 软件仿真环境不能进入,检查通信电缆是否连接好,电源开关是否打开以及实验箱上的功能开关是否在正确位置。用导线将单片机的 P0.0~P0.7 接数码管的 a~dp 8 段,P2.0~P2.5 通过 200 Ω 限流电阻接至数码管的公共端,再次选择 Project→Build Target 项链接装载目标文件,选择 Debug→Start/Stop Debug Session 项或按 Ctrl＋F5 组合键即可进入调试界面,如图 5.14 所示。

图 5.14 时分秒循环显示的 Keil 软件调试界面

进入调试界面后,单击 Debug-Run(连续运行)按钮,观察数码管是否能够正确的显示时间。经仿真后程序无误,正确连接编程器并把 AT89C51 芯片插好,根据选用的编程器型号,运行相应的软件并将编译生成的 *.HEX 文件下载到芯片。把写有程序的单片机放入到实际电路的对应位置,送电运行,观察实际效果。

5.2.5　情景讨论与扩展

设计 8 位共阴极数码管动态显示"12345678"电路,并写出与之对应的动态扫描显示子程序。要求在这 8 只显示器上显示片内 RAM 70H~77H 单元的内容(均为分离的 BCD 码)。

(1) 参考硬件设计

8 位动态显示器接口逻辑如图 5.15 所示。

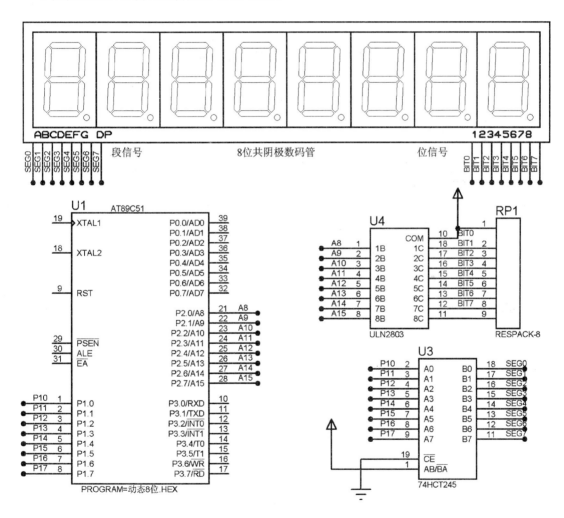

图 5.15　8 位动态扫描式显示电路

在此系统中,使用了单片机的 P1 口和 P2 口,其中 P2 口作为扫描口,P1 口作为段码输出口。在进行扫描时,P2 口的 8 位依次置 1,经过 ULN2803 反相后,依次选中了从左至右的显示器。

图 5.15 中使用了 ULN2803,低电平驱动能力很强,每一个引脚灌电流可达 50 mA 以上,只需一片即可驱动 8 位数码管。ULN2803 的内部结构和引脚如图 5.16 所示。但由于它是反相驱动,单片机输出的位选信号是高电平。段码输出驱动采用了 74HCT245,它是 8 位同相驱动器。

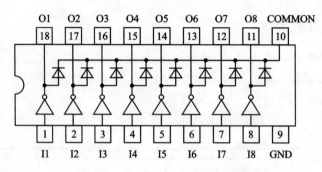

图 5.16　ULN2803 引脚和内部结构

(2) 参考软件设计

动态扫描子程序之前应该将要显示的内容装入显示缓冲区 70H~77H。

```
;--------实验数据填入缓冲区------------------------------
        MOV     70H,#1
        MOV     71H,#2
        MOV     72H,#3
        MOV     73H,#4
        MOV     74H,#5
        MOV     75H,#6
        MOV     76H,#7
        MOV     77H,#8
;-----------以下8位动态显示-----------------------------
DISP1:  MOV     R0,#70H          ;指向缓冲区末地址
        MOV     R2,#01H          ;开始选择最低位所接数码管
DISP2:  MOV     A,@R0            ;取要显示的数据
        LCALL   SEG7             ;查表取得字型码,即段码
        MOV     P1,A             ;输出段码
        MOV     P2,R2            ;输出位选信号
        LCALL   D1MS             ;延时 1 ms
        MOV     P2,#0            ;关闭显示
        INC     R0               ;调整指针
        MOV     A,R2             ;读回扫描字即位选信号
        CLR     C                ;清进位标志
        RLC     A                ;扫描字右移选择下一位
        MOV     R2,A             ;保存扫描字
        JC      PASS             ;一次显示结束
        AJMP    DISP2            ;没结束继续显示
PASS:   AJMP    DISP1            ;从头开始
;----------- 延时 1 ms 子程序-------------------
```

```
D1MS:    MOV      R7,＃02H
DMS:     MOV      R6,＃0FFH
         DJNZ     R6,$
         DJNZ     R7,DMS
         RET
;---------查表获取字型段码-----------------------
SEG7:    INC      A
         MOVC     A,@A＋PC
         RET
;--------------显示子程序用的字型表-------------------------------
;-----高电平有效,字型笔画 a 连接最低位-----------------------------
TABLE:   DB       3fH, 06H, 5bH,4fH        ;"0","1","2","3"
         DB       66H ,6dH,7dH ,07H        ;"4","5","6","7"
         DB       7fH,6fH,77H, 7cH         ;"8","9","A","B"
         DB       39H,5eH,79H, 71H         ;"C","D","E","F"
DLY:     MOV      R1,＃10
D1:      MOV      R2,＃248
         DJNZ     R2,$
         DJNZ     R1,D1
         RET
         END
```

上述任务中,调整延时子程序,延长延时时间,观察显示效果。

设计一 4 位动态显示电路,循环显示"000.0～999.9"。

项目6 温度采集显示系统

在自动控制领域中,经常要对温度、速度、压力、位移、角度等信号进行测量,这些参数通常都是模拟信号,即连续变化的物理量,而单片机却只能接收数字信号,那么单片机要怎样控制这些参数呢? 生活中常用的家电如冰微波炉、电磁炉、热水器等,这些电器都是如何控制温度的呢? 本项目安排了单片机实现温度采集和温度采集显示两个情景。

【知识目标】

1. 掌握 A/D 转换器的主要指标。
2. 理解逐次逼近型工作原理 A/D 转换电路的结构和工作原理。
3. 掌握 ADC0809 的使用方法。

【能力目标】

通过利用单片机实现温度的采集并显示,使学生能够在单片机内部资源不足时对所要设计的系统进行合理扩展和设计。

6.1 温度采集

6.1.1 情景任务

学生通过教师的引导,用 3DG6 作为温度传感器,利用 A/D 转换器将模拟量转换成数字信号。使用中断方式采集现场温度数据,并将数据存放在外部 RAM 的 A0H 单元中。

6.1.2 相关知识

知识链接1 测温电路

1. 3DG6 测温

如图 6.1 所示,用 3DG6 作为温度传感器与 LM324 运算放大器构成温度测量电路。晶体管 3DG6 置于测温现场,集电结零偏作为二极管使用。硅晶体管发射结电压的温度系数约为 -2.5 mV/℃,即温度每上升 1℃,发射结电压就会下降 2.5 mV。

2. DS18B20 测温

DS18B20 是 Dallas 半导体公司推出的数字化温度传感器。该传感器支持"一线总线"接口,可方便地进行多点温度测量,还可以程序设定 9～12 位的分辨率,最高精度为 0.062 5 ℃。该产品支持 3～5.5 V 的电压范围,体积小,系统设计更灵活、方便。DS18B20 的接线如图 6.2 所示,其中 DQ 为数字信号输入/输出端;GND 为电源地;VCC 为外接供电电源输入端。

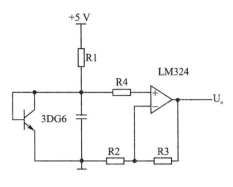

图 6.1　温度测量电路

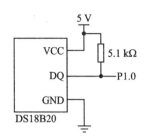

图 6.2　DS18B20 电路接线

知识链接 2　A/D 转换技术

1. A/D 转换器的性能指标

（1）转换速率和转换时间

转换速率是指完成一次转换所需的时间。转换时间是指从接到转换控制信号开始，到输出端得到稳定的数字输出信号所经过的这段时间。

（2）转换精度

转换精度是指实际的各个转换点偏离理想特性的误差，可以用绝对误差或相对误差来表示。

（3）分辨率

A/D 转换器的分辨率用输出二进制数的位数表示，位数越多，转换精度越高，量化过程中的误差越小。对于 n 位的 A/D 转换器，其分辨率为满量程输出电压与 2^n 之比，例如，电压满量程为 5 V 的 10 位 A/D 转换器，可分辨的最小电压为 5 V 的 $1/2^{10}$，约为 5 mV。

2. A/D 转换器的分类

A/D 转换器品种很多，其分类方法也很多，可按精度、速度、位数等进行划分，常用的是按其工作原理进行划分，分为直接比较型和间接比较型。

（1）直接比较型

将输入的采样模拟量直接与作为标准的基准电压进行比较，得到可按数字编码的离散量，或直接得到数字量。这种类型包括连续比较、逐次逼近、斜波（或阶梯波）电压比较等，其中最常用的是逐次逼近型。

（2）间接比较型

输入的采样模拟量不是直接与基准电压比较，而是将二者都变成中间物理量再进行比较，然后将比较得到的时间（t）或频率（f）进行数字编码。间接比较是"先转换后比较"，这种类型包括双斜式、脉冲调宽型、积分型、三斜率型和自动校准积分型等。

3. A/D 转换器原理

单片机只能接收二进制数，A/D 转换器的功能就是将模拟信号转换成数字信号，而模拟信号在时间上是连续的，数字信号是离散的，所以进行转换时只能在一系列选定的瞬间（即时间坐标轴上的一些规定点）对输入的模拟信号进行采样，然后对采样信号进行保持，在采样保持这段时间内把这些采样的模拟量转换为数字量，并按一定的编码形式给出转换结果。通常

A/D转换需经过采样、保持、量化、编码几个步骤来完成。下面以逐次逼近型和双积分型 A/D 转换器为例说明 A/D 转换原理。

(1) 逐次逼近型 A/D 转换器

逐次逼近型 A/D 转换器原理如图 6.3 所示。A/D 转换器主要结构由 D/A 转换器、N 位寄存器、电压比较器、控制逻辑电路及脉冲产生电路等组成。

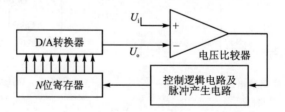

图 6.3　逐次逼近型 A/D 转换器工作原理图

转换开始前先将所有寄存器清 0。开始转换时,D/A 转换器从高位到低位逐步增加数字量且依次进行。先将 N 位寄存器最高位置 1,使之输出数码为 1000…00。这个数码被转化成相应的模拟电压 U_o 送到比较器中,与 U_i 进行比较,当 U_o 小于 U_i 时,则保留此新增位;否则置 0。然后按同样的方式逐位比较,直到最后一位为止。比较完毕后,寄存器中的数据就是所要求的数字量输出。上述过程为逐次逼近型 A/D 转换器的基本工作过程。逐次逼近型 A/D 转换器精度高,速度快,转换时间稳定,易于与微机接口,故应用非常广泛。

(2) 双积分型 A/D 转换器

双积分型 A/D 转换器原理如图 6.4(a)所示。双积分型 A/D 转换器主要结构由积分器、比较器、计数器和控制逻辑等组成。

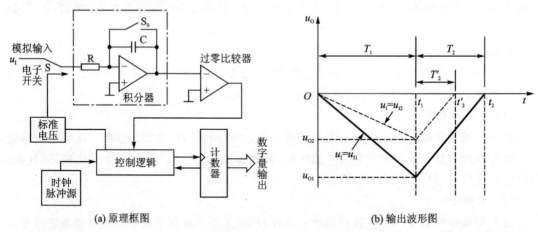

(a) 原理框图　　　　　　　　　　(b) 输出波形图

图 6.4　双积分型 A/D 转换器工作原理图

双积分型 A/D 转换器的工作过程是,首先电子开关 S 接通,积分器对 u_1 进行固定时间 T_1 积分,变换成与输入电压平均值成正比的时间间隔,同时计数器开始对时钟脉冲进行计数。当计数器计满 2^n 时,积分器从前一次积分的终始值开始进行反向积分,与此同时,计数器清零并重新开始对时钟脉冲计数,直至积分器输出回到零时,检零比较器输出为零,计数器停止计数。这是控制逻辑电路向 CPU 发出状态信号。计数器输出端为转换结果。双积分型 A/D 转换器抗工频干扰能力强,精度高,价格便宜,但转换速度较慢。

知识链接 3 ADC0809 芯片介绍

ADC0809 是一种逐次逼近型 A/D 转换器,其分辨率为 8 位,可同时对 8 路输入信号进行转换。它具有锁存控制的多路开关和三态缓冲输出控制,单一＋5 V 供电,输入范围为 0～5 V,工作温度范围为－40～85 ℃。

由图 6.5 ADC0809 结构框图可见,多路开关可选通 8 个模拟通道,允许 8 路模拟信号分时输入,共用一个 A/D 转换器。由 ADDA、ADDB、ADDC 三个地址位选择输出通道。ADC0809 芯片为 28 引脚双列直插式封装,其引脚排列如图 6.6 所示。

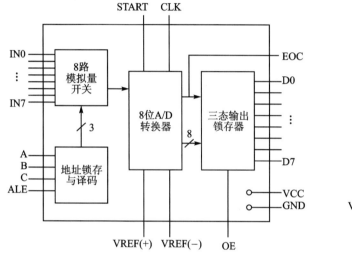

图 6.5 ADC0809 结构框图

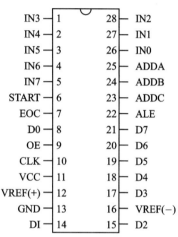

图 6.6 ADC0809 引脚图

ADC0809 主要引脚功能说明如下:

IN0～IN7:8 路模拟量输入端,电压范围 0～5 V 单极性信号。

D0～D7:8 位数字量输出端,为三态缓冲输出形式,可以与单片机直接连接。

START:启动信号控制端,下降沿启动 A/D 转换。

ALE:模拟量输入通道地址锁存信号控制端,上升沿锁存选择的模拟通道。

EOC:转换结束标志端,当转换结束时 EOC＝1,正在转换时 EOC＝0。

OE:输出允许控制端,OE 为低电平,三态锁存器为高阻态;OE 为高电平,打开三态输出锁存器,将转换结果数字量输出到数据总线上。

VREF(＋)、VREF(－):基准电压输入端。

CLK:时钟输入端。ADC0809 内部无时钟电路,需外部提供适当时钟信号。时钟频率典型值为 640 kHz,其允许范围为 10～1280 kHz。

VCC:主电源输入端,＋5 V 电源。

GND:接地端。

ADDA、ADDB、ADDC:8 路模拟量开关的 3 位地址选通输入端。ADDA 为低地址位,ADDC 为高地址位,对模拟通道进行选择。

巩固与提高

一、填空题

1. A/D 转换的作用是将_____量变换成计算机能接收的_____量。

2. A/D 转化的过程主要包括：_____、_____、_____及_____。

二、简答题

1. A/D 转换器的分辨率如何表示？它与精度有何不同？

2. A/D 转换的作用是什么？在单片机应用系统中，什么场合用到 A/D 转换？

3. 简述逐次逼近式 A/D 转换器的转换原理。

6.1.3 情景设计

1. 硬件设计

使用 3DG6 作为温度传感器，构成温度测量电路。ADC0809 转换结束信号 EOC 经一个反相器，接于单片机 AT89C51 的外中断 1。AT89C51 的 $\overline{RD}$、$\overline{WR}$ 与 P2.0 通过逻辑门控制 ADC0809 的启动端 START、锁存端 ALE 和输出端 OE。当 AT89C51 产生写信号 $\overline{WR}$ 时，由一个或非门产生转换器的启动信号 START 和地址锁存信号 ALE(高电平有效)，同时将通道地址 ADDA、ADDB、ADDC 送地址总线，模拟量通过被选中的通道送到 A/D 转换器，并在 START 下降沿开始逐位转换。当转换结束时，转换结束信号 EOC 变为高电平，经反相器向 CPU 发中断请求，也可采用查询方式实现。当 AT89C51 产生读信号 $\overline{RD}$ 时，则由一个或非门产生 OE 输出信号(高电平有效)，使 A/D 转换结果读入 AT89C51。ADC0809 转换器所需时钟信号可以由 AT89C51 的 ALE 信号分频获得。温度采集系统硬件连接如图 6.7 所示。

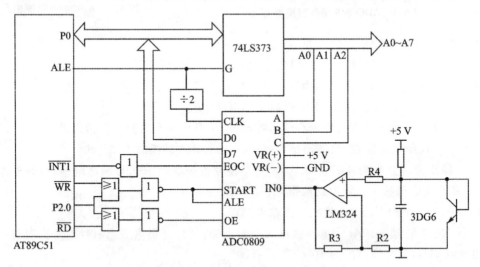

图 6.7　温度采集系统电路图

通过分析温度采集系统原理图可以得到实现本情景所需要的元器件，元器件清单如表 6.1 所列。

表 6.1　元器件清单

序　号	元件名称	元件型号及取值	元件数量	备　注
1	单片机芯片	AT89C51	1 片	DIP 封装
2	8 位 A/D 转换器	ADC0809	1 片	DIP 封装
3	数据锁存器	74LS373	1 片	DIP 封装
4	运算放大器	LM324	1 只	
5	温度传感器	3DG6	1 个	
6	晶振	12 MHz	1 只	
7	电容	30 pF	2 只	瓷片电容
		22 μF	2 只	电解电容
8	电阻	1 kΩ	4 只	碳膜电阻,可用排阻代替
		10 kΩ	1 只	碳膜电阻
9	按键		1 只	无自锁
10	40 脚 IC 座		1 片	安装单片机芯片
11	20 脚 IC 座		1 片	安装锁存器芯片
12	28 脚 IC 座		1 片	安装 ADC0809 芯片
13	导线		若干	
14	稳压电源	+5 V	1 块	
15	电路板		1 块	普通型带孔

2. 软件流程

本控制使用简单循环结构设计就可实现,程序结构流程如图 6.8 所示。

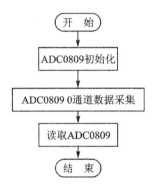

图 6.8　温度采集流程

3. 软件实现

参考程序如下:

```
        ORG     0000H           ;主程序入口地址
        AJMP    MAIN            ;跳转主程序
        ORG     0013H           ;外部中断 1 入口地址
        AJMP    INT1            ;跳转中断服务程序
;主程序
MAIN:   MOV     R0,#0A0H        ;数据存储区指针
```

```
        SETB    IT1                    ;触发方式设为边沿触发
        SETB    EA
        SETB    EX1                    ;开中断
        MOV     DPTR,#0FEF0H           ;A/D转换器地址,指向0通道
        MOV     A,#00H
        MOVX    @DPTR,A                ;启动0通道
HERE:   SJMP    HERE                   ;等待中断
;中断服务程序
INT1:   MOVX    A,@DPTR                ;读A/D转换结果
        MOV     @R0,A                  ;存放结果到RAM单元
        CLR     EX1                    ;禁止中断
        RETI
```

6.1.4 仿真与调试过程

新建文件,根据要求输入参考程序源文件,其文件名为 PRJ6-1. ASM,保存到文件夹 PRJ6 中。对已编写好并保存的程序文件,需加载到工程项目 PRJ6 中。加载好后,选择 Project→ Build Target 项编译文件,如果程序没有语法错误,则可以显示文件编译成功;否则返回编辑 状态继续查找错误,直至文件编译成功。打开工程设置对话框,选择 Debug 标签页,对右侧的 硬件仿真功能进行设置。用通信线把 Keil 51 仿真实验箱和 PC 机连接,并且要确保连接无 误,如果 Keil C51 软件仿真环境不能进入,则检查通信电缆是否连接好,电源开关是否打开以 及实验箱上的功能开关是否在正确位置。用导线将 ADC0809 的零通道 IN0 用插针接至 AOUT1 孔,CLOCK 接至脉冲源,单片机的 P0.0~P0.7 接至 ADC0809 的 D0~D7 端,再将 P0.0~P0.2 接至 ADC0809 的 A、B、C 端,ADC0809 的控制引脚与单片机相应的引脚连接,再 次选择 Project→Build Target 项链接装载目标文件,选择 Debug→Start/Stop Debug Session 项或按 Ctrl+F5 组合键即可进入调试界面,如图 6.9 所示。

图 6.9 温度采集系统的 Keil 软件调试界面

进入调试界面后,单击 Debug-Run(连续运行)按钮,观察是否能够正确采集数据。经仿真后程序无误,正确连接编程器并把 AT89C51 芯片插好,根据选用的编程器型号,运行相应的软件并将编译生成的 ＊.HEX 文件下载到芯片。把写有程序的单片机放入到实际电路的对应位置,送电运行,观察实际效果。

6.1.5　情景讨论与扩展

1. 使用 A/D 转换器时应当注意哪些问题?
2. A/D 转换器数据传送有几种方式?
3. 用其他通道轮流采样,程序应如何编写?

6.2　温度采集显示

6.2.1　情景任务

用 DS18B20 数字化温度传感器进行温度采集,测温范围－55～＋99 ℃,并将温度值在数码管上以动态扫描方式显示。

6.2.2　相关知识

知识链接 1　温度显示原理

1. 8255A 扩展 I/O 口控制 LED 数码管动态显示

8255A 并行接口芯片的使用及 LED 数码管动态显示的原理已分别在项目四和项目五中介绍,在此不再赘述。下面给出 8255A 控制 LED 数码管的工作程序软件流程,如图 6.10 所示。

2. DS18B20 芯片介绍

(1) DS18B20 的性能特点

① 采用单总线专用技术,既可通过串行口线,也可通过其他 I/O 口线与微机接口,无须经过其他变换电路,直接输出被测温度值。

② 测温范围为－55～＋125 ℃。

③ 内含 64 位经过激光修正的只读存储器 ROM。用户可分别设定各路温度的上、下限。

④ 内含寄生电源。

(2) DS18B20 的内部结构

DS18B20 内部结构主要由 4 部分组成:64 位光刻 ROM、温度传感器、非挥发的温度报警触发器 TH 和 TL、高速暂存器。DS18B20 的引脚排列如图 6.11 所示。

(3) DS18B20 控制方法

根据 DS18B20 的通信协议,主机控制 DS18B20 完成温度转换必须经过三个步骤:每一次读写之前都要对 DS18B20 进行复位,复位成功后发送一条 ROM 指令,最后发送 RAM 指令,这样才能对 DS18B20 进行预定的操作。复位要求主 CPU 将数据线下拉 500 μs,然后释放,DS18B20 收到信号后等待 16～60 μs 左右,后发出 60～240 μs 的存在低脉冲,主 CPU 收到此信号表示复位成功。

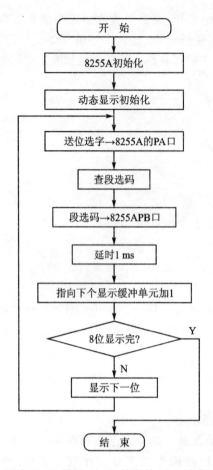

图 6.10　通过 8255A 扩展 I/O 口控制的 LED 动态显示流程图

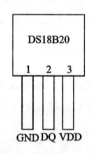

图 6.11　DS18B20 引脚

在硬件上,DS18B20 与单片机的连接有两种方法。一种是 VCC 接外部电源,GND 接地,I/O 与单片机的 I/O 线相连;另一种是用寄生电源供电,此时 VDD,GND 接地,I/O 接单片机 I/O。无论是内部寄生电源还是外部供电,I/O 口线要接 5 kΩ 的上拉电阻,如图 6.2 所示。DS18B20 有多条控制命令,如表 6.2 所列。

表 6.2　DS18B20 控制命令表

指　令	代　码	功　能
读 ROM	33H	读 DS18B20 中的编码(即 64 位地址)
符合 ROM	55H	发出此命令后,发出 64 位编码地址,找出地址相对应的 DS18520 器件,为下一步对该 DS18520 的读/写做准备
搜索 ROM	0F0H	用于确定挂接在同一总线上的 DS18B20 的个数和 64 位 ROM 地址
跳过 ROM	0CCH	忽略 64 位 ROM 地址,直接向 DS18B20 发温度转换命令,适用于单片工作
告警搜索命令	0ECH	执行后,只有温度值超过设定值上限或下限的片子才会做出反应
温度变换	44H	启功 DS18B20 开始进行温度转换,结果存入内部 RAM 中
读暂存器	0BEH	读暂存器 RAM 中的温度值

指　令	代　码	功　能
写暂存器	4EH	向内容 RAM 中的第 3、4 字节写入上、下限温度命令，紧跟命令之后，传送的是两字节的数据
复制暂存器	48H	将 RAM 中的第 3、4 字节内容复制到 E²PROM 中
重调 E²PROM	0B8H	将 E²PROM 中内容恢复到 RAM 中的第 3、4 字节
读供电方式	0B4H	读 DS18B20 的供电模式，寄后供电是发送 0，外接电源供电发送 1

知识链接 2　　DA、SWAP 和 NOP 指令的意义与使用

1. 十进制调整指令 DA

DA 是十进制调整指令，是一条专用指令，用于对 BCD 码十进制数进行加法运算的结果进行修正。

指令格式：

DA　A

已经学习过的 ADD 和 ADDC 指令都是二进制数加法指令，对二进制数的加法运算都能得到正确的结果。但对于十进制数（BCD 码）的加法运算，指令系统中并没有专门的指令，因此只能借助于二进制加法指令，即以二进制加法指令来进行 BCD 码的加法运算。然而二进制数的加法运算原则不能完全适用于十进制数的加法运算，有时会产生错误结果。

例 6 - 1

$$
\begin{array}{ccc}
\text{(a) } 6+3=9 & \text{(b) } 8+7=15 & \text{(c) } 8+9=17 \\
\begin{array}{r} 0110 \\ +\,0011 \\ \hline 1001 \end{array} &
\begin{array}{r} 1000 \\ +\,0111 \\ \hline 1111 \end{array} &
\begin{array}{r} 1000 \\ +\,1001 \\ \hline 1\,0001 \end{array}
\end{array}
$$

其中：(a)的运算结果是正确的，因为 9 的 BCD 码就是 1001。

(b)的运算结果是不正确的，因为十进制数的 BCD 码中没有 1111 这个编码。

(c)的运算结果也是错误的，因为(8＋9)的正确结果应是 17，而运算所得到的结果却是 11。

这种情况表明，二进制加法指令不能完全适用于 BCD 码十进制数的加法运算，因此在使用 ADD 和 ADDC 指令对十进制数进行加法运算之后，要对结果进行有条件的修正。

2. 半字节交换指令 SWAP

指令格式：

SWAP　A　　　　;将累加器 A 中的数据进行高 4 位与低 4 位互换

例 6 - 2　已知(A)＝23H，执行完 SWAP A 指令后，累加器 A 中的内容是多少？

解　"SWAP A"是将 A 中的 8 位数据高低半字节互换，指令执行完后，(A)＝32H。

3. 空操作指令 NOP

指令格式：

NOP　　　　　　;PC＋1→PC

NOP 指令的功能仅使 PC 加 1，然后继续执行下条，无任何其他操作。NOP 为单机器周期指令，在时间上占用一个机器周期，因而在延时或等待程序中常用于时间"微调"。

例 6-3 利用 NOP 指令产生矩形波从 P1.0 输出。

解 满足题目要求的参考源程序如下：

```
HATE:CLR    P1.0              ;P1.0 清 0
     NOP                      ;空操作
     NOP
     NOP
     NOP
     SETB   P1.0              ;P1.0 置 1
     NOP                      ;空操作
     NOP
     SJMP   HATE              ;无条件返回
```

巩固与提高

一、填空题

1. 设累加器 A 内容为 01010110B,即为 56 的 BCD 码,寄存器 R3 内容为 01100111B,为 67 的 BCD 码,CY 内容为 1,执行下列指令：

```
ADDC A,R3
DA   A
```

则(A)=＿＿＿＿＿＿,CY=＿＿＿＿＿＿。

2. DS18B20 内部结构主要由四部分组成：＿＿＿＿＿＿、＿＿＿＿＿＿、非挥发的温度报警触发器(TH 和 TL)和＿＿＿＿＿＿。

3. DS18B20 数字化温度传感器的测温范围为＿＿＿＿＿＿。

4. DS18B20 与单片机的连接有两种方法分别是＿＿＿＿＿＿和＿＿＿＿＿＿。

二、简答题

1. 简述 DS18B20 数字化温度传感器控制方法。

2. 简述通过 8255 扩展 I/O 口控制 LED 动态显示的基本过程。

6.2.3 情景设计

1. 硬件设计

温度采集信号通过 P1.0 口输入,P1.7 口接指示灯,当检查到 DS18B20 就点亮。采集到的数据采用 8255 扩展 I/O 口控制 LED 动态显示,如图 6.12 所示。

通过分析图 6.12 可以得到实现本情景所需的元器件清单,如表 6.3 所列。

表 6.3 元器件清单

序　　号	元件名称	元件型号及取值	元件数量	备　注
1	单片机芯片	AT89C51	1 片	DIP 封装
2	温度传感器	DS18B20	1 个	
3	数码管驱动器	BIC8718	1 片	DIP 封装
4	二极管		1 只	普通
5	导线		若干	

续表 6.3

序　号	元件名称	元件型号及取值	元件数量	备　注
6	8 段数码管		6 个	共阳型
7	晶振	12 MHz	1 只	
8	电容	30 pF	2 只	瓷片电容
		22 μF	1 只	电解电容
9	电阻	200 Ω	9 只	碳膜电阻,可用排阻代替
		10 kΩ	1 只	碳膜电阻
		4.7 kΩ	1 只	碳膜电阻
10	按键		1 只	无自锁
			1 只	有自锁
11	40 脚 IC 座		1 片	安装单片机芯片
12	20 脚 IC 座		1 片	安装锁存器芯片
13	稳压电源	+5 V	1 块	
14	电路板		1 块	普通型带孔

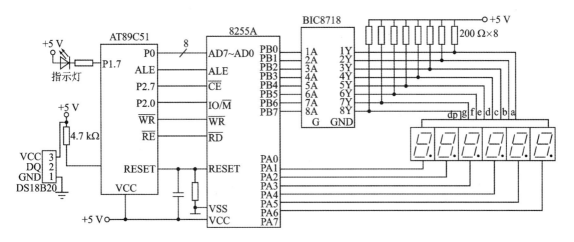

图 6.12　温度采集与显示电路图

2. 软件流程

本控制使用简单的循环程序设计实现,程序结构流程如图 6.13 所示。

3. 软件实现

本程序中 79H～7EH 是显示缓冲区,这样可以把 A/D 转换工程中的数字量以八段码的形式显示出来,显示的方式是动态扫描方式,显示范围是 0～255。其参考程序清单如下:

```
            ORG    0000H

            LJMP   MAIN

            ORG    0030H

MAIN:       MOV    SP,#53H

            MOV    P2,#0FFH
```

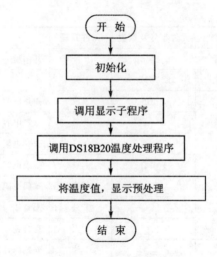

图 6.13　温度采集并显示

```
                MOV     A,#43H
                MOV     DPTR,#7F00H
                MOVX    @DPTR,A
                MOV     7EH,#01H
                MOV     7DH,#08H
                MOV     7CH,#0BH
                MOV     7BH,#14H
                MOV     7AH,#10H
                MOV     79H,#10H
LOOP:           LCALL   CHNG
                LCALL   GET_TEMPER          ;调用读温度子程序

;温度数据处理程序
                MOV     A,29H               ;28H温度数据高8位,29H温度数据低8位
                MOV     C,40H
                RRC     A
                MOV     C,41H
                RRC     A
                MOV     C,42H
                RRC     A
                MOV     C,43H
                RRC     A
                JNB     43H,POSITIVE
                CPL     A
                ADD     A,#01H
                MOV     7BH,#14H
                JMP     MINUS
POSITIVE:       MOV     7BH,#15H
MINUS:          MOV     29H,A
```

```
              CPL     P1.0
              MOV     A,29H                    ;十进制调整开始
              MOV     R0,#8
              MOV     R3,#00H
              MOV     R4,#00H
              MOV     R3,A
NEXT1:        CLR     C
              MOV     A,R3
              RLC     A
              MOV     R3,A
              MOV     A,R4
              ADDC    A,R4
              DA      A
              MOV     R4,A
              DJNZ    R0,NEXT1
              MOV     50H,A                    ;十进制调整结束
              MOV     A,50H                    ;取出温度值

;数据显示子程序
              MOV     R0,#79H                  ;温度值送显示缓冲区
              LCALL   PTDS
              SJMP    LOOP
              ORG     05D0H
PTDS:         MOV     R1,A                     ;显示缓冲区
              ACALL   PTDS1
              MOV     A,R1
              SWAP    A
PTDS1:        ANL     A,#0FH
              MOV     @R0,A
              INC     R0
              RET
              ORG     0200H
CHNG:         SETB    RS1                      ;换工作区
              MOV     R5,#08H
SSE2:         MOV     30H,#20H
              MOV     31H,#7EH
              MOV     R7,#06H
SSE1:         MOV     R1,#21H
              MOV     A,30H
              CPL     A
              MOVX    @R1,A                    ;字位送入
              MOV     R0,31H
              MOV     A,@R0
```

```
          MOV     DPTR,#DDFF
          MOVC    A,@A+DPTR             ;取字形代码
          MOV     R1,#22H
          MOVX    @R1,A                 ;字形送入
          MOV     A,30H
          RR      A                     ;右移
          MOV     30H,A
          DEC     31H
          MOV     A,#0FFH
          MOVX    @R1,A                 ;关显示
          DJNZ    R7,SSE1               ;位码显示判断
          DJNZ    R5,SSE2               ;段码显示判断
          CLR     RS1
          RET
DDFF:     DB      0C0H,0F9H,0A4H,0B0H,99H,92H,82H,0F8H,80H,90H
          DB      88H,83H,0C6H,0A1H,86H,8EH,0FFH,0F1H,0C6H,092H,0BFH,0B9H
;初始化子程序
INIT_1820: SETB   P1.0
          NOP
          CLR     P1.0
          MOV     R1,#3                 ;主机发出延时 537 μs 的复位低脉冲
TSR1:     MOV     R0,#107
          DJNZ    R0,$
          DJNZ    R1,TSR1
          SETB    P1.0                  ;然后拉高数据线
          NOP                           ;空操作
          NOP
          NOP
          MOV     R0,#25H
TSR2:     JNB     P1.0,TSR3             ;等待 DS18B20 回应
          DJNZ    R0,TSR2
          LJMP    TSR4                  ;延时
TSR3:     SETB    F0                    ;DS18B20 存在置标志位
          CLR     P1.7                  ;检查到 DS18B20 就点亮 P1.7 LED
          LJMP    TSR5
TSR4:     CLR     F0                    ;清标志位,表示 DS18B20 不存在
          CLR     P1.1
          LJMP    TSR7
TSR5:     MOV     R0,#117
TSR6:     DJNZ    R0,TSR6              ;时序要求延时一段时间
TSR7:     SETB    P1.0
          RET
;写 DS18B20 的子程序
WRITE_1820: MOV   R2,#8                 ;共 8 位数据
          CLR     C
```

```
WR1:        CLR     P1.0
            MOV     R3,#5
            DJNZ    R3,$
            RRC     A
            MOV     P1.0,C
            MOV     R3,#21
            DJNZ    R3,$
            SETB    P1.0
            NOP
            DJNZ    R2,WR1
            SETB    P1.0
            RET

;读取温度子程序
GET_TEMPER: SETB    P1.0
            LCALL   INIT_1820           ;复位
            JB      F0,TSS2
            CLR     P1.2
            RET                         ;判断 DS18B20 是否存在
TSS2:       CLR     P1.3
            MOV     A,#0CCH             ;跳过 ROM 匹配
            LCALL   WRITE_1820
            MOV     A,#44H              ;发出温度转换命令
            LCALL   WRITE_1820
            LCALL   CHNG
            LCALL   INIT_1820           ;准备读温度前先复位
            MOV     A,#0CCH             ;跳过 ROM 匹配
            LCALL   WRITE_1820
            MOV     A,#0BEH             ;发出读温度命令
            LCALL   WRITE_1820
            LCALL   READ_18200          ;将读出的温度数据保存到 29H/28H
            CLR     P1.4
            RET
READ_18200: MOV     R4,#2               ;将温度高位和低位从 DS18B20 中读出
            MOV     R1,#29H             ;低位存入 29H(TEMPER_L),高位存入 28H(TEMPER_H)
RE00:       MOV     R2,#8               ;数据一共有 8 位
RE01:       CLR     C
            SETB    P1.0
            NOP
            NOP
            CLR     P1.0
            NOP
            NOP
            NOP
            SETB    P1.0
            MOV     R3,#8
```

```
RE10:        DJNZ    R3,RE10
             MOV     C,P1.0
             MOV     R3,#21
RE20:        DJNZ    R3,RE20
             RRC     A
             DJNZ    R2,RE01
             MOV     @R1,A
             DEC     R1
             DJNZ    R4,RE00
             RET
             END
```

6.2.4 仿真与调试过程

新建文件,根据要求输入参考程序源文件,其文件名为PRJ6-2.ASM,保存到文件夹PRJ6中。对已编写好并保存的程序文件,需加载到工程项目PRJ6.uvproj中。加载好后,才能选择Project→Build Target项编译文件,如果程序没有语法错误,可以显示文件编译成功;否则返回编辑状态继续查找错误,直至文件编译成功。打开工程设置对话框,选择Debug标签页,对右侧的硬件仿真功能进行设置。用通信线把Keil C51仿真实验箱和PC机连接,并且要确保连接无误,如果Keil C51软件仿真环境不能进入,检查通信电缆是否连接好,电源开关是否打开以及实验箱上的功能开关是否在正确位置。将ADC0809的零通道IN0用插针接至AOUT1孔,CLOCK接至脉冲源,单片机的P0.0～P0.7接至ADC0809的D0～D7端,再将P0.0～P0.2接至ADC0809的A、B、C端,ADC0809的控制引脚与单片机相应的引脚连接,8255A与LED数码管连接。再次选择Project→Build Target项,链接装载目标文件,选择Debug→Start/Stop Debug Session项或按Ctrl+F5组合键即可进入调试界面,如图6.14所示。

图6.14 温度采集并显示的Keil软件调试界面

进入调试界面后,单击 Debug-Run(连续运行)按钮,观察是否能够正确采集数据并显示。经仿真后程序无误,正确连接编程器并把 AT89C51 芯片插好,根据选用的编程器型号,运行相应的软件并将编译生成的 * . HEX 文件下载到芯片。把写有程序的单片机放入到实际电路的对应位置,送电运行,观察实际效果。

6.2.5 情景讨论与扩展

1. 数据采集与控制系统的设计应当注意哪些问题?
2. DS18B20 数字化温度传感器使用时应当注意的问题有哪些?
3. 修改程序,同时对多路信号数据采集分时输出。

项目 7　常用外围设备接口电路设计

经过单片机处理后输出的数据是数字量,而许多控制对象往往需要模拟量进行控制调节,如电气伺服机构。因此,这就需要一种把数字量转换为模拟量的装置,这种装置称为数/模(D/A)转换器。在单片机控制系统中,常需要用开关量去控制和驱动一些执行元件,如电磁阀、继电器等。但 AT89C51 单片机的驱动能力有限,因此需要加驱动接口电路。基于以上叙述,本项目安排利用 DAC0832 实现产生锯齿波和步进电机的正反转控制两个情景设计。

【知识目标】

1. 掌握 D/A 转换器的主要指标。
2. 理解权电阻网络和倒 T 形电阻网络 D/A 转换器电路的结构和工作原理。
3. 掌握 DAC0832 与 AT89C51 单片机的接口及编程。
4. 掌握开关量与驱动接口电路。

【能力目标】

通过本项目的设计,掌握单片机常用外围设备接口电路的设计方法,为将来从事单片机相关职业打下基础。

7.1　利用数/模转换产生锯齿波

7.1.1　情景任务

用 DAC0832 作为波形发生器,LM324 作为电流电压转换器生成锯齿波。

7.1.2　相关知识

知识链接 1　D/A 转换技术

1. D/A 转换性能指标

(1)分辨率

分辨率是 D/A 转换器对输入量变化敏感程度的描述,这项指标反映了数字量在最低位上变化为 1 位时输出模拟量的最小变化。分辨率的高低通常用二进制输入量的位数来表示,当额定输出电压为 5 V 时,12 位 D/A 转换器的分辨率应为 5 V/4 096＝1.221 mV;10 位转换器的分辨率则为 5 V/1 024＝4.88 mV;而 8 位转换器的分辨率则为 5 V/256＝19.53 mV。可见,数据位数越多分辨率也就越高。

(2)转换精度

转换精度为实际模拟输出与理想(理论)模拟输出之间的最大偏差。一个 D/A 转换器实际转换值越接近其理论计算值,其转换精度越高,一般 D/A 转换器的转换精度为±1/2 LSR。

(3)D/A 转换速度

D/A 转换速度是指从二进制数输入到模拟量输出的时间,时间越短速度越快,一般几十到几百微秒。

2. D/A 转换原理

（1）权电阻网络 D/A 转换器

如图 7.1 所示，权电阻网络 D/A 转换器由权电阻网络、模拟开关及求和放大器组成。S_3、S_2、S_1 和 S_0 是 4 个电子开关，它们的状态分别受输入代码 d_3、d_2、d_1 和 d_0 的取值控制。

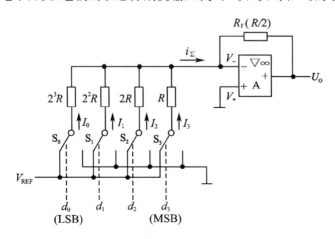

图 7.1　权电阻网络 D/A 转换电路

当二进制数的某位为"1"时，位切换开关闭合，基准电压加在相应的权电阻上，由此产生与之对应的电流输入运算放大器，这个电流称为权电流。此时运算放大器输出电压就是这些输入的、与二进制权对应的权电流作用的结果。例如，$d_3 = 1$，就会产生一个电流 $I_3 = V_{REF}/R$；相应的，$d = 1$，会产生电流 $I_2 = V_{REF}/2R$；$d_1 = 1$，会产生电流 $I_1 = V_{REF}/4R$；$d_0 = 1$，会产生电流 $I_0 = V_{REF}/8R$。因此，输入运算放大器的总电流为

$$I = I_3 + I_2 + I_1 + I_0 =$$
$$I_3(d_3/2^0 + d_2/2^1 + d_1/2^2 + d_0/2^3) =$$
$$V_{REF}/2^3 R(2^3 d_3 + 2^2 d_2 + 2^1 d_1 + 2^0 d_0)$$

上式表明，送入运算放大器的电流是各位二进制位对应的权之和，其中，$V_{REF}/2^3 R$ 可以看成是一个比例系数，该式完成了二进制数到模拟量的转换。通过运算放大器的反馈电阻 R_F 把权电流之和转换为电压量，这样就可以把二进制数字量转换为模拟电压量，转换后的模拟电压为

$$U_o = -R_F I = \frac{-R_F V_{REF}}{2^3 R}(2^3 d_3 + 2^2 d_2 + 2^1 d_1 + 2^0 d_0)$$

不同的 D/A 转换器有不同的权电阻网络。当二进制位数较多时，该方法精度受影响。

（2）倒 T 形电阻网络 D/A 转换器

如图 7.2 所示，由 R、$2R$ 两种电阻构成了倒 T 形电阻网络，S_3、S_2、S_1、S_0 是 4 个电子模拟开关，A 是求和放大器，V_{REF} 是基准电压源。开关 S_3、S_2、S_1、S_0 的状态受输入代码 d_3、d_2、d_1、d_0 的状态控制，当输入的 4 位二进制数的某位代码为 1 时，相应的开关将电阻接到运算放大器的反相输入端；当某位代码为 0 时，相应的开关将电阻接到运算放大器的同相输入端。

当输入数字信号 $d_3 d_2 d_1 d_0 = 1111$ 时，等效电路如图 7.3 所示。根据运算放大器的虚地概念不难看出，从虚线 AA'、BB'、CC'、DD' 处向左看进去的电路等效电阻均为 R，电源的总电流为 $I = V_{REF}/R$，流入运放的电流为 $I/2$。由以上分析不难看出，每经过一级节点，支路的电流衰

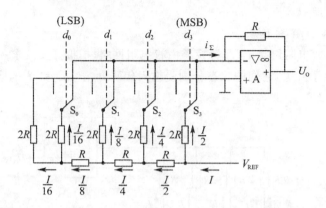

图 7.2 倒 T 形电阻网络 D/A 转换电

减一半。

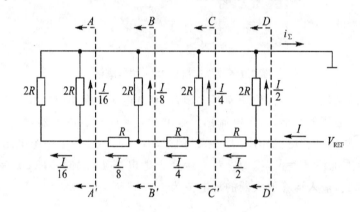

图 7.3 倒 T 形电阻网络等效电路

根据输入数字量的数值,流入运放虚地的总电流为

$$i_{\sum} = I\left(d_3 \times \frac{1}{2} + d_2 \times \frac{1}{4} + d_1 \times \frac{1}{8} + d_0 \times \frac{1}{16}\right) =$$

$$\frac{V_{REF}}{2^4 R}(d_3 \times 2^3 + d_2 \times 2^2 + d_1 \times 2^1 + d_0 \times 2^0)$$

因此输出电压可表示为

$$U_O = -i\sum R = -\frac{V_{REF}}{2^4}(d_3 \times 2^3 + d_2 \times 2^2 + d_1 \times 2^1 + d_0 \times 2^0)$$

知识链接 2　DAC0832 芯片介绍

DAC0832 是一个 8 位电流输出型 D/A 转换器,单电源供电,供电电压为 +5～+15 V,20 引脚双列直插式封装,其引脚排列如图 7.4 所示。

DAC0832 引脚功能如下:

$\overline{CS}$:片选信号,输入低电平有效,与 ILE 相配合,可对写信号是否有效起到控制作用。

ILE:允许锁存信号,输入高电平有效。

$\overline{WR1}$:第 1 写入信号,负跳变有效,当 $\overline{CS}=0$、ILE=1、而 $\overline{WR1}$ 负跳变时,数据信号被锁存

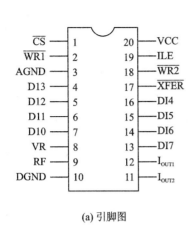

(a) 引脚图

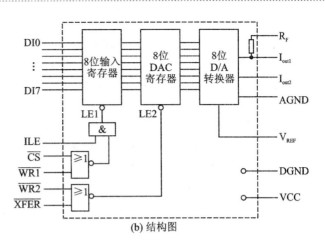

(b) 结构图

图 7.4　DAC0832 引脚及结构框

在数据输入寄存器中。

$\overline{\text{WR2}}$：第二写信号，输入低电平有效。当其有效时，在传送控制信号的作用下，可将锁存在输入锁存器的 8 位数据送到 DAC 寄存器。

$\overline{\text{XFER}}$：数据传送控制信号，低电平有效。

I_{out1}：DAC 的电流输出 1。当 DAC 寄存器各位均为 1 时，输出电流最大；当 DAC 寄存器各位均为 0 时，输出电流为 0。

I_{out2}：DAC 的电流输出 2。与 I_{out1} 的和为一常数，一般单极性输出时接地，在双极性输出时接运放。

R_F：反馈电阻引脚。在 DAC0832 芯片内部有一个反馈电阻，可作为外部运算放大电路的反馈电阻用。

V_R：基准电压输入端，可在 ±10 V 范围内调节。

DGND：数字信号地，与电源共地。

AGND：模拟信号地，与基准电压共地。

巩固与提高

一、填空题

1. D/A 转换器将计算机输出的_____量转换成_____量。

2. D/A 转换的核心电路是电阻解码网络，主要有两种：一种是_____，另一种是_____。

二、简答题

1. 什么是 D/A 转换？组成 D/A 芯片的核心电路是什么？

2. D/A 转换器的主要技术指标有哪些？分辨率是如何定义的？

3. DAC0832 与 89C51 单片机接口时有哪些控制信号？分别起什么作用？

7.1.3　情景设计

1. 硬件设计

DAC0832 是一块 8 位的数/模转换器，由于该芯片内具有输入寄存器，故可以与计算机直接接口。由于该芯片以电流形式输出，当需要转换为电压输出时，可以外接运算放大器。

DI0～DI7 为待转换的数字量，$\overline{XFER}$是数据传输控制信号端，$\overline{WR1}$和$\overline{WR2}$分别为写信号端，它们均为低电平有效。综合上述分析，即将 $\overline{WR2}$ 和 $\overline{XFER}$控制线与 DGND 一起接地，使第二级锁存器处于常通状态，$\overline{WR1}$与 AT89C51 的$\overline{WR}$连在一起，$\overline{CS}$接 P2.7。当 P2.7＝0 时，选通输入寄存器，由于 DAC 锁存器始终处于常通状态，数字量可直接通过 DAC 锁存器，并由 D/A 转换成输出电压。其中两个运算放大器可选用 LM356、OP07 等集成电路，低噪声的运算放大器可选用 OP27 集成电路。由此可得，DAC0832 与单片机的接口电路原理图如图 7.5 所示。图中 I_{OUT1} 和 I_{OUT2} 为电流输出引脚，通过运算放大器转换后在 A_{OUT} 端就可以得到转换后的电压信号，V_{REF}是基准电压输入端，可以在－10～＋10 V 调整。本情景在运行之前应该先下载并执行调零程序，同时调整电位器 R_{P2} 使 A_{OUT} 输出为 0，这个过程称为零位校正。

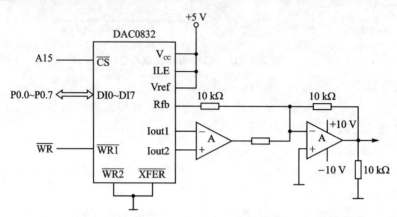

图 7.5　DAC0832 与单片机的接口电路原理图

注意： 图 7.5 省略了单片机，实际连接时必须加上。单片机的复位、晶振和电源电路的接法同前。

分析图 7.5 可得元器件清单，如表 7.1 所列。

表 7.1　元器件清单

序　号	元器件名称	元器件型号及取值	元器件数量	备　注
1	单片机芯片	AT89C51	1 片	DIP 封装
2	DA 转换器	DAC0832	1 片	DIP 封装
3	运算放大器	OP07	2 个	
4	电阻	10 kΩ	4 只	碳膜电阻
		1 kΩ	1 只	
5	电容	30 pF	2 只	瓷片电容
		22 μF	1 只	电解电容
6	晶振	12 MHz	1 只	
7	40 脚 IC 座		1 片	用于安装单片机芯片
8	28 脚 IC 座		1 片	用于安装 DAC0832
9	稳压电源	＋5 V	1 块	普通
10	电路板		1 块	普通型带孔

2. 软件流程

本项目的内容是利用 DAC0832 输出一个从－5 V 开始逐渐升到 0 V 再逐渐升至＋5 V，再从＋5 V 逐渐降至 0 V，再降至－5 V 的锯齿波电压。软件流程如图 7.6 所示。

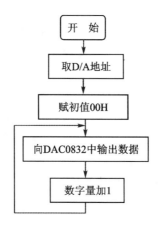

图 7.6　产生锯齿波软件流程图

3. 软件实现

参考程序如下：

```
        ORG     0000H
START:  MOV     DPTR，#7FFFH          ;DAC0832 寄存器地址
        MOV     A，#00H
LOOP：  MOVX    @DPTR，A              ;向 DAC0832 中输出数据
        INC     A                    ;累加器值加 1
        LCALL   DELAY                ;延时
        SJMP    LOOP
DELAY： MOV     R4,#100
D2：    MOV     R5,#200
D1：    DJNZ    R5,D1
        DJNZ    R4,D2
        END
```

程序说明：

① 程序每循环一次，A 加 1，因此实际锯齿波的上升边是由 256 个小阶梯波构成的。但由于阶梯很小，所以宏观上看就表示线性增长锯齿波。

② 可通过循环程序段中的延时程序来计算锯齿波的周期。当延迟时间较短时，可用 NOP 指令来实现；当需要延迟时间较长时，可以使用一个延时子程序（本程序就是如此）。延迟时间不同，波形周期不同，锯齿波的斜率就不同。

③ 程序中 A 的变化范围是从 0～255，因此得到的锯齿波是满幅度的。如果要求得到非满幅锯齿波，可通过计算求得数字量的初值和终值，然后在程序中通过置初值判终值的办法即可实现。

7.1.4 仿真与调试过程

在 C 盘建立文件夹 PRJ7,表示第七个项目。新建文件,并根据要求输入参考程序源文件,保存到文件夹 PRJ7 中,其文件名为 PRJ7-1.ASM。新建工程 PRJ7.uvproj,也保存到文件夹 PRJ7 中,对已编写好并保存的程序文件 PRJ7-1.ASM,需加载到工程项目 PRJ7 中。加载好后,才能选择 Project→Build Target 项编译文件,如果程序没有语法错误,可以显示文件编译成功;否则返回编辑状态继续查找错误。程序编译通过后,选择 Target 1 下的"Option for Target 'Target 1'",打开工程设置对话框,打开 Debug 选项卡,对右侧的硬件仿真功能进行设置。用通信线把 Keil 51 仿真实验箱和 PC 机连接,并且要确保连接无误,如果 Keil C51 软件仿真环境不能进入,检查通信电缆是否连接好,电源开关是否打开以及实验箱上的功能开关是否在正确位置。用导线将 AT89C51 单片机与 ADC0832 正确连接,再次选择 Project→Build Target 项链接装载目标文件,选择 Debug→Start/Stop Debug Session 项或按 Ctrl+F5 组合键即可进入调试界面,如图 7.7 所示。

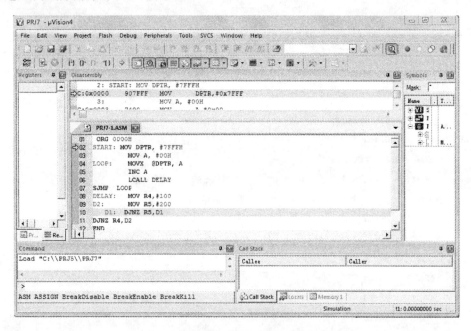

图 7.7 产生锯齿波的 Keil 软件调试界面

进入调试界面后,单击 Debug-Run(连续运行)按钮,用万用表测试 D/A 输出孔 AOUT,应该能测出不断增大或减小的电压值。经仿真后程序无误就可以把程序下载到单片机芯片中。正确连接编程器并把 AT89C51 芯片插好,根据选用的编程器型号运行相应的软件,并将编译生成的 *.HEX 文件下载到芯片。将写完程序的单片机芯片正确地安装到焊好的硬件电路中,给电路板通电,用万用表测试 D/A 输出孔 AOUT,观察电压值的变化情况。

7.1.5 情景讨论与扩展

1. 如何改变输出锯齿波的频率?
2. 若输出三角波,程序应如何编写?

7.2　利用单片机实现步进电机正反转的控制

7.2.1　情景任务

通过单片机控制步进电机正反转的系统设计,理解单片机如何驱动外围电路进行工作。

7.2.2　相关知识

知识链接 1　开关量输出接口电路

在单片机控制系统中,常需要用开关量去控制和驱动一些执行元件,如继电器、晶闸管、电磁阀等。但 AT89C51 单片机驱动能力有限,且高电平(拉电流)比低电平(灌电流)驱动电流小。一般情况下,需要加驱动接口电路,且用低电平驱动。

1. 继电器接口

继电器也是单片机控制系统中常用的开关元件,用于控制电路的接通和断开,包括电磁继电器、接触器和干簧管。继电器由线圈及动片、定片组成。线圈未通电(即继电器未吸合)时,与动片接触的触点称为常闭触点;当线圈通电时,与动片接触的触点称为常开触点。

继电器的工作原理是利用通电线圈产生磁场,吸引继电器内部的衔铁片,使动片离开常闭触点,并与常开触点接触,实现电路的通、断。采用触点接触方式,接触电阻小,允许流过触点的电流大(电流大小与触点材料及接触面积有关);另外,控制线圈与触点完全绝缘,因此控制回路与输出回路具有很高的绝缘电阻。

根据线圈所加电压类型可将继电器分为两大类,即直流继电器和交流继电器。其中直流继电器的使用比较普及,只要在线圈上施加额定的直流电压,即可使继电器吸合。直流继电器与单片机接口的连接十分方便。

直流继电器的线圈吸合电压以及触点额定电流是直流继电器两个非常重要的参数。例如,对于 6 V 继电器来说,驱动电压必须在 6 V 左右,当驱动电压小于额定吸合电压时,继电器吸合动作缓慢,甚至不能吸合或颤抖,这会影响继电器的寿命或造成被控设备损坏;当驱动电压大于额定吸合电压时,会因线圈过流而损坏。

小型继电器与单片机连接的接口电路如图 7.8 所示,其中二极管 VD 是为了防止继电器断开瞬间引起的高压击穿驱动管。当 P1.0 输出低电平时,7407 输出低电平,驱动管 V1 导通,结果继电器吸合;当 P1.0 输出高电平时,7407 输出高电平,V1 截止,继电器不吸合。在继电器由吸合到断开的瞬间,由于线圈中的电流不能突变,将在线圈产生上负下正的感应电压,使驱动管集电极承受高电压(电源电压 V_{cc}＋感应电压),有可能损坏驱动管。为此,必须在继电器线圈两端并接一只续流二极管 VD,使线圈两端的感应电压被钳位在 0.7 V 左右。正常工作时,线圈上的电压上正下负,续流二极管 VD 对电路没有影响。

由于继电器由吸合到断开的瞬间会产生一定的干扰,因此图 7.8(a)仅适用于吸合电流较小的微型继电器。当继电器吸合电流较大时,在单片机与继电器驱动线圈之间需要增加光耦隔离器件等,如图 7.8(b)所示,其中 R1 是光耦内部 LED 的限流电阻,R2 是驱动管 V1 的基极泄放电阻(防止电路过热造成驱动管误导通,提高电路工作可靠性)。R2 一般取值 4.7～10 kΩ,太大会失去泄放作用,太小会降低继电器吸合的灵敏度。

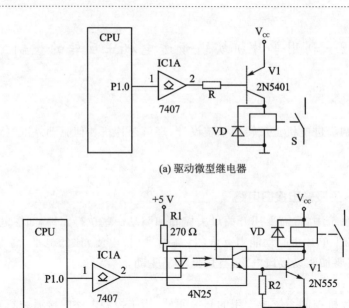

(a) 驱动微型继电器

(b) 驱动较大功率继电器

图 7.8　单片机与继电器连接的接口电路

　　当然，如果需要控制的继电器数目较多，对于小功率继电器来说，可采用继电器专用集成驱动芯片 75468。75468 驱动芯片包含了 7 个反相驱动器，并在每个驱动器上并接了续流二极管，每个驱动器最多可以吸收 500 mA 的电流，最大耐压为 50 V，完全可以驱动小功率直流继电器。采用 75468 驱动的继电器电路如图 7.9 所示。

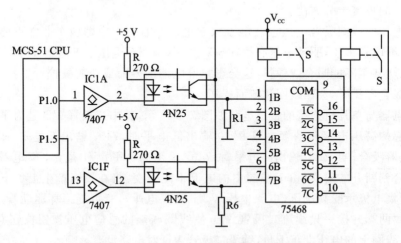

图 7.9　75468 芯片与继电器的接口电路

2. 晶闸管

　　晶闸管常用于单片机控制系统中交流强电回路的执行元件。一般来讲，均须用光电耦合器隔离驱动。图 7.10(a) 所示为 AT89C51 驱动双向晶闸管典型应用电路。

为减小驱动功率和减小晶闸管触发时产生的干扰,用于交流电路双向晶闸管常采用过零触发,因此上述电路还需要正弦交流过零检测电路,在过零时产生脉冲信号引发 AT89C51 中断,在中断服务子程序中发出晶闸管触发信号,并延时关断。这就增加了控制系统的复杂性。一种较为简便的方法是采用新型元件,图 7.10(b)所示为过零触发晶闸管电路,MOC3041 能在正弦交流过零时自动导通,触发大功率双向晶闸管导通。从而省去了过零检测及触发等辅助电路,并降低了材料成本,提高了可靠性。图中 R3 为 MOC3041 触发限流电阻,R4 为 BCR 门极电阻,用于防止误触发,提高抗干扰性。

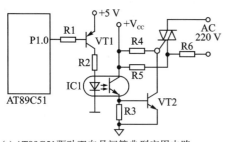

(a) AT89C51驱动双向晶闸管典型应用电路　　　　　(b) 过零触发晶闸管电路

图 7.10　AT89C51 驱动双向晶闸管接口电路

3. 光电隔离接口

单片机控制系统要扩展或检测高电压、大电流的信号时,必须采取电气上的隔离,以防止现场强电磁干扰或工频电压干扰通过输出通道反窜到控制系统。信号的隔离,最常用的是光电耦合器,它是一种能有效隔离噪声和抑制干扰的新型半导体器件,具有体积小、寿命长、无触点、抗干扰能力强、输入/输出之间电绝缘、单向传输信号及逻辑电路易连接等优点。光电耦合器按光接收器件可分为有硅光敏器件(光敏二极管、雪崩型光敏二极管、PIN 光敏二极管、光敏晶体管等)、光敏晶闸管和光敏集成电路。把不同的发光器件和各种光接收器组合起来,就可构成几百个品种系列的光电耦合器。因而,该器件已成为一类独特的半导体器件。其中光敏二极管加放大器类的光电耦合器随着近年来信息处理的数字化、高速化以及仪器的系统化和网络化的发展,其需求量不断增加。图 7.11 所示是常用的晶体管型光电耦合器原理图。

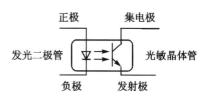

图 7.11　常用的三极管型光电耦合器原理图

(1) 光电耦合器基本原理

光电耦合器是以"电—光—电"转换的过程进行工作的。当电信号送入光电耦合器的输入端时,发光二极管通过电流而发光,光敏元件受到光照后产生电流;反之,当输入端无信号时,发光二极管不发光,光敏晶体管截止。对于数字量,当输入为高电平 1 时,光敏晶体管饱和导通,输出为低电平 0;当输入为低电平 0 时,光敏晶体管截止,输出为高电平 1;若基极有引出线则可满足温度补偿、检测调制要求。这种光电耦合器性能较好,价格便宜,因而应用广泛。

(2) 常用光电耦合器件

光电耦合器具有体积小、使用寿命长、工作温度范围宽、抗干扰性能强、无触点且输入与输出在电气上完全隔离等特点,因而在各种电子设备上得到广泛的应用。光电耦合器可用于隔离电路、负载接口及各种家用电器等电路中。常见的光电耦合器件有二极管-晶体管耦合的 4N25、TLP541G;二极管-达林顿管耦合的 4N38、TPL570;二极管- TTL 耦合的 6N137。

（3）单片机接口电路中的光电隔离技术的应用

由于现场环境的恶劣,会产生较大的噪声干扰,若这些干扰随输入信号或输出通道串入微机系统,则将会使控制的准确性降低,产生错误动作。因而常在单片机的输入和输出端使用光电耦合器,对信号及噪声进行隔离。单片机接口中典型的光电隔离电路如图 7.12 所示。

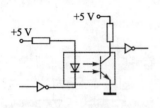

图 7.12　单片机接口中的光电隔离电路

该电路主要应用在 A/D 转换器的数字信号输出,及由 CPU 发出的对前向通道的控制信号与模拟电路的接口处,从而实现在不同系统间信号通道相连的同时,在电气通路上相互隔离,并在此基础上实现将模拟电路和数字电路相互隔离,起到抑制交叉干扰的作用。

对于线性模拟电路通道,要求光电耦合器必须具有能够进行线性变换和传输的特性,或选择对管,采用互补电路以提高线性度,或用 V/P 变换后再用数字隔离光耦进行隔离。

巩固与提高

为什么 AT89C51 单片机一般使用低电平驱动执行元件?

7.2.3　情景设计

1. 硬件设计

对于一个双绕组四个抽头的步进电机来说,需要 4 位二进制数进行控制,P1.0～P1.3。74LS04 是反相器,其作用是为了满足某线圈的得电状态与 P 口的某位输出状态呈现正的逻辑关系。75452 是功率放大器,完成驱动功能。GP 端为绕组的中心抽头,步进电机工作在单双八拍工作方式,其通电顺序是 A—AB—B—BC—C—CD—D—DA（即一个脉冲旋转 0.9375°）,本步进电机转子为 48 个齿,所以齿间夹角为 $360°/48=7.5°$,理解这些接口关系是实现软件编程的基础。图 7.13 是单片机与步进电机的接口电路原理图。

由图 7.13 可以得到步进电机控制项目所需的元器件,如表 7.2 所列。

表 7.2　元器件清单

序　号	元件名称	元件型号及取值	元件数量	备　注
1	单片机芯片	AT89C51	1 片	DIP 封装
2	功率放大器	75452	4 只	
3	反相器	74LS04	4 只	
4	发光二极管	Φ5	4 只	普通型
5	晶振	12 MHz	1 只	
6	电容	30 pF	2 只	瓷片电容
		22 μF	1 只	电解电容

续表 7.2

序 号	元件名称	元件型号及取值	元件数量	备 注
7	电阻	4.7 kΩ	4 只	碳膜电阻,可用排阻代替
		10 kΩ	2 只	碳膜电阻
8	按键		1 只	无自锁
			1 只	带自锁
9	40 脚 IC 座		1 片	安装单片机
10	步进电机		1 只	双绕组,4 抽头
11	导线		若干	
12	稳压电源	+5 V	一块	
13	电路板		一块	普通型带孔

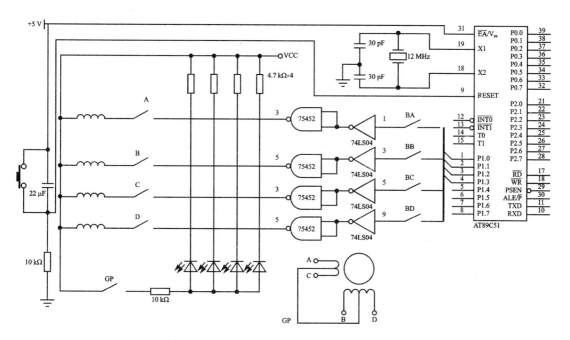

图 7.13　单片机与步进电机的接口方式

2. 软件流程

本项目要求实现步进电机的正反转,其正反转的程序流程如图 7.14 所示。

3. 软件实现

步进电机的正、反转控制参考程序:

```
        POS     BIT P3.2          ;步进电机正转
        NEG     BIT P3.3          ;步进电机反转
        STOP    BIT P3.5          ;步进电机停止转动
        ORG     0000H
        LJMP    MAIN
        ORG     0050H
MAIN:   MOV     SP,#60H
```

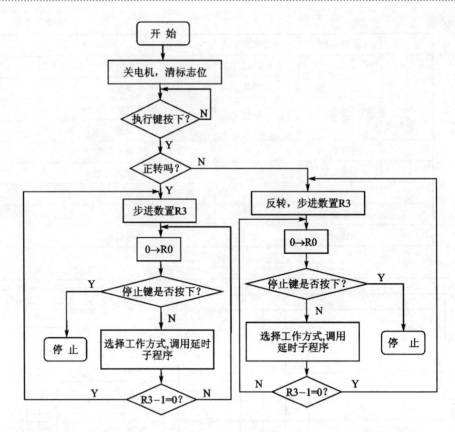

图 7.14　步进电机正反转流程图

```
         MOV    P1,#0F0H                ;关闭步进电机
         MOV    P3,#0FFH                ;键输入线置高
LOOP:    CLR    P1.7
         JNB    POS,ZZ                  ;步进电机正转
         JNB    NEG,FZ                  ;步进电机反转
         SJMP   LOOP
ZZ：     ACALL  FFW                     ;执行正转
         SJMP   LOOP
FZ：     ACALL  REV                     ;执行反转
         SJMP   LOOP
FFW：    MOV    R3,#48                  ;一圈共48个周期,384个脉冲
FFW1：   MOV    R0,#00H
FFW2：   JB     STOP,FFW3
         JMP    SP_FFW                  ;终止步进电机运转
FFW3：   MOV    P1,#0F0H
         MOV    A,R0
         MOV    DPTR,#TABLE_F           ;选择工作方式
         MOVC   A,@A+DPTR
         MOV    P1,A
         LCALL  DELAY
         INC    R0
```

```
            CJNE    A,♯0FFH,FFW2
            DJNZ    R3,FFW1
            SJMP    FFW
SP_FFW:     MOV     P1,♯0F0H
            RET
REV:        MOV     R3,♯48                  ;一圈共 48 个周期,384 个脉冲
REV1:       MOV     R0,♯00H
REV2:       JB      STOP, REV3              ;终止步进电机运转
            JMP     SP_REV
REV3:       MOV     P1,♯0F0H
            MOV     A,R0
            MOV     DPTR,♯TABLE_R           ;选择工作方式
            MOVC    A,@A+DPTR
            MOV     P1,A
            LCALL   DELAY
            INC     R0
            CJNE    A,♯0FFH, REV2
            DJNZ    R3,REV1
            SJMP    REV
SP_REV:     MOV     P1,♯0F0H
            RET
DELAY:      MOV     R7,♯40                  ;步进电机转速
   DEL1:    MOV     R6,♯248
            DJNZ    R6,$
            DJNZ    R7,DEL1
            RET
TABLE_F: DB  0F1H, 0F3H, 0F2H, 0F6H, 0F4H, 0FCH, 0F8H, 0F9H, 0FFH    ;正转表
TABLE_R: DB  0F9H, 0F8H, 0FCH, 0F4H, 0F6H, 0F2H, 0F3H, 0F1H, 0FFH    ;反转表
            END
```

7.2.4   仿真与调试过程

新建文件,并根据要求输入参考程序源文件,其文件名为 PRJ7-2. ASM。新建工程 PRJ7-2. uvproj,将已编写并保存的程序文件加载到工程项目 PRJ7 中。加载好后,才能选择 Project →Build Target 项编译文件,如果程序没有语法错误,可以显示文件编译成功;否则返回编辑状态继续查找错误。打开工程设置对话框,打开 Debug 选项卡,对右侧的硬件仿真功能进行设置。程序编译通过后,用通信线把 51 仿真实验开发系统和 PC 机连接,并且要确保连接无误,如果软件仿真环境不能正确进入,那么检查通信电缆是否连接好,电源开关是否打开以及实验箱上的功能开关是否在正确位置。用导线将 P1.0～P1.3 与 HA～HD 连接。再次选择 Project→Build Target 项链接装载目标文件,选择 Debug→Start/Stop Debug Session 项或按 Ctrl＋F5 组合键即可进入调试界面,如图 7.15 所示。

进入调试界面后,单击 Debug-Run(连续运行)按钮,观察电机的转动情况。经仿真后程序无误就可以把程序下载到单片机芯片中。正确连接编程器并把 AT89C51 芯片插好,根据选用的编程器型号运行相应的软件,并将编译生成的 ＊. HEX 文件下载到芯片。将写完程序

图 7.15　步进电机的正反转控制的 Keil 软件调试界面

的单片机芯片正确地安装到焊好的硬件电路中,给电路板通电,观察步进电机的转动情况是否符合要求。

7.2.5　情景讨论与扩展

1. 请分别写出每项绕组正转和反转时的通电顺序,以便理解通电顺序改变转动方向的原理。

2. 如何在这个程序中增加调速功能?

3. 该接口电路中的驱动芯片只适合于驱动小型步进电机,如果要推动大些的部件电机还可以选用哪些驱动芯片?

附录 A 51 单片机特殊功能寄存器和汇编指令表

表 A.1 所列为 51 单片机特殊功能寄存器名称、地址一览表。

表 A.1 51 单片机特殊功能寄存器名称、地址一览表

寄存器名称	符号	字节地址	位名称/位地址							
			D7	D6	D5	D4	D3	D2	D1	D0
B 寄存器	B	F0H	F7H	F6H	F5H	F4H	F3H	F2H	F1H	F0H
累加器 A	Acc	E0H	Acc.7 E7H	Acc.6 E6H	Acc.5 E5H	Acc.4 E4H	Acc.3 E3H	Acc.2 E2H	Acc.1 E1H	Acc.0 E0H
程序状态字寄存器	PSW	D0H	Cy D7H	AC D6H	F0 D5H	RS1 D4H	RS0 D3H	OV D2H	F1 D1H	P D0H
中断优先级控制寄存器	IP	B8H	— BFH	— BEH	— BDH	PS BCH	PT1 BBH	PX1 BAH	PT0 B9H	PX0 B8H
P3 口	P3	B0H	P3.7 B7H	P3.6 B6H	P3.5 B5H	P3.4 B4H	P3.3 B3H	P3.2 B2H	P3.1 B1H	P3.0 B0H
中断允许控制寄存器	IE	A8H	EA AFH	— AEH	— ADH	ES ACH	ET1 ABH	EX1 AAH	ET0 A9H	EX0 A8H
P2 口	P2	A0H	P2.7 A7H	P2.6 A6H	P2.5 A5H	P2.4 A4H	P2.3 A3H	P2.2 A2H	P2.1 A1H	P2.0 A0H
串行口锁存器	SBUF	99H	—							
串行口控制寄存器	SCON	98H	SM0 9FH	SM1 9EH	SM2 9DH	REN 9CH	TB8 9BH	RB8 9AH	TI 99H	RI 98H
P1 口	P1	90H	P1.7 97H	P1.6 95H	P1.5 95H	P1.4 94H	P1.3 93H	P1.2 92H	P1.1 91H	P1.0 90H
定时/计数器 1(高 8 位)	TH1	8DH	—							
定时/计数器 0(高 8 位)	TH0	8CH	—							
定时/计数器 1(低 8 位)	TL1	8BH	—							
定时/计数器 0(低 8 位)	TL0	8AH	—							
定时/计数器方式选择	TMOD	89H	GATE	C/T	M1	M0	GATE	C/T	M1	M0

续表 A.1

寄存器名称	符号	字节地址	位名称/位地址							
			D7	D6	D5	D4	D3	D2	D1	D0
定时/计数器控制寄存器	TCON	88H	TF1 8FH	TR1 8EH	TF0 8DH	TR0 8CH	IE1 8BH	IT1 8AH	IE0 89H	IT0 88H
电源寄存器	PCON	87H	SMOD	—	—	—	GF1	GF0	PD	IDL
数据指针（高8位）	DPH	83H	—							
数据指针（低8位）	DPL	82H	—							
堆栈指针	SP	81H	—							
P0口	P0	80H	P0.7 87H	P0.6 86H	P0.5 85H	P0.4 84H	P0.3 83H	P0.2 82H	P0.1 81H	P0.0 80H

表 A.2 为 MCS-51 系列单片机指令表。

表 A.2 MCS-51 系列单片机指令表

十六进制代码	助记符	功能	对标志影响				字节数	周期数
			P	OV	AC	CY		
		算术运算指令						
28~2F	ADD A,Rn	(A)+(Rn)→A	√	√	√	√	1	1
25	ADD A,direct	(A)+(direct)→A	√	√	√	√	2	1
26,27	ADD A,@Ri	(A)+((Ri))→A	√	√	√	√	1	1
24	ADD A,#data	(A)+data→A	√	√	√	√	2	1
38~3F	ADDC A,Rn	(A)+(Rn)+CY→A	√	√	√	√	1	1
35	ADDC A,direct	(A)+(direct)+CY→A	√	√	√	√	2	1
36,37	ADDC A,@Ri	(A)+((Ri))+CY→A	√	√	√	√	1	1
34	ADDC A,#data	(A)+data+CY→A	√	√	√	√	2	1
98~9F	SUBB A,Rn	(A)-(Rn)-CY→A	√	√	√	√	1	1
95	SUBB A,direct	(A)-(direct)-CY→A	√	√	√	√	2	1
96,97	SUBB A,@Ri	(A)-((Ri))-CY(A	√	√	√	√	1	1
94	SUBB A,#data	(A)-data-CY→A	√	√	√	√	2	1
04	INC A	(A)+1→A	√	×	×	×	1	1
08~0F	INC Rn	(Rn)+1→Rn	×	×	×	×	1	1
05	INC direct	(direct)+1→direct	×	×	×	×	2	1
06,07	INC @Ri	((Ri))+1→(Ri)	×	×	×	×	1	1
A3	INC DPTR	(DPTR)+1→DPTR					1	2
14	DEC A	(A)-1→A	√	×	×	×	1	1
18~1F	DEC Rn	(Rn)-1→Rn	×	×	×	×	1	1

十六进制代码	助记符	功 能	P	OV	AC	CY	字节数	周期数
15	DEC direct	(direct)−1→direct	×	×	×	×	2	1
16,17	DEC @Ri	((Ri))−1→(Ri)	×	×	×	×	1	1
A4	MUL AB	(A)*(B)→AB	√	√	×	√	1	4
84	DIV AB	(A)/(B)→AB	√	√	×	√	1	4
D4	DA A	对 A 进行十进制加法调整	√	√	√	√	1	1
		逻辑运算指令						
58～5F	ANL A,Rn	(A)∧(Rn)→A	√	×	×	×	1	1
55	ANL A,direct	(A)∧(direct)→A	√	×	×	×	2	1
56,57	ANL A,@Ri	(A)∧((Ri))→A	√	×	×	×	1	1
54	ANL A,#data	(A)∧data→A	√	×	×	×	2	1
52	ANL direct,A	(direct)∧(A)→direct	×	×	×	×	2	1
53	ANLdirect,#data	(direct)∧data→direct	×	×	×	×	3	2
48(4F	ORL A,Rn	(A)∨(Rn)→A	√	×	×	×	1	1
45	0RL A,direct	(A)∨(direct)→A	√	×	×	×	2	1
46,47	ORL A,@Ri	(A)∨((Ri))→A	√	×	×	×	1	1
44	ORL A,#data	(A)∨data→A	√	×	×	×	2	1
42	ORL direct,A	(direct)∨(A)→direct	×	×	×	×	2	1
43	ORL direct,#data	(direct)∨data→Direct	×	×	×	×	3	2
68～6F	XRL A,Rn	(A)⊕(Rn)→A	√	×	×	×	1	1
65	XRL A,direct	(A)⊕(direct)→A	√	×	×	×	2	1
66,67	XRL A,@Ri	(A)⊕((Ri))→A	√	×	×	×	1	1
64	XRL A,#data	(A)⊕data→A	×	×	×	×	2	1
62	XRL direct,A	(direct)⊕(A)→direct	×	×	×	×	2	1
63	XRL direct,#data	(direct)⊕data→direct	×	×	×	×	3	2
E4	CLR A	0→A	√	×	×	×	3	2
F4	CPL A	(/A)→A	×	×	×	×	1	1
23	RL A	A 循环左移一位	×	×	×	×	1	1
33	RLC A	A 带进制循环左移一位	√	×	×	√	1	1
03	RR A	A 循环右移一位	√	×	×	×	1	1
13	RRC A	A 带进制循环右移一位	√	×	×	√	1	1
C4	SWAP A	A 半字节交换	×	×	×	×	1	1
		数据传送类指令						
E8～EF	MOV A,Rn	(Rn)→A	√	×	×	×	1	1
E5	MOV A,direct	(direct)→A	√	×	×	×	2	1

十六进制代码	助记符	功 能	P	OV	AC	CY	字节数	周期数
E6,E7	MOV A,@Ri	((Ri))→A	√	×	×	×	1	1
74	MOV A,♯data	Data→A	√	×	×	×	2	1
F8~FF	MOV Rn,A	(A)→Rn	×	×	×	×	1	1
A8~AF	MOV Rn,direct	(direct)→Rn	×	×	×	×	2	2
78~7F	MOV Rn,♯data	Data→Rn	×	×	×	×	2	1
88~8F	MOV direct,Rn	(Rn)→direct	×	×	×	×	2	1
85	MOV direct1,direct2	(direct2)→direct1	×	×	×	×	2	2
86,87	MOV direct,@Ri	((Ri))→direct	×	×	×	×	3	2
75	MOV direct,♯data	data→direct	×	×	×	×	2	2
F6,F7	MOV @Ri,A	(A)→(Ri)	×	×	×	×	3	2
A6,A7	MOV @Ri,direct	(direct)→(Ri)	×	×	×	×	1	1
76,77	MOV @Ri,♯data	data→(Ri)	×	×	×	×	2	2
90	MOV DPTR,♯data16	data16→DPTR	×	×	×	×	2	1
93	MOVC A,@A+DPTR	((A)+(DPTR))→A	√	×	×	×	3	2
83	MOVC A,@A+PC	((A)+(PC))→A	√	×	×	×	1	2
E2,E3	MOVX A,@Ri	((P2)(Ri))→A	√	×	×	×	1	2
E0	MOVX A,@DPTR	((DPTR))→A	√	×	×	×	1	2
F2,F3	MOVX @Ri,A	(A)→(P2)(Ri)	×	×	×	×	1	2
F0	MOVX @DPTR,A	(A)→(DPTR)	×	×	×	×	1	2
C0	PUSH direct	(SP)+1→SP,(direct)→SP	×	×	×	×	2	2
D0	POP direct	((SP))→direct,(SP)−1→SP	×	×	×	×	2	2
C8(CF	XCH A,Rn	(A)↔(Rn)	√	×	×	×	1	1
C5	XCH A,direct	(A)↔(direct)	√	×	×	×	2	1
C6,C7	XCH A,@Ri	(A)↔((Ri))	√	×	×	×	1	1
D6,D7	XCHD A,@Ri	$(A)_{0\sim3}↔((Ri))_{0\sim3}$	√	×	×	×	1	1
位操作指令								
C3	CLR C	0→cy	×	×	×	√	1	1
C2	CLR bit	0→bit	×	×	×		2	1
D3	SETB C	1→cy	×	×	×	√	1	1
D2	SETB bit	1→bit	×	×	×		2	1
B3	CPL C	/cy→cy	×	×	×	√	1	1
B2	CPL bit	/bit→bit	×	×	×		2	1
82	ANL C,bit	(cy)∧(bit)→cy	×	×	×	√	2	2

十六进制代码	助记符	功 能	对标志影响 P	OV	AC	CY	字节数	周期数
B0	ANL C,/bit	(cy) ∧ (/bit)→cy	×	×	×	√	2	2
72	ORL C,bit	cy ∨ bit→cy	×	×	×	√	2	2
A0	ORL C,/bit	cy ∨ /bit→cy	×	×	×	√	2	2
A2	MOV C,bit	Bit→cy	×	×	×	√	2	1
92	MOV bit,C	cy→bit	×	×	×	×	2	1
		控制转移类指令						
11	ACALL addr11	(PC)+2→PC, (SP)+1→SP,(PC)$_L$→(SP), (SP)+1→SP,(PC)$_H$→(SP), addr11→PC$_{10\sim0}$	×	×	×	×	2	2
12	LCALL addr16	(PC)+3→PC, (SP)+1→SP, (PC)$_L$→(SP), (SP)+1→SP,(PC)$_H$→(SP), addr16→PC	×	×	×	×	3	2
22	RET	((SP))→PC$_H$,(SP)−1→SP, ((SP))→PC$_L$,(SP)−1→SP	×	×	×	×	1	2
32	RETI	((SP))→PC$_H$,(SP)−1→SP, ((SP))→PC$_L$,(SP)−1→SP, 从中断返回	×	×	×	×	1	2
01	AJMP addr11	addr11→PC$_{10\sim0}$	×	×	×	×	2	2
02	LJMP addr16	addr16→PC	×	×	×	×	3	2
80	SJMP rel	(PC)+(rel)→PC	×	×	×	×	2	2
73	JMP @A+DPTR	((A)+(DPTR))→PC	×	×	×	×	1	2
60	JZ rel	(PC)+2→PC,若(A)=0, 则(PC)+(rel)→PC	×	×	×	×	2	2
70	JNZ rel	(PC)+2→PC,若(A)≠0, 则(PC)+(rel)→PC	×	×	×	×	2	2
40	JC rel	(PC)+2→PC,若 cy=1, 则(PC)+(rel)→PC	×	×	×	×	2	2
50	JNC rel	(PC)+2→PC,若 cy=0, 则(PC)+(rel)→PC	×	×	×	×	2	2
20	JB bit,rel	(PC)+3→PC,若 bit=1, 则(PC)+(rel)→PC	×	×	×	×	3	2

十六进制代码	助记符	功　能	对标志影响				字节数	周期数
			P	OV	AC	CY		
30	JNB bit,rel	(PC)+3→PC,若 bit=0, 则(PC)+(rel)→PC	×	×	×	×	3	2
10	JBC bit,rel	(PC)+3→PC,若 bit=1, 则 0→bit,(PC)+(rel)→PC	×	×	×	×	3	2
B5	CJNE A,direct,rel	(PC)+3→PC,若(A)≠(direct), 则(PC)+(rel)→PC; 若(A)<(direct),则 1→cy	×	×	×	×	3	2
B4	CJNE A,♯data,rel	(PC)+3→PC,若(A)≠data,则 (PC)+(rel)→PC; 若(A)<data,则 1→cy	×	×	×	×	3	2
B8~BF	CJNE Rn,♯data,rel	(PC)+3→PC,若(Rn)≠data, 则(PC)+(rel)→PC; 若(Rn)<data,则 1→cy	×	×	×	×	3	2
B6,B7	CJNE @Ri,♯data,rel	(PC)+3→PC,若((Ri))≠data, 则(PC)+(rel)→PC; 若((Ri))<data,则 1→cy	×	×	×	×	3	2
D8~DF	DJNZ Rn,rel	(PC)+2→PC,(Rn)-1→Rn, 若(Rn)≠0,则(PC)+(rel) →PC	×	×	×	×	2	2
D5	DJNZ direct,rel	(PC)+3→PC,(direct)-1→ direct,若(direct)≠0,则(PC)+ (rel)→PC	×	×	×	×	3	2
00	NOP	空操作	×	×	×	×	1	1

附录 B　伟福纯软件仿真器使用入门

一、概　述

伟福纯仿真软件是伟福仿真器的配套软件,伟福仿真器是国内较好的仿真器之一,它能够仿真的 CPU 品种多、功能强。通过更换仿真头 POD,可以对不同的 CPU 进行仿真,可仿真 51 系列、96 系列、PIC 系列、飞利浦公司的 552、LPC764、DALLAS320、华邦 438 等 51 增强型 CPU。不论你是否购买了这些硬件产品,伟福网站都提供免费下载和使用。现在伟福软件已经出了 VW 版。

伟福纯软件仿真器具有以下特点:

① 双平台:有 DOS 版本和 Windows 版本。其中 Windows 版本功能强大。中文界面,英文界面可任选。

② 双工作模式:软件模拟仿真(不要仿真器也能模拟仿真)和硬件仿真。

③ 双集成环境:编辑、编译、下载、调试全部集中在一个环境下。多种仿真器,多类 CPU 仿真全部集成在一个环境下。

这里只说明 Windows 版本纯软件模拟仿真的使用方法,其他内容可以到伟福网站去查看。

二、Windows 版本软件安装

① 光盘安装。将光盘插入光驱,找到 E6000W 文件夹,打开。双击 SETUP 文件,按照安装程序的提示安装,直至结束。

② 也可以将安装盘全部复制到硬盘的一个目录(文件夹)中,执行相应目录下的 SETUP 进行安装。

③ 网上下载安装。到伟福网站下载软件,软件下载后,直接点安装即可,同时在桌面上产生桌面快捷方式图标 。

三、软件的启动

① 选择开始→程序→WAVE。

② 如果在桌面建立了快捷方式,直接双击其图标即可。启动之后,界面如图 B.1 所示。

图 B.1 这个窗口是经过调整后的样子。如果位置不合适,可以通过拖放来移动位置或调整大小。

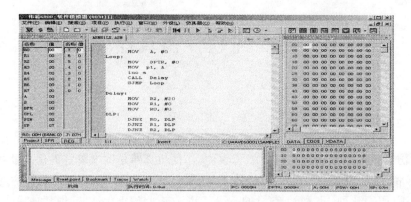

图 B.1　启动界面

四、软件的使用

这里只说明为了对 51 系列单片机进行纯软件仿真时要用到的一些项目和开始使用的几个必须步骤。

1. 设置仿真器

选择"仿真器"→"仿真器设置"→"仿真器"→"仿真器设置"菜单项(以后不再说明),出现如图 B.2 所示对话框。

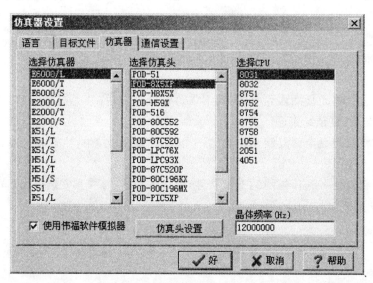

图 B.2　"仿真器设置"对话框

因为要使用纯软件仿真,所以要选中伟福软件模拟器,晶体频率可以根据需要设置,其他按照图示选择即可。

单击"目标文件"标签页,出现如图 B.3 所示对话框。

按图 B.3 所示设置即可。

单击"语言"标签页,出现如图 B.4 所示对话框。

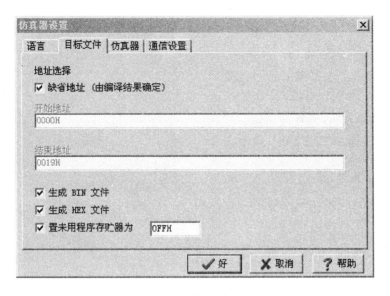

图 B.3 目标文件设置

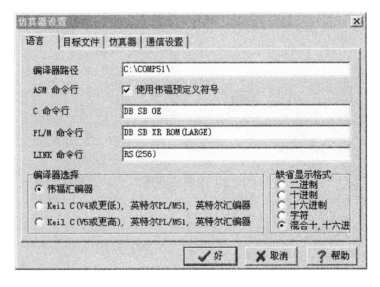

图 B.4 语言设置

按照图 B.4 中设置即可,注意编译器选择项一定要选择"伟福汇编器",其他项不用改变。

由于是纯软件仿真,不用设置通信设置项。设置完成后,点击"好"按钮,结束设置。以后的事情就是建立源程序、编译、调试。

2. 建立源程序

选择"文件"→"新建文件"菜单,出现如图 B.5 所示的窗口。

默认文件名称是 NONAME1,现在就可以在此窗口中输入源程序了。比如下面的一个小程序:

```
MOV    30H, #5AH
MOV    DPTR, #0128H
```

```
MOV     A,30H
MOVX    @DPTR,A
NOP
```

这个小程序的功能是将片内 RAM 中 30H 单元的一字节数送到片外 RAM 中 0128H 单元。以此为例,讲解利用伟福纯软件仿真的过程。首先输入源程序,修改文件名。选择"文件"→"另存为"菜单,出现如图 B.6 所示对话框。输入文件名(例如 MOVX.ASM),单击"保存"按钮即可。注意,文件扩展名一定要输入汇编语言的扩展

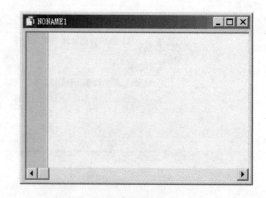

图 B.5　新建文件窗口

名 *.asm,不要忽视。文件改名是要确定其扩展名,以便根据此判断文件类型。现在的源程序字符出现彩色,以表示不同的文字属性,如图 B.7 所示。

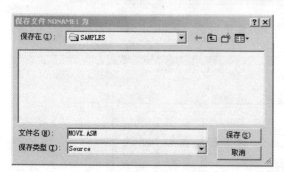

图 B.6　文件另存为对话框

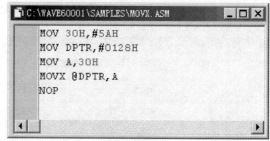

图 B.7　保存后的文件样式

汇编选择"项目"→"编译"命令,就会自动调用伟福汇编器对源程序进行汇编,这时在信息窗口会显示汇编相关信息,如图 B.8 所示。

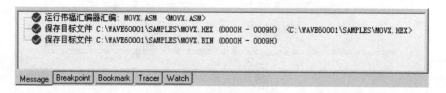

图 B.8　编译输出窗口

图 B.8 中的信息表示没有错误,汇编完成。如果有错误,则双击错误信息行,在源程序窗口会出现深色显示行,指示错误所在。修改错误后,再次汇编,直到没有错误。这时在代码窗口(CODE)会出现十六进制的机器码,默认的开始地址是 0000H,如图 B.9 所示。

3. 调　试

选择"执行"→"复位"命令,在源程序窗口出现橄榄绿色横条,在即将执行的程序行上,并且在该行的前面出现一个小箭头,指示该行指令即将被执行,如图 B.10 所示。

选择"执行"→"单步"命令,即执行该条指令,并将横条和小箭头移动到下一行指令上,同时可以在对应的窗口看到执行的结果,如图 B.11 所示。

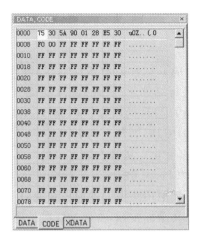

图 B.9　代码窗口

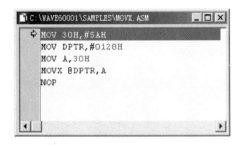

图 B.10　程序进入调试后的窗口

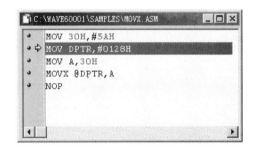

图 B.11　单步调试窗口

单步执行到第三条指令后的情形如图 B.12 所示。

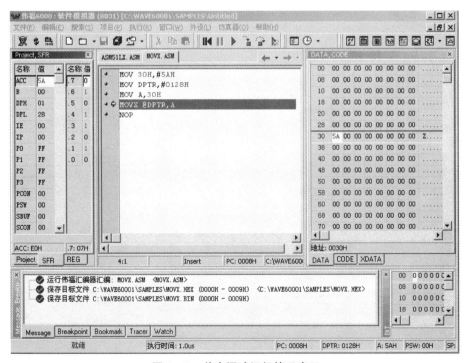

图 B.12　单步调试运行情况窗口

由图可见,即将执行的指令是:

```
MOVX    @DPTR,A
```

第一条指令执行的结果在 DATA(片内数据存储器)窗口中,地址为 30H 单元的内容为 5AH;第二条和第三条指令的执行结果在 SFR(特殊功能寄存器)窗口中,DPH 的内容为 01H,DPL 的内容为 28H,也就是 DPTR 的内容是 0128H,ACC 中的内容为 5AH,还可以看到 ACC 中内容的二进制形式数据 01011010,从上向下读。

再单击单步按钮,看不到什么变化。选择右边窗口的 XDATA(片外数据存储器)标签页,向下移动滑动条,看看地址为 0128H 单元的内容是什么?

调试的过程介绍到此结束。其他用法可以参照详细说明书操作,慢慢就会熟练。其实,许多操作可以使用菜单栏下面的工具图标按钮,方便又快捷。将光标指到工具图标上,会显示该图标的功能。

附录 C　Proteus ISIS 快速入门

一、简　介

Proteus 软件是一款强大的单片机仿真软件,对于单片机学习和开发帮助极大。

Proteus ISIS 是英国 Labcenter 公司开发的电路分析与实物仿真软件。它运行于 Windows 操作系统上,可以仿真、分析(SPICE)各种模拟器件和数字集成电路,包括单片机。在国内由广州的风标电子技术有限公司代理。

在单片机课程中我们主要利用它实现下列功能:

① 绘制硬件原理图,并设置元件参数。

② 仿真单片机及其程序以及外部接口电路,验证设计的可行性与合理性,为实际的硬件实验做好准备。

③ 如有必要可以利用它来设计电路板。

总之,该软件是一款集单片机和 SPICE 分析于一身的仿真软件,可以实现从构想到实际项目完成全部功能。

这里介绍 Proteus ISIS 软件的工作环境和一些基本操作,实现初学者入门。至于更加详细的使用,请参考软件的帮助文件和其他有关书籍,还可以到网上找到许多参考资料。

二、软件安装

安装 Proteus 软件的过程很简单,按照软件给出的提示操作即可。例如,7.4 破解软件的安装过程:首先,下载一个 7.4 版本的破解文件,单击里面的图标,打开破解文件,单击里面的 path(路径),指向的 Protues 的安装路径。单击安装文件里面的 BIN,会出现如图 C.1 所示的对话框。选中打开,以此类推,直到 BIN 里面没有匹配的文件类型,然后打开

图 C.1　安装文件对话框

models 文件夹,选中里面的文件,单击"打开"按钮,直到结束。

三、界面介绍

双击桌面上的 ISIS 7 Professional 图标,或者选择屏幕左下方的"开始"→"程序"→"Proteus 7 Professional" →"ISIS 7 Professional"项,出现如图 C.2 所示屏幕,表明进入 Proteus ISIS 集成环境。

图 C.2　Proteus ISIS 集成环境

进入之后的界面类似如图 C.3 所示。

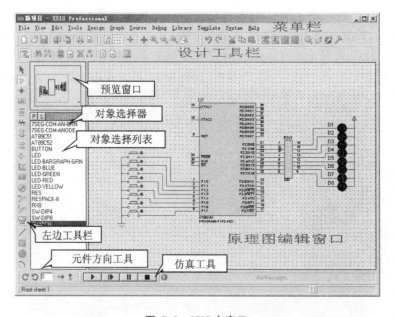

图 C.3　ISIS 主窗口

图 C.3 中已经标注各个部分的作用,我们现在就使用软件提供的功能进行工作。

四、一个小项目的设计过程

1. 建立新项目

启动软件之后,首先新建一个项目。

选择 File→New Design 菜单项,如图 C.4 所示,即可出现如图 C.5 所示界面,以选择设计模板。一般选择 A4 图纸即可,单击 OK 按钮,关闭对话框,完成设计图纸的模板选择,出现一个空白的设计空间。

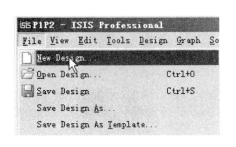

图 C.4　新设计

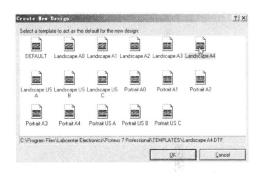

图 C.5　选模板

这时设计名称为 UNTITLED(未命名),既可以选择 file→save design 菜单项来给设计命名,也可以在设计过程中的任何时候命名。

2. 调入元件

在新设计窗口中,单击对象选择器上方的按钮 P(如图 C.6 所示),即可进入元件拾取对话框,如图 C.6 所示。

在图 C.7 所示的对话框左上角,有一个 Keywords 输入框,可以在此输入要用的元件名称(或名称的一部分),右边出现符合输入名称的元件列表。这里要用的单片机是 AT89C51,输入 AT89C,就出现一些元件,选中 AT89C51,双击,就可以将它调入设计窗口的元件选择器。

在 Keywords 中重新输入要用到的元件,比如 LED,双击需要用的具体元件,比如 LED-YELLOW,调入。继续输入,调入,直到够用。

图 C.6　调入元件

单击 OK 按钮,关闭对话框。以后如果需要其他元件,还可以再次调入。元件调入之后的情形类似图 C.3 中的对象选择列表所示。

这次要用到的元件列表如下:

AST89C51　　　　　　单片机
LED-YELLOW　　　　　发光二极管(黄色)

| RX8 | 8 电阻排 200 Ω |
| BUTTON | 按钮 |

以上元件就够用了,其他多余的只是供选用。比如发光二极管可以选用其他颜色,按钮也可以使用 SWITCH 代替或者使用 DIP-SW8 代替,电阻排也可以使用单个电阻 RES 来代替。

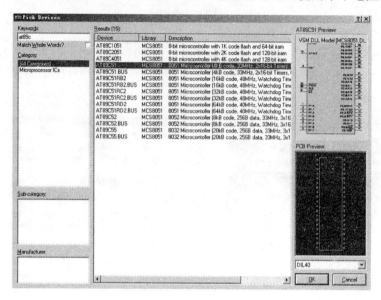

图 C.7　查找元件

3. 设计原理图

(1) 放置元件

在对象选择器的元件列表中,单击所用元件,再在设计窗口单击,出现所用元件的轮廓,并随鼠标移动,找到合适位置,单击,元件被放到当前位置。至此,一个元件放置好了。继续放置要用的其他元件。

(2) 移动元件

如果要移动元件的位置,可以先右击元件,元件颜色变红,表示被选中,然后拖动到需要的位置放下即可。放下后仍然是红色,还可以继续拖动,直到位置合适,在空白处左击,取消选中。

(3) 移动多个元件

如果几个元件要一起移动,可以先把它们都选中,然后移动。选中多个元件的方法是,在空白处开始,点击左键并拖动,出现一个矩形框,让矩形框包含需要选中的元件再放开即可(见图 C.8)。如果选择的不合适,可以在空白处单击,取消选中,然后重新选择。

移动元件的目的主要是为了便于连线,当然也要考虑美观。

(4) 连　线

就是把元件的引脚按照需要用导线连接起来。方法是,在开始连线的元件引脚处单击(光标接近引脚端点,附近出现红色小方框即可),移动光标到另一个元件引脚的端点,单击即可。移动过程中会有一根线跟随光标延长,直到单击才停住(见图 C.9)。

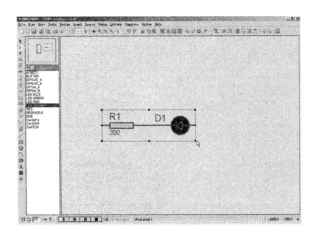

图 C.8　选中多个元件

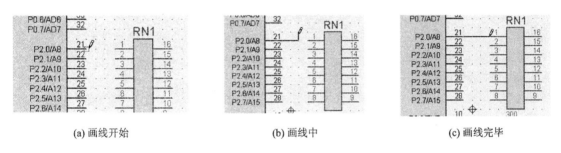

(a) 画线开始　　　　　　　　　　(b) 画线中　　　　　　　　　　(c) 画线完毕

图 C.9　画线过程

在第一根线画完后,第二根线可以自动复制前一根线,在一个新的起点双击即可,如图 C.10 所示。

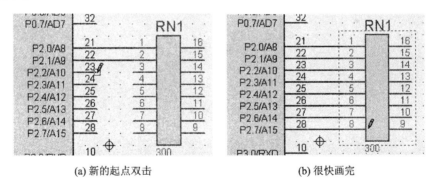

(a) 新的起点双击　　　　　　　　　　　　(b) 很快画完

图 C.10　自动复制前一根线

注意:如果第二根线形状与第一根不同,就不能自动复制,否则会很麻烦。

(5) 修改元件参数

电阻、电容等元件的参数可以根据需要修改。比如,限流电阻的阻值应该在 $200\sim500\ \Omega$ 之间,上拉电阻应该在几千欧姆。

以修改限流电阻排为例,先单击或右击该元件以选中,然后再单击,出现对话框如图 C.11 所示。在 Component Value 后面的文本框中输入阻值 200(单位 Ω),然后单击 OK 按钮确认并关闭对话框,阻值设置完毕。

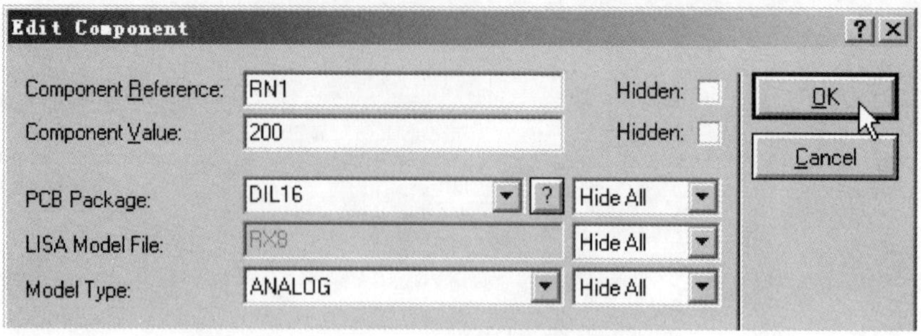

图 C.11 修改电阻值

（6）添加电源和地

在左边工具栏点击终端图标 ，即可出现可用的终端,如图 C.12(a)所示。在对象选择器中的对象列表中,单击 POWER,如图 C.12(b)所示,在预览窗口出现电源符号,在需要放置电源的地方单击,即可放置电源符号,如图 C.12(c)所示。放置之后,就可以连线了。

放置接地符号(地线)的方法与放置电源类似,在对象选择列表中单击 GROUND ,然后在需要接地符号的地方单击即可。

注意: 放置电源和地之后,如果又需要放置元件,应该先点击左边工具栏元件 图标,就会在对象列表中出现我们从元件库中调出来的元件。

(a)选择端口   (b)选择电源符号   (c)放置电源符号

图 C.12 添加电源和地

按照图 C.3 还需要放置按键、接地符号、连线,最终完成的原理图如前面的图 C.3 所示。

4. 添加程序

单片机应用系统的原理图设计完成之后,还要设计和添加程序,否则无法仿真运行。实际的单片机也是这样。

（1）编辑源程序

按照 51 系列单片机的汇编语言语法要求,按照控制要求,编写源程序。可以使用任何一种纯文本编辑器来编辑源程序,比如记事本、写字板等都可以。还可以使用超级编辑器 ultraedit-32,功能很强。编辑完成的源程序是纯文本文件,其扩展名必须是. ASM,以便编译软件识别,如图 C.13 所示。

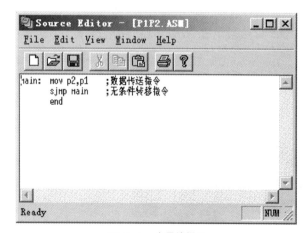

(a) 记事本　　　　　　　　　　　(b) Proteus 自带编辑器

图 C.13　编辑源程序

（2）添加源程序

在 Proteus 的单片机仿真项目中添加源程序，可按以下步骤进行：

① 选择 Surce→Add/Remove Source Files 菜单项，如图 C.14 所示。弹出对话框，如图 C.15 所示。

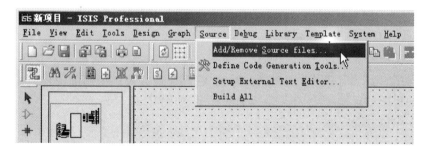

图 C.14　添加源程序 1

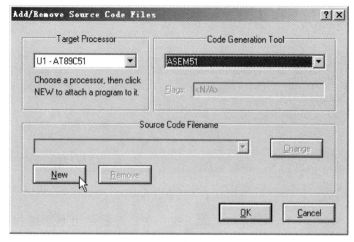

图 C.15　添加源程序 2

② 在弹出的对话框中操作,在 Code Generation Tool 的下拉菜单中选择代码生成工具 ASEM51,然后单击 New 按钮,弹出选择文件对话框,如图 C.16 所示。

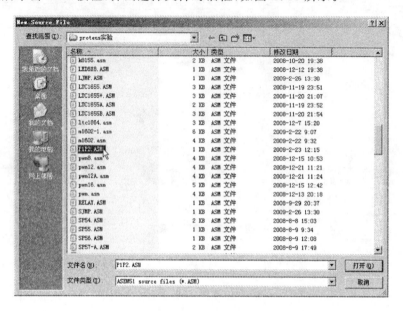

图 C.16　添加源程序 3

③ 在弹出的对话框中操作,找到所需要的文件,比如这里选择以前已经编辑好的文件 P1P2.ASM,然后单击"打开"按钮就可以了。

也可以在文件名框输入文件名,如果文件不存在,单击"打开"时会提示新建此文件,便于以后再编辑程序。当然也可以改变查找的路径,在其他地方找到要用的文件。添加程序文件之后返回添加程序对话框,已经有了要添加的程序,如图 C.17 所示。

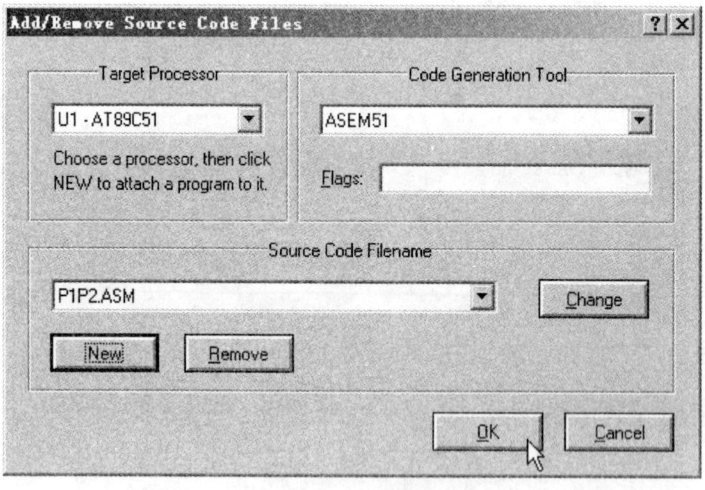

图 C.17　添加源程序 4

可以看到,在 Source Code Filename 的下拉框中已经显示出刚刚添加的源程序名,单击 OK 按钮关闭这个对话框。

这时候如果再单击菜单 Source ,如图 C. 18 所示。从图中可以看到,下拉菜单中最下面多出一行,显示的是刚刚添加的源程序。如果单击这个文件名,就会利用软件自带的编辑器打开这个文件,如图 C. 13(b)所示。

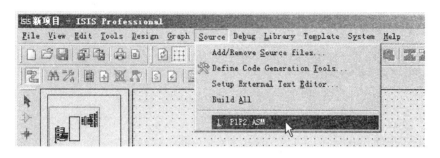

图 C. 18　添加源程序 5

如果更换了编辑器,就会按照更改,利用指定的编辑器打开源程序文件。

5. 编译源程序

(1) 利用 Program 软件自带的编译器进行编译

编辑好的源程序添加进来之后就可以编译了。编译的方法很简单,在图 C. 18 中,选择 Build All 就对指定的源程序进行编译。如果编译没有发现语法错误,就会出现提示窗口,如图 C. 19 所示。

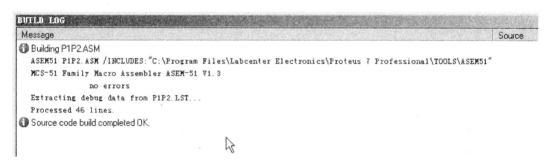

图 C. 19　编译完的提示窗口

如果有语法错误,也会有提示,指出错误代码和所在的行。这时候就需要重新打开源程序,对错误进行修改。修改之后再重新编译,直到通过为止。这时候单片机里自动被装入了编译之后所产生的机器码程序。下一步就是仿真执行了。

(2)利用其他软件进行编译

编译源程序也可以利用其他软件进行。只要编译产生的机器码文件是. HEX 格式就可以。比如伟福,它就可以产生. HEX 格式的文件和. BIN 格式的文件。其实,伟福的许多特性适合编辑和编译源程序,它的编辑和编译是在同一个界面下完成,有行列位置指示,行首自动对齐等特性。

利用其他软件编译产生的十六进制文件,可以直接加入到 Proteus 项目中的单片机里。方法如下:在原理图中单击单片机以选中,再次单击打开元件编辑对话框,如图 C. 20 所示。

在图 C. 20 中看到,在 Program File 后边的文本框里显示 P1P2. HEX,说明机器码已经装入。如果没有装入,这里将是空白。这时可以单击其右边的打开文件图标，查找并选中机器

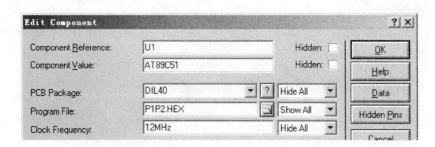

图 C.20　编辑单片机——添加机器码程序

码文件即可。这样,就可以在仿真时执行程序。

　　这样装入的机器码程序有个缺点,即只能执行,不好调试。因为没有源代码,也无法打开源代码窗口,无法单步执行。解决的方法是,在其他编辑编译软件通过之后,再将源程序添加到项目,这时不会出现错误。一般也不用再给单片机添加机器码程序,除非你途中改换了源程序。

　　在图 C.19 中还有一个时钟频率(Clock Frequency)可以改变。一般情况下,单片机的时钟频率由此设定,而不是来自时钟电路,这就是为什么在仿真时可以省略时钟电路和复位电路的原因。

6. 仿真执行

　　Program 软件可以仿真模拟电路和数字电路,还可以仿真若干型号的单片机。这里使用的目的主要就是仿真单片机和外围的接口电路。这里简要介绍 MCS-51 单片机和部分接口电路的仿真过程,其他方面的内容请自行查找资料。

　　(1) 一般仿真

　　在原理图编辑窗口下面有一排按钮 ▶ | ▐▶ | ▐▐ | ▐ ,利用它可以控制仿真的过程。单击按钮 ▶ ,开始仿真,开始以后,按钮的小三角变成绿色。单击按钮 ▐▶ ,单步仿真;单击按钮 ▐▐ ,暂停和继续仿真切换;单击按钮 ▐ ,停止仿真。

　　以简单项目 P1、P2 为例,说明仿真效果。单击开始仿真按钮,电路如图 C.21 所示。

　　观察发现,单片机 P1、P2、P3 口引脚的每一根线的旁边都有一个红色的小方框,表明当前引脚是高电平,如果小方框是蓝色,表明引脚当前是低电平。如果小方框是灰色,说明此引脚是悬空,P1 口的 8 个引脚就是悬空。与电源 VCC 相连的引脚都是高电平。与地线 GND 相连的引脚都是低电平。

　　单击图中的一个按键,对应的发光二极管会亮。放开按键发光二极管就灭。

　　点住一个按键不放,观察对应的 P1 口导线旁边的小方框,如果变成蓝色,并且其对应的 P2 口的输出线旁边的小方框也变成蓝色,则对应的发光二极管亮。这是程序的作用,我们的程序就是将 P1 口的输入传送到 P2 口进行输出。

　　(2) 调试选项

　　单击暂停按钮,出现暂停画面,如图 C.22 所示。

　　由于我们是添加过源程序的,所以会出现源代码窗口。

　　源代码窗口内容从左到右依次是:地址、指令、注释。这幅图里没有注释内容。如果需要,可以设置使其显示行号和机器码。方法是,在窗口内右击,在出现的选项中单击所需要的

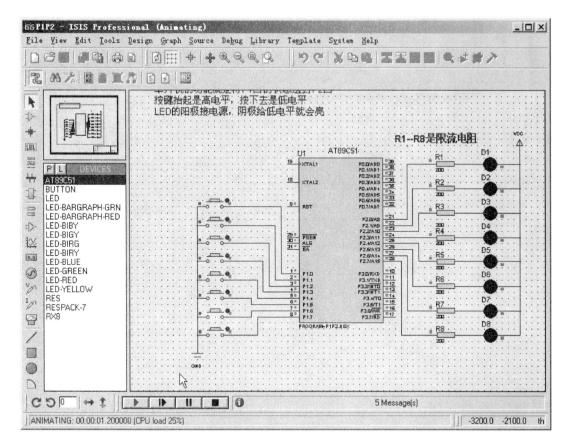

图 C.21　运行仿真

图 C.22　暂　停

项目就可以了,见图 C.23。

　　在源代码窗口右上角有一串按钮,它们的作用如图 C.24 所示。利用这些按钮可以控制程序的运行,随时可以查看程序执行的结果。在这里点击全速以后,如果遇到断点会自动暂停执行;如果没有或者没遇到断点,就一直运行下去。

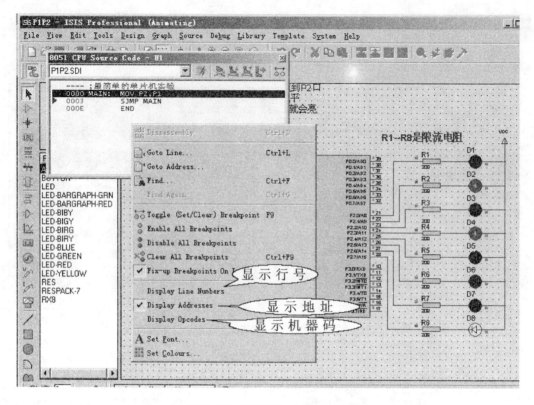

图 C.23　源代码窗口右键菜单

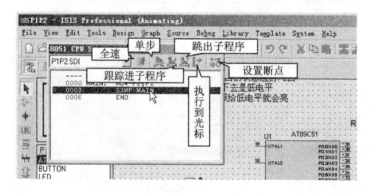

图 C.24　源代码窗口的按钮

　　执行到光标处是,先在要暂停的指令上单击,这一行就会变成蓝色,然后单击执行到光标处的按钮,就会从原来的指令开始执行,直到光标所在的位置暂停。

　　在暂停状态,还可以选择显示特殊功能寄存器窗口、内存窗口等。比如,要显示 8051 CPU 的寄存器,可以这样操作:选择 Debug→8051 CPU registers - U1 菜单项,就会出现如图 C.25 所示窗口。图 C.26 的窗口是片内数据存储器。

　　可以在这些个窗口里观察寄存器的内容,分析程序运行的结果。在 Debug 的下拉菜单里还有许多功能,自己试试就可以了。

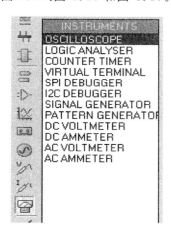

图 C. 25   寄存器窗口

图 C. 26   片内数据存储器

还有一项功能值得一提,就是在暂停状态,单击一个元件,可以显示这个元件当时的状态,如逻辑电平和电流电压的具体值等。自己一试便知。

还有一些功能,在比较复杂的项目中会用到,比如,信号源、虚拟仪器、仿真图表等,参见图 C. 27、图 C. 28 和图 C. 29。

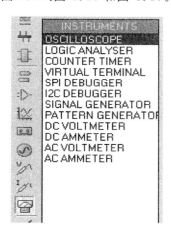

图 C. 27   虚拟仪器

图 C. 28   信号源

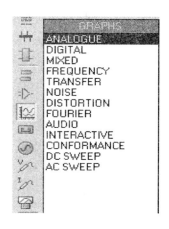

图 C. 29   仿真图表

参考文献

［1］吴晓苏,张忠明.单片机原理与接口技术[M].北京：人民邮电出版社,2009.

［2］徐萍.单片机技术项目教程[M].北京：机械工业出版社,2009.

［3］周坚.单片机项目教程[M].北京：北京航空航天大学出版社,2008.

［4］刘迎春.MCS-51单片机原理及应用教程[M].北京：清华大学出版社,2005.

［5］姜大源,王盛元.单片机技术[M].北京：高等教育出版社,2005.

［6］戴娟.单片机技术与项目实施[M].南京：南京大学出版社,2010.